LECTURES ON
ENUMERATIVE GEOMETRY

数え上げ幾何学講義

シューベルト・カルキュラス入門

IKEDA Takeshi
池田 岳

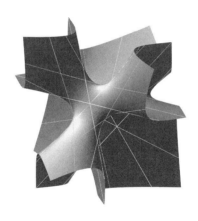

東京大学出版会

Lectures on Enumerative Geometry
Takeshi IKEDA
University of Tokyo Press, 2018
ISBN978-4-13-061312-5

はじめに

　「数え上げ幾何学」では，与えられた条件をみたす図形の個数を求めることを目指します．この主題は，19世紀に活発に研究されはじめ，1879年にヘルマン・シューベルト[*1]がそれをまとめあげた本を書いたので，今日ではシューベルト・カルキュラスとも呼ばれています．取り扱う幾何学的対象は，とても素朴なものであり，さまざまな分野の数学に数え上げ問題が現れます．たとえば，1990年代には，物理学者により発見されたミラー対称性に関連して，カラビ-ヤウ多様体上の有理曲線の数え上げ問題が注目されました．それは「4次元射影空間の5次超曲面上に直線は何本あるか」という，シューベルト自身もとりあげた問題の一般化です．この種の問題は，グラスマン[*2]多様体の部分多様体の交叉を記述する環によって記述されます．リー理論の整備がなされた現代では，グラスマン多様体だけではなく，(無限次元も含む) 一般の等質空間にまで拡張して問題を立てることは自然です．また，古典的な交叉環のみならず，量子コホモロジー環やK理論，あるいはさらに一般のコホモロジー理論にまで拡げてシューベルト・カルキュラスを展開することも現在進行中であり，モジュライ空間の幾何学，組合せ論，表現論や数理物理学とも関連した研究が進んでいます．

　本書は，上に述べたような現代的な理論の総説を目指すのではなく，グラスマン多様体と旗多様体を扱って，素朴に「数える楽しみ」を伝えることを主眼にしています．幾何的な問題が代数的な計算に置き換わったり，逆に代数的な計算から幾何的な現象を予見できたりする様子を知ってもらえたらと思います．多様体論を学ぶ際に，特殊ではあるけれど基本的な多様体の個性的な様子を知るという経験が，読者の楽しみになって，さらなる探究のための地力にな

[*1] Hermann Schubert (1848-1911).
[*2] Hermann Grassmann (1809-1877).

ることを願っています．

　本書は 3 部構成になっています．第 I 部では，まず，19 世紀から 20 世紀前半頃までの数学者たちが「数え上げ幾何学」にどのような貢献をしたかを紹介します．とくに，グラスマン多様体の中にある部分多様体どうしがどんなふうに交叉するかを調べます．ひとつの到達点はピエリの公式です．さらにジャンベリ[*3]の行列式公式が得られると，表現論との関連がみえてきます．一般線型群の表現の指標であるシューア[*4]多項式がグラスマン多様体におけるシューベルト類と同一視できるというのが第 I 部のもっとも重要な結論です．仕上げとして，シューア多項式に対するリトルウッド–リチャードソン規則を解説します．これによりシューベルト多様体の交叉数の計算が可能になります．

　第 II 部では，さらに広範囲の数え上げ幾何学の問題を解くことを目標にします．そのための準備として，直線束，より一般にベクトル束に対して定義されるチャーン[*5]類について説明します．基本的なシューベルト類がチャーン類としての解釈も持っているということがわかります．応用例として「3 次曲面の上には 27 本の直線がある」という有名な事実などを示します．

　第 III 部では，重要な等質空間である旗多様体の交叉理論を扱います．差分商作用素という道具を導入することにより，シューベルト類の間の関係を詳細に解析することが可能になります．この道具を用いて，シューベルト類と同一視される多項式としてシューベルト多項式の存在を示します．その結果，旗多様体におけるシューベルト多様体の交叉の問題を多項式の計算に翻訳できます．最後に，シューベルト多項式の組合せ論の一端を紹介します．

　また「補講」として，まず，線型代数の基礎事項のうち，標準的な教科書では扱われないかもしれない事柄について，簡単に説明しています．その後の補講は代数幾何学の基礎と，それに基づいた交叉環の理論へのガイドです．

[*3]　Giovanni Zeno Giambelli (1879-1935).
[*4]　Issaji Schur (1875-1941).
[*5]　Shiing-Shen Chern (1911-2004).

本書の使い方・読者へのメッセージ

　まずは，難しく考えすぎずに読み進めていただければ幸いです．できる限り幅広い読者層を想定して書き始めたのですが，必要な予備知識をどのようにどこまで説明するかということに予想以上に悩み苦労しました．第 I 部は，線型代数学と，初歩的な代数学と幾何学を学んだ，あるいは学んでいる途中の方々には，読んでいただけると思います．理数系の大学の学部でのゼミのテキストとして使えるものを意図しました．第 II 部，第 III 部は必要となる予備知識が増えますが，概念の運用の仕方を示すことを重視しました．具体例を通してアイデアをつかみさえすれば，基礎知識を補いつつ，研究の領域に踏み出せるはずです．

謝辞

　原稿の誤りを指摘し，また，数学上の議論に貴重な時間を割いてくださいました，大本亨，下元数馬，高崎金久，中川征樹，中筋麻貴，松村朝雄の各氏に深く感謝いたします．本書の元になった集中講義をする機会を与えてくださいました，有木進，加藤晃史，楯辰哉，西山亨，野海正俊，長谷川浩司の各氏に改めて感謝の意を表します．また，講義に出席して質問してくださった皆様，そして原稿を用いてゼミを行い，誤りを指摘してくださった学生の方々に感謝いたします．また，十数年来にわたり，この分野を共に探究し，示唆を与え続けてくださっている成瀬弘氏に，この場を借りて感謝の意を表したいと思います．最後に，途方もなくずぼらな筆者を 10 年間にわたり励ましつつ有益な助言をし続けてくださった編集の丹内利香さんに格別のお礼を申し上げます．

2018 年 7 月　　池田　岳

目 次

はじめに iii

記法について ix

講義の前に──4本の直線をめぐる対話 1

第 I 部　グラスマン多様体とシューア多項式　　15

第 1 講　射影空間とベズーの定理　　17
1.1　射影空間と射影代数多様体 20
1.2　ベズーの定理 26

第 2 講　グラスマン多様体　　38
2.1　グラスマン多様体 39
2.2　シューベルト多様体 44

第 3 講　グラスマン多様体の交叉理論──シンボル計算　　60
3.1　シューベルト多様体の交わり 60
3.2　双対定理 64
3.3　シンボル計算 66

第 4 講　ピエリの規則，ジャンベリの公式　　73
4.1　ピエリの規則 73
4.2　ジャンベリの行列式公式 80

第 5 講　シューア多項式　　86
5.1　対称多項式 86
5.2　リトルウッド-リチャードソン規則 94

5.3	表現論について	109
5.4	同変コホモロジーに関する余談	112

第II部 チャーン類とその応用　　117

第II部のための予備知識 119

第6講　直線束とチャーン類　　122

6.1	射影空間上の直線束	123
6.2	正則切断と直線束のチャーン類	129

第7講　グラスマン多様体上のベクトル束　　133

7.1	ベクトル束とチャーン類	133
7.2	3次曲面の上には27本の直線がある	143
7.3	射影束とチャーン類	148

第III部　旗多様体とシューベルト多項式　　157

第8講　旗多様体　　159

8.1	旗多様体	159
8.2	旗多様体のシューベルト胞体	164
8.3	シューベルト多様体とブリュア順序	170

第9講　旗多様体の交叉理論　　181

9.1	双対定理	181
9.2	シューベルト類——旗多様体の場合	183
9.3	旗多様体の交叉環	187
9.4	差分商作用素——引っ張り上げて落とす	194

第10講　シューベルト多項式　　201

10.1	シューベルト類の安定性	201
10.2	シューベルト多項式の導入	206
10.3	シューベルト多項式の性質	215

補講 A　線型代数について　223

- A.1　商ベクトル空間 223
- A.2　行列の基本変形について 225
- A.3　双対空間 226
- A.4　テンソル積 229
- A.5　対称代数と外積代数 232

補講 B　代数幾何学から　236

- B.1　アフィン代数多様体 236
- B.2　正則関数と正則写像 241
- B.3　射影代数多様体の関数体と次元 242
- B.4　ヒルベルト関数について 242
- B.5　スキームについて 244

補講 C　交叉環　247

- C.1　代数的サイクル 247
- C.2　位数写像の定義 247
- C.3　有理同値 249
- C.4　固有押し出し 249
- C.5　交叉積 250
- C.6　引き戻し 252
- C.7　クライマンの横断性定理 252
- C.8　サイクル写像に関する覚え書き 253

問題の解答例　258

文献案内　265

記号索引　269

事項索引　272

記法について

非負整数全体，整数全体，実数全体，複素数全体のなす集合をそれぞれ $\mathbb{N}$, $\mathbb{Z}, \mathbb{R}, \mathbb{C}$ で表す．2つの集合 A, B に対して $A - B = \{a \in A \mid a \notin B\}$ と書く．

ベクトル空間 V（$\mathbb{C}$ 上の）の次元を $\dim V$ で表す．V, W をベクトル空間とし，$\phi : V \to W$ を線型写像とするとき，その核空間，像空間をそれぞれ $\mathrm{Ker}(\phi), \mathrm{Im}(\phi)$ と書く．V から W への線型写像全体の集合を $\mathrm{Hom}_{\mathbb{C}}(V, W)$ で表す．$\mathrm{Im}(\phi)$ の次元を f の階数と呼び $\mathrm{rank}(\phi)$ と書く．自然数 m, n に対して，m 行 n 列の複素行列全体の集合を $M_{m,n}(\mathbb{C})$ と書く．V をベクトル空間とし $\boldsymbol{v}_1, \ldots, \boldsymbol{v}_r \in V$ とするとき，これらが張る（生成する）V の線型部分空間を $\langle \boldsymbol{v}_1, \ldots, \boldsymbol{v}_r \rangle$ と表す．正方行列 A の行列式を $\det(A)$ と書く．

ベクトル空間 U, V, W と線型写像 $\phi : U \to V, \psi : V \to W$ に対して，$\mathrm{Im}(\phi) = \mathrm{Ker}(\psi)$ が成り立つことを，$U \to V \to W$ が V において完全であるという．線型写像の系列 $0 \to U \xrightarrow{\phi} V \xrightarrow{\psi} W \to 0$ は，U, V, W において完全であるとき**短完全系列**であるという．$0 \to U$ および $W \to 0$ は零写像と理解する．上記の系列が短完全系列であることは，ϕ が単射であり，かつ ψ が全射であることと同じことである．

一般線型群 $GL_n(\mathbb{C})$ は $\mathbb{C}^n$ の可逆な線型変換全体がなす群である．

集合 $[n] = \{1, 2, \ldots, n\}$ からそれ自身への全単射 w を **n 次の置換**という．n 次の置換全体の集合 S_n は写像の合成を演算として群をなす．これを **n 次の対称群**と呼ぶ．置換 $w \in S_n$ を表示する際に $w = 3241$ などと書く．これは $w(1) = 3, w(2) = 2, w(3) = 4, w(4) = 1$ という意味である．置換 w の**符号**を $\mathrm{sgn}(w) \in \{+1, -1\}$ により表す．

ヤング図形（2.2 節参照）$\lambda = (3, 3, 2, 2, 2, 0, 0)$ を $(3, 3, 2, 2, 2)$ のように，しばしば 0 を省略して記す．また，同じ λ を $3^2 2^3$ とする記法もあるが，本書では用いない．唯一の例外として $(1, \ldots, 1, 0, \ldots, 0)$（1 が i 個）を 1^i と書く．ヤング図形に対応するシューベルト多様体やシューベルト類に対してはカッコを省略する．したがって $\Omega_{(3,0,\ldots,0)}$ や $\sigma_{(1,1,1,0,0)}$ は Ω_3 や σ_{1^3} のように書く．

講義の前に
―― 4 本の直線をめぐる対話

学生の訪問

　水曜の朝，午前 10 時．研究室のドアは開いています．

A 子：先生，おはようございま～す．
♪：あ，やあ．おはよう．みんなも……．まあどうぞ．
A 子：あの，私たち来週からはじまる授業に出ようと思っています．講義の案内をみたんですけど，難しそうなので……．すこしお話を聞かせていただこうと思って，来ました．
♪：もちろん，いいですよ．この講義ではね，「数え上げ幾何」というテーマの紹介をするつもりなんです．
B 太：「数え上げ幾何」って聞いたことないです．
♪：はい，与えられた条件をみたす図形がいくつあるかを数えようという種類の問題です．19 世紀のドイツの数学者ヘルマン・シューベルトが *Kalkül der abzählenden Geometrie* (1879)，『数え上げ幾何の計算』という面白い本を書いたんです．ええと，これね．具体的な数字がいっぱい書いてあるでしょ（図 1（右））．それで，いまではこういう問題から派生した研究分野を指してシューベルト・カルキュラスとも言います．
C 郎：実際にどんなものを数えるのですか？

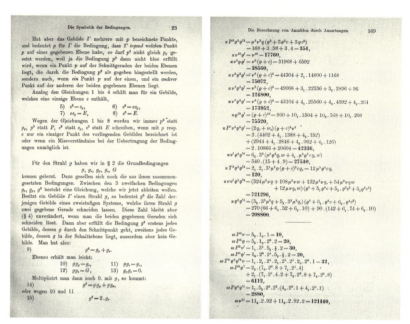

図 1 『数え上げ幾何の計算』(1879) の 4 本の直線に関する頁（左）と具体的な数字がたくさん掲載されている頁（右）

♪：ええと，この部屋は散らかっているので向こうのセミナー室で話しましょうか．新しいチョークを持っていくので，先に行っていてください．

* * *

♪：（黒板の前で）シューベルトの本に出てくる問題なんですけどね，まず，空間内に 4 本の直線があるとします．それを $\ell_1, \ell_2, \ell_3, \ell_4$ としましょう（図 2）．これら 4 本の直線のすべてと交わる直線 ℓ は何本あるでしょうか？

A 子：ええと，でも 4 本の直線の位置関係で答が変わってくるんじゃないですか？

♪：そうですね．ここはひとまず，あまり難しく考えずにバラバラっと散らばっている感じで考えてみてください．より正確な意味は講義の中でだんだんと説明していきますので．

B 太：一定の本数になるのですか？

♪：鋭いですね．いま言ったように 4 本がバラバラっと散らばっている場合，

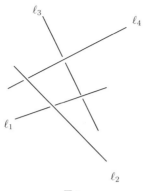
図 2

それをもったいぶって「十分に一般の位置関係にある」なんて言うのですが，そういうときはいつでも決まった本数になるんです．

C郎：あの，空間ってこの場合ユークリッド空間 $\mathbb{R}^3$ ということですか？

♪：それはね，ひとまず黙っておこうと思ったんだけど，ほんとは少なくとも $\mathbb{C}^3$ にするべき．正確には 3 次元の複素射影空間で考えます．ただしここでは $\mathbb{R}^3$ の図をみて考えるのもそう悪くないですよ．難しいことは後回しにして，直観でいいから予想を聞かせてくれませんか．

A子：けっこうたくさんあるような気がします．

B太：3本！

♪：どうしてそう思うのですか？

B太：あ，いえ，ただの勘です．

♪：はい．いいですよ．君は？

C郎：一定になるのかなとか，まだ気になってしまって……．

♪：あはは，あまり難しく考えすぎないで．

C郎：じゃあ 6 本ということにします．

♪：いいでしょう．君は？

A子：2本くらいではないでしょうか？

♪：はい，出揃いましたね．でも，一般の場合は考えにくいですよね．シューベルトの論法では，完全に一般の場合でなくて「ほどよく特殊」な場合をまず考えることがミソなんです．ええと，ここでたとえば ℓ_1 と ℓ_2，それから ℓ_3

と ℓ_4 がそれぞれ 1 点で交わる場合を考えてみましょう．こんな感じ（図 3）．

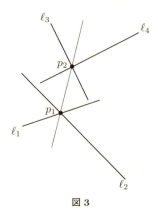

図 3

A 子：これだと 1 本は確実ですね．

♪：はい，ℓ_1 と ℓ_2，ℓ_3 と ℓ_4 の交点をそれぞれ p_1, p_2 とするとき，p_1, p_2 を通る直線は与えられた 4 本と交わります．他にありますか？

学生一同：……．

♪：難しければ，まず ℓ_1 と ℓ_2 だけで考えてみてはどうですか？

B 太：ℓ_1 と ℓ_2 を含む平面がありますよね．ℓ_1, ℓ_2 が張る平面っていうのかな．ℓ がその平面に含まれていればいいです．

A 子：そうね．ということは ℓ_3 と ℓ_4 が張る平面との交線としてもう 1 本条件をみたす直線がみつかるはずです．

♪：そのとおり．この 2 本の他にありますか？　あ，ちょっとひとつ用事を片付けてくるので，考えといてください．

*　*　*

A 子：私，この場合は 2 本でおしまいの気がするの．たとえば，求める直線 ℓ が ℓ_1, ℓ_2 の交点 p_1 を通る場合，残りの 2 本 ℓ_3, ℓ_4 と交わるために p_2 も通る必要があるでしょ．これが 1 本目．

B 太：そうか，もしも ℓ が p_1 を通らなければ ℓ_1, ℓ_2 が張る平面に含まれなくちゃいけない．その ℓ は p_2 を通ることはないから，ℓ_3, ℓ_4 が張る平面にも含まれなくちゃいけない．結局 ℓ は 2 平面の交線に一致するしかない．それが

2本目(図4).

C郎:ほんとだ.それ以外にはないね.

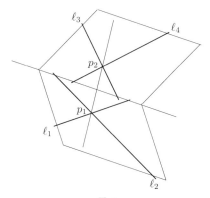

図 4

♪:(用事を終えた様子) そのとおりですね(黒板をみて).

C郎:でも ℓ_1, ℓ_2 が張る平面上に p_2 がある場合などはどうですか?

♪:よく気がつきましたね.その場合は,条件をみたす直線 ℓ は無限にあります.しかし,これは「特殊すぎる」場合だと考えます.

C郎:やっぱり「ほどよく特殊」の意味がわかりません.

♪:ヒントは,ℓ に課す条件の強さを測る目安としての「次元」の概念にあります.3次元射影空間 $\mathbb{P}^3$ 内の直線 ℓ たちは,なにも条件をつけなければ4次元の族をなします.その他の条件についても族の次元を考えるといいんですが…….

学生一同:???

♪:この話はちょっと難しいので,後回し.「十分に一般」に戻りましょう.

学生一同:は〜い.

B太:よくわからないのですが,一般にすると2本から増えるってことはなさそうに思います.

♪:その直観は大事ですね.シューベルトはね,十分に一般の場合でも答えは変わらず,2本が正解だと主張します.これを「個数保存の原理」(Das Princip von der Erhaltung der Anzahl) と呼びました.

C郎:厳密に証明するのは難しそうですね.

♪：はい，シューベルトの議論には現代の立場からみれば厳密でないところがあるんですが，彼の計算で正しくない例がみつかったというのを私は聞いたことがありません．この原理などの現代的な解釈はきちんとできます．

　たとえば ℓ_1, ℓ_2 をすこしだけ動かして交点 p_1 が消えても，さっきの2本の直線は依然として存在し続けるということを意味します．たとえば次に p_2 がなくなっても．で，すこし動かしても2本のままなら，ず〜〜っと動かしてもいいでしょ？　というわけです．とにかく2本．Ａ子さん正解！

Ａ子：やった！　でも，どうやって証明するんですか？

♪：今日は証明なし！

学生一同：ええ〜〜〜??

♪：あはは，講義を最後まで聞いてくれたら一通り説明します．

Ａ子：あのう……．この問題ではどうして与える直線が3本や5本じゃなくて4本なんですか？

♪：与える直線が3本だと答が無数にあって，5本だと一般には条件をみたす直線が1本もない．だから4本の場合がちょうどよい問題なんです．それも次元で理解するのがいい．講義で触れますね．シューベルトの計算法についてもうすこしくわしく話しておきたいのですが，お昼ご飯のあとにしませんか？

学生一同：わかりました．なに食べましょう？

お昼やすみ

Ａ子：シューベルトって作曲家とは違うんですよね．

♪：はい，残念ながら別人です．有名な音楽家はフランツ・シューベルト (Franz Schubert, 1797-1828) ですね．こちら数学者の方はヘルマン・シューベルト (Hermann Schubert, 1848-1911) です．19世紀の人という意味では共通してますけどね．偉大な人たちですよね〜．我々21世紀に生きる人類は彼らの芸術

性や知性にかなわないんじゃないかなあ．

学生一同：……．

♪：あ，若い君たちはそういうことあんまり考えないよね？

（気を取り直して）ところで，君たちはコホモロジーを習いましたか？

C郎：微分形式を使って $d^2 = 0$ とか……．

♪：そうそう，復習しておいてくださいね．

A子：コホモロジーってふわふわしていてつかみどころがない気がします．どんなふうに使われるかもピンとこないし．

♪：シューベルト・カルキュラスを通してコホモロジーの意味もつかみやすくなるといいんですけどね．えっと，代数幾何学については？

B太：図書館でハーツホーンの教科書 [36] をみたんですけど，難しそうで，すぐに閉じてしまいました．

♪：あは，ちょっと敷居が高いと思うかもしれないけど，代数多様体はとても素朴な研究対象なので勉強してほしいな．

A子：コホモロジーや代数幾何学が講義の予備知識として必要なんですか？

♪：そういう理論の基礎を完全にマスターしてから勉強しようと思わなくていいと思うんですよ．シューベルト多様体は素朴な対象で，いろんなことがとてもくわしく計算できます．そういう経験をしてから，たとえば，よしハーツホーンを読もうって思ってくれたらそれでもいいと思うんです．

C郎：ところで，シューベルトの理論はいまでは厳密に展開できるというお話でしたが，それを理解するためにはどういう知識が必要ですか？

♪：とくに必要なのは交叉理論ですが，なかなか大変ですからね．シューベルト・カルキュラスを厳密化しなさいという問題はヒルベルトの第15問題といって20世紀初頭にはとても難しい問題だったのです．だから，君たちがすぐに理解できなくても当然です．幸い，いまは立派な教科書 [30] があるので，じっくり勉強してくれたらと思います．

A子：厳密化できちゃったらおしまいですか？

♪：いいえ，現代でもシューベルト・カルキュラスは興味を持たれています．トポロジーや代数幾何学だけでなく組合せ論や表現論，それから数理物理に至るまでいろんな分野との関連があって現在も研究が進行中です．シューベルト・カルキュラスはまだまだ「未完成」なんですよ！

学生一同：……．

B 太：先生，それもしかして……，「未完成交響曲」ですか？

♪：あはは，これ，ぼくの生涯で最良のジョークだと思うんだけど，なかなか通じなくて……．

学生一同：……大丈夫ですよ，先生（苦笑い）．

♪：……えっと，じゃあセミナー室に戻ってすこし続きをやりましょう．

シューベルトのシンボル計算

♪：シューベルトの議論の一番の面白さは，幾何学的なアイデアを代数的な操作に置き換えるところにあると思います．

B 太：コホモロジーは幾何学の問題を代数学に持ち込む手段だと幾何の先生がおっしゃってました．

♪：そのとおりですね．シューベルトの生きた時代にはまだコホモロジー理論は考えられていませんが，そういう精神はとても素朴な形で現れています．

まず，さっきちょっと言いましたが，$\mathbb{P}^3$ 内の直線の全体が 4 次元の族をなします．その族の元 ℓ に対して，

$$\ell \cap \ell_0 \neq \emptyset$$

という条件を考えます．ここで ℓ_0 はひとつの固定された直線を表します．シューベルトはこの条件を "g" という文字（シンボル）で表しました（図 5）．ドイツ語です．君はドイツ語選択だったよね．

B 太：はい，Gerade，つまり直線を意味する g ですね．

♪：そうです．話の行きがかり上，直線を ℓ にしちゃったけど，そこは気にしないことにして．平面を意味するドイツ語は？

B 太：Ebene.

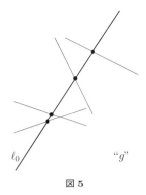

図 5

♪：そう．e_0 を平面（$\mathbb{P}^3$ 内の）とするとき，

$$\ell \subset e_0$$

という条件を "g_e" で表しましょう[*1]．ℓ に対する条件ですよ．それから Punkt，つまり点 p_0 を選んだとき，

$$p_0 \in \ell$$

という条件を "g_p" で表します．それから Strahl（シュトラール，線叢）というのですが，$p_0 \in e_0$ を選んで，

$$p_0 \in \ell \subset e_0$$

という条件を "g_s" で表します（図 6）．

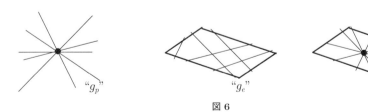

図 6

[*1] シンボル "g" が直線 ℓ_0 で決まる条件であることを意味しているとすると，シンボル "g_e" は平面 e_0 で決まるという意味で "e" とするほうが記号が一貫しているようにも思いますが，ここではシューベルトの記号を使います．

最後に，$\ell = \ell_0$ というふうに，ℓ がひとつに固定されるという条件を大文字を使って "G" で表します．

無条件（"1" と書きましょう）の場合を含めて 6 通りの条件を定めました．これらを**シューベルト条件**といいます．あ，そうそう，ここで与えた $p_0 \in \ell_0 \subset e_0$ のことを「旗」と呼びます．言葉の意味は一目瞭然でしょう（図 7）．

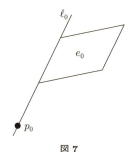

図 7

A 子：シューベルト条件を与えるとき，旗を選ぶんですよね．条件は旗に依存しているはずですが，そのことは記号には表さないのですか？

♪：シンボルそのものは旗の選び方によらないという考え方がひとつのポイントなんですが，でも，最初だから書きましょうか．たとえば g_p は点 p_0 を与えて決まるから $g_p(p_0)$ とかね．ここでは ℓ_0, e_0 は関係ないから省略するよ．

さて，このとき，シンボルどうしの積を考えるのですが，一番簡単なのは g_p^2 です．$g_p(p_0)$ かつ $g_p(p_1)$ の意味です．2 つの g_p を定めるために固定された 2 点を p_0, p_1 としました．だから g_p^2 は，

$$p_0 \in \ell \text{ かつ } p_1 \in \ell$$

を意味します．p_0, p_1 を通る直線は 1 本のみですから，この結論を，

$$g_p^2 = G$$

と簡潔に表します．ここでは p_0, p_1 への依存性は省略しましたよ．

B 太：省略のココロがわかってきました．それぞれのシンボルごとに旗を決

めるけれど，その 2 つの旗の位置関係は一般にしておくんですよね．
♪：そうです．では g_e^2 はどうですか？
A 子：2 平面 e_0, e_1 を与えて「$g_e(e_0)$ かつ $g_e(e_1)$」，つまり，
$$\ell \subset e_0 \text{ かつ } \ell \subset e_1$$
をみたす ℓ は，e_0, e_1 の交線ただひとつしかないから $g_e^2 = G$ です．
♪：そう．これはどうですか？
$$g_p \cdot g_e = ?$$
C 郎：$g_p = g_p(p_0), g_e = g_e(e_1)$ としましょう．
♪：p_0 と e_1 の位置関係は十分に一般ですよ．
C 郎：ということはつまり $p_0 \notin e_1$ ですね．すると，
$$p_0 \in \ell \subset e_1$$
をみたす ℓ は存在しない．
♪：そう，だからこのときは，
$$g_p \cdot g_e = 0$$
と表します．もともとの 4 本の直線の問題は g^4 を計算することだと考えることができます．
B 太：4 つの g を定める直線をそれぞれ最初に考えた ℓ_i ($1 \le i \le 4$) とするのですね．
♪：そうです．すこし難しいのは，g^2 の計算です．ℓ_0, ℓ_1 を選んでおいて，
$$\ell \cap \ell_0 \ne \varnothing \text{ かつ } \ell \cap \ell_1 \ne \varnothing$$
という条件を考えます．これは 6 つのシューベルト条件にあてはまりません．でも，ℓ_0, ℓ_1 が 1 点 p_0 で交わるときは考えやすくなるはずです．
A 子：その場合，平面 e_0 が条件 $\ell_0 \cup \ell_1 \subset e_0$ でひとつ決まります．ℓ がみたす条件は，

$$p_0 \in \ell \text{ または } \ell \subset e_0$$

となりますね（図8）.

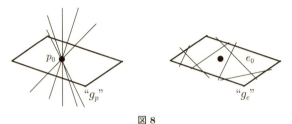

図 8

♪：そう，だからこのとき，
$$g^2 = g_p + g_e \tag{1}$$

と表現します.

A子：「または」という条件は和に置き換えるのですね.

B太：わかりました．これを使って，
$$g^4 = g^2 \cdot g^2 = (g_p + g_e) \cdot (g_p + g_e) = g_p^2 + 2g_p \cdot g_e + g_e^2 = 2G$$

でおしまいというわけですね！　答えは2本．慣れてくると旗への依存性を省略するほうがみやすいですね.

C郎：分配法則を使いましたね．それと可換性 $g_e \cdot g_p = g_p \cdot g_e$ も.

B太：午前中の話のように，4本の直線が2本ずつペアで交わると考えていることに相当しますね.

♪：そのとおりです.

A子：なるほど，午前中の幾何学的な議論がうまく代数計算に置き換わっていますね.

♪：わかってくれましたか．よかった．じゃあ，今日はこのくらいで終わりにしますけど，まだ計算してない積について自分たちで考えてみてくださいね.

シンボル計算の続き

A子：$g \cdot g_e$ をやってみましょうよ．$g = g(\ell_0)$, $g_e = g_e(e_1)$ とするでしょ．すると ℓ_0 と e_1 は 1 点 p_0 で交わるはずでしょう．

B太：ℓ はその点 p_0 を通らないといけない．さらに e_1 に含まれるのだからシュトラール $p_0 \in \ell \subset e_1$，つまり，

$$g \cdot g_e = g_s$$

だね（図 9）．

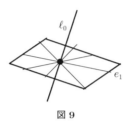

図 9

C郎：$g \cdot g_p$ は，$g = g(\ell_0)$, $g_p = g_p(p_1)$ として，$\ell \cap \ell_0 \neq \varnothing$ かつ $p_1 \in \ell$ でしょ．平面 e_0 が $e_0 = \langle \ell_0, p_1 \rangle$ で決まる．ということはやはりシュトラール

$$g \cdot g_p = g_s.$$

A子：$g \cdot g_s$ はこういう図（図 10）で ℓ は 1 本しかないから，

$$g \cdot g_s = G.$$

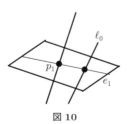

図 10

B太：そうだね．$p_1 \in e_1$ でシュトラールを決めるとき ℓ_0 と e_1 が 1 点で交わ

るので，ℓ はその点と p_1 を通る 1 本の直線として決まる.

C 郎：$g_e \cdot g_s$ や $g_p \cdot g_s$ は 0 になると思うな．$p_1 \in e_1$ でシュトラールを決めたとき，平面 e_0 は一般には p_1 を通らない．直線 ℓ_0 は一般には e_1 に含まれない．0 になるのは条件が強いからだね．次元と関係している[*2]と思う．

B 太：ほんとだ．納得！　$g_s^2 = 0$ なんかも．たくさん 0 になって……．結果を表にしておこう（表1）．

表 1

	1	g	g_e	g_p	g_s	G
1	1	g	g_e	g_p	g_s	G
g	g	$g_e + g_p$	g_s	g_s	G	0
g_e	g_e	g_s	G	0	0	0
g_p	g_p	g_s	0	G	0	0
g_s	g_s	G	0	0	0	0
G	G	0	0	0	0	0

[*2] 系 3.3 参照．

第Ⅰ部
グラスマン多様体と
シューア多項式

　射影空間，そしてグラスマン多様体を考えます．それは，数え上げの問題にひとつの視座を与えることです．そこから，シューベルト多様体の交叉を詳しくみていきましょう．シューア多項式は，まるで別の世界から来た，シューベルト多様体の化身です．

　　　　　　　　みなさんは夜にこのまん中に立ってこのレンズの中を見まわすとしてごらんなさい．こっちの方はレンズが薄いのでわずかの光る粒すなわち星しか見えないでしょう．こっちやこっちの方はガラスが厚いので，光る粒すなわち星がたくさん見えその遠いのはぼうっと白く見えるという．これがつまり今日の銀河の説なのです．（略）みなさんは外へでてよくそらをごらんなさい．ではここまでです．本やノートをおしまいなさい．
　　　　　　　　　　　　　　　　宮沢賢治『銀河鉄道の夜』

第1講
射影空間とベズーの定理

♪：君たちは射影空間を知っているかな？ 知らなくてもこれから説明するから心配いらないんだけど．

B太：ベクトル空間内の原点を通る直線全体のなす集合ですよね．でも，直線を"点"だと思うのは，まだ慣れないんです．

♪：たしかにそうですね．根本的には商集合の概念の難しさがあるんですよ．でもこんなふうに思ってみたらどうでしょう？ 我々の目で1点として認識されるものは，実は一直線上にあるすべての点ですよね．といっても，自分の背後には視線はないから，正確には直線ではなくて半直線ですけどね．

B太：そういわれてみればそうですね．

♪：たとえば我々が星座をみているといっても，宇宙空間にちらばった星たちから来る光線を夜空に浮かんだ架空のスクリーン上の点の集まりとみなしていることになりますよね．光線という直線が1点になってみえているわけです（図1.1）．

A子：そんなふうに思ったことはありませんでした．射影空間のことがすこし身近に感じられます．

♪：**射影空間の定義をしましょう．** E を有限次元のベクトル空間とするとき $\mathbb{P}(E)$ によって E の直線，すなわち1次元線型部分空間 L 全体の集合を表します．以下，$E = \mathbb{C}^n$ として $\mathbb{P}(E)$ について考えます．すぐ後でみるように，これは $(n-1)$ 次元の多様体なので，

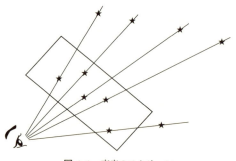

図 1.1 夜空のスクリーン

$$\mathbb{P}(E) = \mathbb{P}^{n-1}$$

とも書きます．

　直線 $L \in \mathbb{P}(E)$ に対して，その方向ベクトル $\boldsymbol{v}$ を選ぶことができます．つまり $\boldsymbol{v}$ は 1 次元ベクトル空間 L の基底です．L に含まれる $\boldsymbol{0}$ 以外のベクトルはどれでも L の方向ベクトルになる資格があります．与えられた L に対して $\boldsymbol{v}$ が 1 つに決まらないところがすこし難しいけれど大切なところです．

　$n=2$ から考えましょう．$\mathbb{C}^2$ のなかの直線 L に対して，図 1.2 のように $x_1 = 1$ という直線と L との交点を方向ベクトル $\boldsymbol{v}$ に選ぶことができます．そうすれば $\boldsymbol{v}$ と L との対応が一対一になる．$x_1 = 1$ という直線がスクリーンの役割を果たします．

C 郎：スクリーンに映らない直線がありますね．

♪：そう．$x_1 = 1$ と平行な直線 $x_1 = 0$，つまり x_2 軸だけはスクリーンに映りません．その一点を除けば，$t \in \mathbb{C}$ をパラメータとして $\boldsymbol{v} = \begin{pmatrix} 1 \\ t \end{pmatrix} \in \mathbb{C}^2$ という方向ベクトルによって $\mathbb{P}^1$ の座標が得られていると考えられます．

B 太：直線を $x_2 = tx_1$ と書くときの "傾き" t をパラメータと思っているわけですね．すると，スクリーンに映らない "点" は傾きが無限大ということになりますね．

♪：そうそう．その意味もあって，

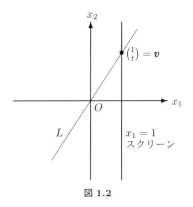

図 1.2

$$\mathbb{P}^1 = \mathbb{C} \cup \{\infty\}$$

と書くこともあります．もうすこしていねいに，いま考えた方向ベクトルの集合を，

$$\left\{ \begin{pmatrix} 1 \\ t \end{pmatrix} \;\middle|\; t \in \mathbb{C} \right\} \cup \left\{ \begin{pmatrix} 0 \\ 1 \end{pmatrix} \right\}$$

と書いてみましょう．集合としては $\mathbb{P}^1$ と一対一に対応します．

B 太：∞ という点だけ他と違っているみたいでなんとなく気持ち悪いです．

♪：スクリーンを傾ければ "∞" もちゃんと映ります．わかりやすいのは $x_2 = 1$ という "$90°$ 傾けた" スクリーンです（図 1.3）．

この場合は，

$$\left\{ \begin{pmatrix} s \\ 1 \end{pmatrix} \;\middle|\; s \in \mathbb{C} \right\} \cup \left\{ \begin{pmatrix} 1 \\ 0 \end{pmatrix} \right\}$$

となって，さっきの "∞" は s という座標では原点になります．こちらの見方でも $\mathbb{C}$ と 1 点集合 $\{\mathrm{pt}\}$ の和集合と同一視できますが，さっきとは同一視の仕方が違う．

B 太：そうですね．∞ も特別な点ではないんですね．わかりました．

♪：次は射影平面 $\mathbb{P}^2$ を考えましょう．

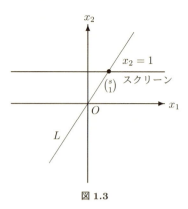

図 1.3

問 1.1 $\mathbb{P}^2$ のスクリーンとして $x_1 = 1$ で定まる平面 $U_1 \subset \mathbb{C}^3$ を採用するとき，スクリーンに映らない点の集合が $\mathbb{P}^1$ と同型であることを示せ．

♪：この問の $\mathbb{P}^1$ を無限遠直線と呼びます．それはあくまでスクリーン U_1 からみたときの無限遠にある点の集合です．3 つの座標関数 x_1, x_2, x_3 のそれぞれに対応して無限遠直線があるので，それらを ℓ_1, ℓ_2, ℓ_3 とするとき，こういう図（図 1.4）が理解の助けになると思います．

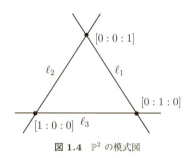

図 1.4　$\mathbb{P}^2$ の模式図

1.1 射影空間と射影代数多様体

射影空間を商空間として理解することについて説明します．

$\mathbf{0}$ でないベクトル $\boldsymbol{v} \in E = \mathbb{C}^n$ に対して，$\boldsymbol{v}$ を方向ベクトルに持つ直線 $\mathbb{C}\boldsymbol{v}$

を対応させる写像

$$\pi : E - \{\mathbf{0}\} \longrightarrow \mathbb{P}(E) \quad (\pi(\boldsymbol{v}) = \mathbb{C}\,\boldsymbol{v})$$

を考えましょう．どんな直線も方向ベクトルを持ちますので π は全射です．

$E - \{\mathbf{0}\}$ には乗法群 $\mathbb{C}^\times = \mathbb{C} - \{0\}$ がスカラー倍により作用[*1]しています．$c \in \mathbb{C}^\times$ と $\boldsymbol{v} \in E - \{\mathbf{0}\}$ に対して，

$$\boldsymbol{v} \cdot c := c\,\boldsymbol{v}$$

と書くことにします．右辺は通常の $\boldsymbol{v}$ の c 倍ですが，ここでは $\mathbb{C}^\times$ が右から[*2]作用すると考えています．

$\boldsymbol{v}, \boldsymbol{v}' \in E - \{\mathbf{0}\}$ に対して，

$$\pi(\boldsymbol{v}) = \pi(\boldsymbol{v}')$$

は $\boldsymbol{v}$ と $\boldsymbol{v}'$ が同一の直線の方向ベクトルになっていることを意味します．したがってこのことは，

$$\boldsymbol{v}' = \boldsymbol{v} \cdot c (= c\,\boldsymbol{v})$$

をみたす $c \in \mathbb{C}^\times$ が存在することと同値です．このことは，π の各ファイバーが $\mathbb{C}^\times$ の作用に関する**軌道**[*3]になっていることを意味します．なお，一般に写像 $f : X \to Y$ があるとき，$y \in Y$ に対して，f によって y に写される点全体の集合 $\{x \in X \mid f(x) = y\}$ を f の y 上の**ファイバー**といいます．この講義ではファイバーの様子を調べるということをよく行います．

以上のことから自然な同一視

[*1] 群とその作用については [13] などの代数学の教科書を参照してください．

[*2] $\mathbb{C}^\times$ は可換群なので，右からの作用と左からの作用という 2 つの概念に本質的な違いはありません．ここで右からの作用と考えるのは，この後の講義で出てくるグラスマン多様体に対する説明と合わせるためです．

[*3] 群 G が集合 X に作用しているとき，ある点 $x \in X$ により $Gx := \{g \cdot x | g \in G\}$ と表される集合を軌道（orbit）と呼びます．

$$(E-\{\mathbf{0}\})/\mathbb{C}^\times \cong \mathbb{P}(E)$$

ができることがわかりました.

$E = \mathbb{C}^n$ の部分集合で $\mathbb{C}^\times$ の作用で保たれるものを**錐**（cone）といいます. つまり部分集合 $C \subset E$ に対して, $\boldsymbol{v} \in C, c \in \mathbb{C}^\times$ のとき $\boldsymbol{v} \cdot c \in C$ が成り立つならば C は錐であるというのです. たとえば線型部分空間は明らかに錐です. C を錐とするとき,

$$\mathbb{P}(C) := (C - \{\mathbf{0}\})/\mathbb{C}^\times$$

は $\mathbb{P}(E)$ の部分集合として意味を持ちます. これを C の**射影化**といいます.

開被覆

$E = \mathbb{C}^n$ において $x_1 = 1$ で定まる部分集合を U_1（スクリーン）と表しましょう. 以下のような姿をしたベクトルの集合です：

$$\begin{pmatrix} 1 \\ * \\ \vdots \\ * \end{pmatrix}$$

そこで $\mathscr{U}_1 := \pi(U_1) \subset \mathbb{P}(E)$ とおき, $E = \mathbb{C}^n$ の中の $x_1 = 0$ という**超平面**[*4]を H_1 とします.

命題 1.1 次が成り立つ：

$$\mathscr{U}_1 = \{L \in \mathbb{P}(E) \mid L \cap H_1 = \{\mathbf{0}\}\}.$$

証明 $L \in \mathscr{U}_1$ とすると, ある $\boldsymbol{v} \in U_1$ があって $L = \pi(\boldsymbol{v}) = \mathbb{C}\boldsymbol{v}$ が成り立ちます. $\boldsymbol{u} \in L \cap H_1$ とすると $\boldsymbol{u} = c\boldsymbol{v}$ となるスカラー $c \in \mathbb{C}$ が存在します. $\boldsymbol{u}, \boldsymbol{v}$ のベクトルの第 1 成分をみると, それぞれ $u_1 = 0, v_1 = 1$ ですから $u_1 = cv_1$

[*4] H_1 は $\mathbb{C}^n$ の $(n-1)$ 次元線型部分空間です. $n = 3$ ならば平面ですが, 一般に超平面といいます.

から $c = 0$ がしたがいます．よって $\boldsymbol{u} = \boldsymbol{0}$ です．

今度は L が $L \cap H_1 = \{\boldsymbol{0}\}$ をみたすとします．L の方向ベクトル $\boldsymbol{v}(\neq \boldsymbol{0})$ をとるとき，もしも $v_1 = 0$ ならば $\boldsymbol{v} \in H_1$ となるので仮定に反します．よって $v_1 \neq 0$ ですから，$v_1^{-1} \boldsymbol{v} \in U_1$ を L の方向ベクトルに選ぶことができます．つまり $L \in \mathscr{U}_1$ です． □

スクリーン U_1 は $*$ のところを座標とみて $\mathbb{C}^{n-1}$ と同一視できます．射影 π は U_1 に制限すれば単射なので $\mathscr{U}_1$ も $\mathbb{C}^{n-1}$ と同一視できます．実際，$L \in \mathscr{U}_1$ ならば L は U_1 とただ一点 $\boldsymbol{v}$ において交わり，そのとき $\pi(\boldsymbol{v}) = L$ です．

$\mathscr{U}_1$ が $\mathbb{P}(E)$ のなかでかなり大きな部分を占めていることに気付いてください．同様に，各 $1 \leq i \leq n$ について $x_i = 1$ によって $E = \mathbb{C}^n$ の部分集合 U_i を定め，$\mathscr{U}_i := \pi(U_i)$ とするとき，

$$\mathbb{P}(E) = \mathscr{U}_1 \cup \cdots \cup \mathscr{U}_n$$

となることがわかるでしょう．

射影代数多様体

この後の話で，座標はとても大切なのでここで確認しておきましょう．$E = \mathbb{C}^n$ の座標として用いている文字 $x_1, \ldots, x_n$ は E 上の1次関数，すなわち**双対空間** E^*（A.3節参照）の元です．具体的には x_i を，

$$\sum_{i=1}^{n} c_i \boldsymbol{e}_i \mapsto c_i$$

という関数であるとみなしているのです．ここで $\boldsymbol{e}_1, \ldots, \boldsymbol{e}_n$ を $E = \mathbb{C}^n$ の標準基底としました．言い換えると $x_1, \ldots, x_n$ は $\boldsymbol{e}_1, \ldots, \boldsymbol{e}_n$ の**双対基底**（A.3節参照）です．

$k \geq 0$ に対して，k 次斉次多項式の空間 $\mathbb{Z}[x_1, \ldots, x_n]_k$ と E^* の k **次対称テンソル空間**（A.5節参照）を，

$$\mathbb{Z}[x_1, \ldots, x_n]_k = \mathrm{Sym}^k E^*$$

のように同一視します．ベクトル空間 $\mathrm{Sym}^k E^*$ は，

$$f(\boldsymbol{v}\cdot c) = c^k \cdot f(\boldsymbol{v}) \quad (\boldsymbol{v} \in \mathbb{C}^n,\ c \in \mathbb{C}^\times)$$

をみたす関数 $f: E \to \mathbb{C}$ 全体からなります．とくに $f(\boldsymbol{v}) = 0$ ならば $f(\boldsymbol{v}\cdot c) = 0$ ですから，

$$C_f := \{\boldsymbol{v} \in E \mid f(\boldsymbol{v}) = 0\}$$

は錐です．したがって，その射影化

$$Z(f) := \mathbb{P}(C_f) = (C_f - \{\boldsymbol{0}\})/\mathbb{C}^\times$$

が $\mathbb{P}(E)$ の部分集合として定まります．$Z(f)$ は $f = 0$ で定義された集合，つまり，f の零点の集合なので Z（zero）という文字を使っています．$f \in \mathrm{Sym}^k E^*$ は $\mathbb{P}(E)$ 上の関数とみなすことはできないのですが，その零点のなす集合には意味があるのです．

いくつかの定数でない斉次多項式 $f_1, \ldots, f_r$（次数は違っていてよい）に対して，その共通零点集合

$$Z(f_1, \ldots, f_r) := Z(f_1) \cap \cdots \cap Z(f_r)$$

として得られる $\mathbb{P}(E)$ の部分集合を**射影代数多様体**（あるいは単に射影多様体）と呼びます．

例 1.2 W を $E = \mathbb{C}^n$ の線型部分空間とするとき，$\mathbb{P}(W)$ は $\mathbb{P}(E)$ の部分集合とみなせて射影代数多様体です．このような $\mathbb{P}(E)$ の部分集合を**線型部分多様体**といいます．W が 2 次元，3 次元のとき，$\mathbb{P}(W)$ はそれぞれ射影直線，射影平面，あるいは単に直線，平面と呼ばれます．また W が E の超平面，つまり $(n-1)$ 次元のときは $\mathbb{P}(W) \subset \mathbb{P}(E)$ を $\mathbb{P}(E)$ の**超平面**と呼びます．

射影代数多様体のことを閉集合と定めることによって $\mathbb{P}(E)$ には位相を導入することができて，これを**ザリスキー位相**（B.1 節参照）といいます．たとえば超平面 $Z(x_i)$ は閉集合で，その補集合である $\mathscr{U}_i \cong \mathbb{C}^{n-1}$ は開集合です．$\mathbb{P}(E)$ は n 個の開集合 $\mathscr{U}_1, \ldots, \mathscr{U}_n$ で覆われているわけです．

旗と胞体分割

定義 1.3 $E = \mathbb{C}^n$ の線型部分空間の列 $F^\bullet = \{F^i\}_{i=0}^n$ で包含関係

$$\mathbb{C}^n = F^0 \supset F^1 \supset F^2 \supset \cdots \supset F^{n-1} \supset F^n = \{\mathbf{0}\}$$

をみたすものを $\mathbb{C}^n$ の**旗**と呼ぶ．ただし F^i の E における**余次元**[*5]は i，すなわち $\dim E - \dim F^i = i$ とする．

例 1.4 方程式 $x_1 = \cdots = x_i = 0$ で定まる E の線型部分空間を F^i とすることで得られる旗 $F^\bullet$ を考えます．つまり $F^i = \langle \boldsymbol{e}_{i+1}, \ldots, \boldsymbol{e}_n \rangle$ です．この講義（本書）ではこれを**標準的な旗**として用います．

$\mathbb{C}^n$ の旗 $F^\bullet$ に対応して，その射影化として得られる列

$$\mathbb{P}(E) = \mathbb{P}(F^0) \supset \mathbb{P}(F^1) \supset \mathbb{P}(F^2) \supset \cdots \supset \mathbb{P}(F^{n-1}) = \{\mathrm{pt}\}$$

を**射影的な旗**と呼ぶこともあります．

先に定めた E の超平面 H_1 は F^1（標準的なもの）と同じものなので開胞体 $\mathscr{U}_1 \cong \mathbb{C}^{n-1}$ は $\mathbb{P}(E) - \mathbb{P}(F^1)$ と一致します（命題 1.1 参照）．これを一般化して次が成り立ちます．ただし $\mathbb{P}(F^n) = \varnothing$ とします．

命題 1.5 $\mathbb{P}(F^i) - \mathbb{P}(F^{i+1}) \cong \mathbb{C}^{n-i-1}$ $(0 \leq i \leq n-1)$．

証明 $\mathbb{P}(F^i) - \mathbb{P}(F^{i+1})$ の点は，座標が $x_1 = \cdots = x_i = 0$，$x_{i+1} \neq 0$ をみたしますので開集合 $\mathscr{U}_{i+1}$ に含まれています．$x_{i+1} = 1$ と正規化することによって，スクリーン U_{i+1} に含まれる次のようなベクトルの集合

[*5] F^i は E の部分空間ですが，次元の差 $\dim E - \dim F^i$ を，F^i の E における余次元（codimension）といいます．

$$\mathbb{P}(F^i) - \mathbb{P}(F^{i+1}) \cong \begin{pmatrix} 0 \\ \vdots \\ 0 \\ 1 \\ * \\ \vdots \\ * \end{pmatrix}$$

との同一視ができます．$*$ が $n-i-1$ 個ですから $\mathbb{C}^{n-i-1}$ と同一視できます． □

以上のことから $\mathbb{P}(E)$ の胞体分割が得られます．

系 1.6　$\mathbb{P}(E) \cong \mathbb{C}^{n-1} \sqcup \mathbb{C}^{n-2} \sqcup \cdots \sqcup \mathbb{C} \sqcup \{\mathrm{pt}\}$.

1.2　ベズーの定理

射影空間の中の多様体の交叉に関してベズー[*6]の定理という結果があります．射影平面の場合から始めましょう．

m 次の斉次多項式 $f = f(x_1, x_2, x_3) \in \mathbb{C}[x_1, x_2, x_3]$ を与えたとき，$X = Z(f) \subset \mathbb{P}^2$ を f が定義する m 次曲線といいます．簡単に $X : f = 0$ などと書きましょう．

定理 1.7（ベズーの定理—暫定版—）　X, Y をそれぞれ射影平面 $\mathbb{P}^2$ 内の m 次および n 次の相異なる曲線とする．このとき交点の数 $\#(X \cap Y)$ は mn である．

♪：$\ell_i\ (i=1,2,3)$ を $x_i = 0$ で定まる直線として，次のような曲線を考えてみましょう．

[*6]　Étienne Bézout (1730-1783).

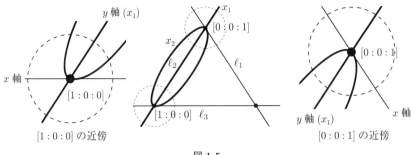

図 1.5

$$X_1 : x_1x_3 - x_2^2 = 0, \quad X_2 : x_1x_3^2 - x_2^3 = 0, \quad X_3 : x_1x_3^2 - x_2^3 - x_1x_2^2 = 0.$$

まずは $\ell_2 \cap X_1$ を考えましょう．$x_2 = x_1x_3 - x_2^2 = 0$ という連立方程式の解の個数を $\mathbb{P}^2$ のなかで求めます．

A子：$x_2 = x_1x_3 = 0$ と同値なので $[1:0:0], [0:0:1]$ の2点が交点です．

B太：$\mathcal{U}_1$ で座標 $x = x_2/x_1, y = x_3/x_1$ を使ってみると $\ell_2 \cap \mathcal{U}_1$ は y 軸，$X_1 \cap \mathcal{U}_1$ は原点を通る放物線 $y = x^2$ ですね．だから原点が唯一の交点です．それが $[1:0:0]$ です．

C郎：もうひとつの交点は $\mathcal{U}_1$ には含まれてなくて $\mathcal{U}_3$ 内にある．今度は $x = x_2/x_3, y = x_1/x_3$ としてみれば，この場合も y 軸と $y = x^2$ の関係です．原点が交点で $[0:0:1]$ にあたる（図1.5）．

♪：そうそう．射影平面で見るから無限遠で直線と放物線が交わって交点数が2になる．今度は直線 ℓ_3 と2次曲線 X_1 との場合を考えましょう．ベズーの定理によれば交点数が2になるということですがどうでしょう？

A子：方程式は $x_3 = x_2^2 = 0$ と同値です．交点は $[1:0:0]$ だけ？

B太：そうだね．$\mathcal{U}_1$ では x 軸と $y = x^2$ なので原点で2重に交わっていると考えるんじゃないかな？

♪：うん，高校の数学っぽく考えても2重になってるでしょう．さっきA子さんが，$x_3 = x_2^2 = 0$ と，2乗を残して書いたのは意味があることです．こんなふうに，本当は，重複も込めて交点数を定義しないといけないんです．

定義 1.8 多項式 $f, g \in \mathbb{C}[x, y]$ が $p = (0, 0)$ を共通零点に持つとする．$X :$

$f=0$, $Y:g=0$ をそれぞれが定義する $\mathbb{C}^2$ 内の曲線とする．X と Y の p における**局所交叉重複度**を，

$$i(X,Y;p) := \dim_\mathbb{C} \mathbb{C}[[x,y]]/(f,g)$$

と定義する．ただし $\mathbb{C}[[x,y]]$ は形式的べき級数環であり，$f,g \in \mathbb{C}[[x,y]]$ とみて，これらが生成するイデアルを (f,g) と書いた．

射影平面内の曲線 X,Y とその交点 p に対しても，局所的な方程式が $f,g \in \mathbb{C}[x,y]$ で $p=(0,0)$ を共通零点に持つような座標を用いて同じように $i(X,Y;p)$ を定義します．

C 郎：局所交叉重複度は無限になることもありますよね．
♪：そうですね．ただし 2 つの曲線が共通の既約成分[*7]を持たなければ局所交叉重複度が有限であることが示せます．

定理 1.9（ベズーの定理—厳密版—）　X,Y をそれぞれ射影平面 $\mathbb{P}^2$ 内の m 次および n 次の曲線とする．X,Y が共通の既約成分を持たなければ，

$$\sum_{p \in X \cap Y} i(X,Y;p) = mn.$$

♪：ℓ_2 と X_2 の場合を計算してみましょう．
B 太：交点は $[1:0:0], [0:0:1]$ です．$[1:0:0]$ の方はさっきと同じように $\mathscr{U}_1$ の座標 $x=x_2/x_1, y=x_3/x_1$ を使うと方程式は $x=y^2-x^3=0$ なので $\mathbb{C}[[x,y]]/(x,y^2-x^3) \cong \mathbb{C}[[y]]/(y^2)$ となって局所交叉重複度は 2 です．$[0:0:1]$ の方は $\mathscr{U}_3$ の座標 $x=x_2/x_3, y=x_1/x_3$ を使って $x=y-x^3=0$ が方程式です．$\mathbb{C}[[x,y]]/(x,y-x^3) \cong \mathbb{C}[[y]]/(y)$ なので局所交叉重複度は 1

[*7]　体係数の多項式環は一意分解整域なので，曲線 C を定義する多項式 f を既約分解して $f = f_1^{e_1} \cdots f_r^{e_r}$ ($e_i \geq 1$) とします．既約多項式 f_i が定義する曲線を C_i とすると $C = C_1 \cup \cdots \cup C_r$ となります．C_i は位相的な意味でも既約（後述）で，この分解は代数多様体としての既約分解になっています．C_i は C の既約成分と呼ばれます．

です．合計で交点数は 3 になりますね．

問 1.2 $\ell_3 \cap X_2$ や $\ell_3 \cap X_3$ などの場合にベズーの定理が成立することを確認せよ．

♪：$\mathbb{P}^2$ のベズーの定理の証明については終結式（resultant）を使う証明が古典的です．あらすじを説明しておきましょう．くわしい証明が知りたい人は [42] をみてください．X, Y に含まれない点 $p_\circ$ を選びます．$\mathbb{P}^2$ の座標変換（射影変換）を行って $p_\circ = [1:0:0]$ としてかまいません．$p_\circ$ 以外の点 p に対して p と $p_\circ$ を通る直線が無限遠直線 $\ell_\infty = Z(x_1)$ と交わる点を $\pi(p)$ とすると写像 $\pi : \mathbb{P}^2 - \{p_\circ\} \to \ell_\infty$ ができます．必要ならさらに座標変換して，π によって $X \cap Y$ が ℓ_∞ 内の点の集まりと一対一に対応するようにします．

ℓ_∞ の斉次座標を $[x:y]$ と書きましょう．斉次多項式 $R_{f,g}(x,y)$ が存在して，次の性質を持ちます：

- $R_{f,g}(x,y)$ は mn 次である．
- $p \in \mathbb{P}^2 - \{p_\circ\}$ に対して，$p \in X \cap Y$ であることと $\pi(p)$ が $R_{f,g}$ の零点であることは同値である．
- $i(X, Y; p)$ は $R_{f,g}$ の $\pi(p)$ における零点の位数と一致する．

なお，$R_{f,g}(x,y) = c\prod_{i=1}^{r}(\eta_i x - \xi_i y)^{e_i}$ $(c \neq 0, e_i \geq 1)$ と因数分解したときに $(\xi_i : \eta_i) \in \mathbb{P}^1 \cong \ell_\infty$ における零点の位数は e_i です（図 1.6）．

C 郎：もしもそんなうまい多項式があれば，

$$\sum_{p \in X \cap Y} i(X,Y;p) = \sum_{i=1}^{r} e_i = mn$$

ですね．どうやって作るんですか？

♪：それが終結式と呼ばれる特別な形の行列式なんです．$x = x_2, y = x_3, z = x_1$ とするとき $f = \sum_{i=0}^{m-1} a_i(x,y) z^i$, $g = \sum_{j=0}^{n-1} b_j(x,y) z^j$ と書いて，

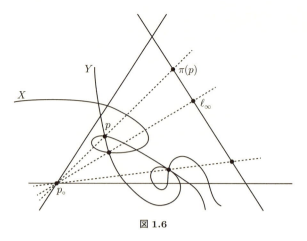

図 1.6

$$R_{f,g} = \begin{vmatrix} a_0 & \cdots & a_{m-1} & & & \\ & a_0 & \cdots & a_{m-1} & & \\ & & \ddots & & \ddots & \\ & & & a_0 & \cdots & a_{m-1} \\ b_0 & \cdots & b_{n-1} & & & \\ & b_0 & \cdots & b_{n-1} & & \\ & & \ddots & & \ddots & \\ & & & b_0 & \cdots & b_{n-1} \end{vmatrix}$$

と定義されます.

B太：面白そう！

♪：そうでしょう？　勉強してみてください.

ベズーの定理と射影多様体の「次数」

　位相空間 X は 2 つの空でない閉集合の和になることがないとき**既約**であるといいます．既約な射影代数多様体 X には**次元** $\dim X$ が定義されます．

♪：次元の定義，つまり理解の仕方は何通りかあります．まず，$\mathbb{P}^i$ は $\mathbb{C}^i$ と同一視できる開集合で覆われるので i 次元と考えるのが自然でしょう．この講

義で登場する多様体は，そんなふうに $\mathbb{C}^i$ と同型な開集合を持つので，ひとまず，このような素朴な理解でかまいません．

B太：他にはどんな定義があるのですか？

♪：代数多様体としては関数体の超越次数というのがひとつ，座標環のクルル次元としての定義もあり，それらは一致します．必要な環論の知識は [15] の 7 章で学ぶとよいでしょう．射影多様体ならばヒルベルト関数を使う定義の仕方（B.4 節参照）もあるので後で説明します．

既約な射影代数多様体 $X \subset \mathbb{P}(E)$ の次元を $\dim X$ とするとき，$\mathbb{P}(E)$ の次元との差を X の**余次元**といいます．

例 1.10 $\mathbb{P}(E)$ の余次元 1 の線型部分多様体を超平面と呼ぶのでした．i 枚の「一般の」超平面 $H_1, \ldots, H_i$ の交わり $H_1 \cap \cdots \cap H_i$ は余次元が i です．

次は射影代数幾何学の大切な結果です．

定理 1.11 X が i 次元の既約な射影代数多様体であるとき，余次元 i の「一般の」線型部分多様体との交点は有限であり，その個数は一定である．

この定理の意味で決まる交点の個数を X の**次数**と呼びます（X の次数は射影空間 $\mathbb{P}(E)$ への埋め込み方に依存します）．$\deg(X) \in \mathbb{N}$ という記号で表しましょう．$\dim X = i$ のとき，一般の超平面 $H_1, \ldots, H_i$ との交点の数

$$\deg(X) = \#(X \cap H_1 \cap \cdots \cap H_i)$$

を次数と呼ぶといっても同じことです．

例 1.12 X が i 次元の線型部分多様体のとき，余次元が i の一般の線型部分多様体との交点が 1 つであることは，線型代数の知識で理解できることです．したがって線型部分多様体は 1 次の多様体です．

例 1.13 X が m 次超曲面，つまり $f \in \mathrm{Sym}^m E^*$ によって $X = Z(f)$ と定義

されているとき，これは余次元 1 の部分多様体であって，$\deg(X) = m$ が成り立ちます（例 B.8 参照）．また f が多項式として既約であることと X が既約であることは同値です．

定理 1.14（素朴なベズーの定理） 射影空間 $\mathbb{P}(E)$ の既約部分多様体 X, Y がそれぞれ余次元 k, l を持つとする．交わり $X \cap Y$ が既約であって余次元 $k+l$ を持つとき，

$$\deg(X \cap Y) = \deg(X) \cdot \deg(Y)$$

が成り立つ．

♪：次数という用語はさりげないのですが，とてもとても重要な量です．ベズーの定理は交叉理論の原点といえるでしょう．最初ですから，あえていいかげんな説明をします．定理 1.11 をみると X を次数と同じ個数の線型部分多様体の和集合に置き換えてもいい感じがしませんか？

A 子：なんだか，そんなにおおざっぱでいいのかしら？

B 太：感じはわかるよ．平面に a 本と b 本の直線の集まりがあれば総交点数は ab だから．

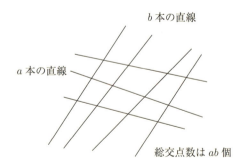

♪：そう，そんな感じで $X = L_1 \cup \cdots \cup L_a$, $Y = L'_1 \cup \cdots \cup L'_b$ としてみます．L_1, L_2 などは余次元 k, L'_1, L'_2 などは余次元 l の線型部分多様体とします．$X \cap Y = \bigcup_{i,j} L_i \cap L'_j$ となるでしょ．$L_i \cap L'_j$ は余次元 $k+l$ なので L を $k+l$ 次元の一般の線型部分多様体とすると，$L_i \cap L'_j \cap N$ は 1 点．つま

り $X \cap Y \cap L$ は ab 個の点の集合なので, $X \cap Y$ は次数 ab を持つ.

C郎：X, Y は既約じゃないんですけど.

♪：そうですね. もともと既約なものを変形した結果, 既約でなくなったと考えてはどうでしょう？ この後で, グラスマン多様体における多様体の交叉を調べるときに, このくらいおおざっぱな感覚を持っておくと理解の助けになるでしょう.

A子：え, でも, おおざっぱな話だけではちょっと不安になります.

♪：それはもっともですね. もうすこし説明しておきましょう. 本来のベズーの定理は $X \cap Y$ が既約とは限らない場合にも成り立つものです. 一般には $X \cap Y$ の極大な既約部分多様体を $Z_1, \ldots, Z_r$ として $X \cap Y$ をこれらの和として表すことができます (B.1節参照). ここで, すべての Z_j の余次元が $k+l$ であると仮定します. このとき,

$$\sum_{j=1}^{r} i(X, Y; Z_j) \deg(Z_j) = \deg(X) \cdot \deg(Y)$$

が成り立ちます. ここで $i(X, Y; Z_j)$ というのは**局所交叉重複度**と呼ばれる正の整数です. 難しいのは, この数をきちんと定義することです. そういう議論を厳密に展開することが交叉理論の本論と言ってもいいでしょう. X, Y の一方が超曲面, つまり余次元が1の場合はハーツホーンの教科書 [36] の第1章, §7 で勉強できます.

＊ ＊ ＊

これまでの考察を代数的に形式化して, 射影空間におけるシンボル計算を展開しましょう. z という文字を, 任意の超平面 H を表すシンボルという意味で用いて,

$$[H] = z$$

と書きます. m 枚の超平面の和集合には $m \cdot z$ が対応すると考えるのです. さらに, X が余次元 i の既約な射影多様体であるとき,

$$[X] = \deg(X) \cdot z^i$$

と定め X の**シンボル**と呼びます.つまり i 次元の線型部分多様体と X との交点が m 個ならば $[X] = m \cdot z^i$ とおくということです.シンボルを用いれば,素朴なベズーの定理(定理 1.14)は,

$$[X \cap Y] = [X] \cdot [Y]$$

と表現できます.

例 1.15 $H_1, \ldots, H_i$ が一般[*8]の超平面ならば,

$$[H_1 \cap \cdots \cap H_i] = \begin{cases} z^i & (0 \le i \le n-1) \\ 0 & (i \ge n) \end{cases}$$

が成り立ちます.

* * *

♪:次数付き環

$$A^*(\mathbb{P}(E)) := \mathbb{Z}[z]/(z^n), \quad A^i(\mathbb{P}(E)) = \mathbb{Z} \cdot (z^i \bmod z^n) \quad (0 \le i \le n-1)$$

が $\mathbb{P}(E) = \mathbb{P}^{n-1}$ の部分多様体の交叉をうまく表しています.ここで z を 1 次としています.この環を $\mathbb{P}(E)$ の**交叉環**,あるいは**チャウ**[*9]**環**と呼びます.

A 子:同じことを違う形で述べただけですが,すっきりした印象です.

♪:次数についてもうすこし雰囲気をつかんでおきましょう.

[*8] ここでは $H_i = \mathbb{P}(W_i), W_i \cong \mathbb{C}^{n-1}$ とするときに $\dim(\cap_{j=1}^i W_j) = n - i$ であることだと考えればいいです.

[*9] Wei-Liang Chow (1911-1995).

例 1.16 セグレ[*10]埋め込みと呼ばれる写像 $\phi: \mathbb{P}^1 \times \mathbb{P}^2 \longrightarrow \mathbb{P}^5$,

$$([x_1:x_2],[y_1:y_2:y_3]) \mapsto [x_1y_1:x_1y_2:x_1y_3:x_2y_1:x_2y_2:x_2y_3]$$

を考えましょう．写像 ϕ が定義できることはわかるでしょう．実は ϕ は単射であることが示されます．そのことから像 $X \subset \mathbb{P}^5$ は 3 次元であることがしたがいます．X の次数を計算してみましょう．

B 太：ということは $\#(X \cap H_1 \cap H_2 \cap H_3)$ を求めればいい．

♪：$A^*(\mathbb{P}^1 \times \mathbb{P}^2) = \mathbb{Z}[u,v]/(u^2, v^3)$ も使ってください．

C 郎：この環，まだ定義していませんけど，意味はわかります．$\ell \subset \mathbb{P}^2$ を直線とするとき u は $[\{pt\} \times \mathbb{P}^2]$ に，v は $[\mathbb{P}^1 \times \ell]$ に対応するんですね．

♪：さすが頭が柔らかいね．

A 子：でもどう使うのでしょう？

♪：$\#(X \cap H_1 \cap H_2 \cap H_3)$ は $\mathbb{P}^1 \times \mathbb{P}^2$ に引き戻して数えてもいいでしょう？

A 子：そうですね，ϕ は単射ですものね．

♪：$\mathbb{P}^5$ の超平面は $\mathbb{P}^1 \times \mathbb{P}^2$ ではどうみえるか？ $\mathbb{P}^5$ の斉次座標を $z_{11}, z_{12}, z_{13}, z_{21}, z_{22}, z_{23}$ と書きましょう．どれかを零だとしてみてください．

B 太：たとえば $H = Z(z_{11})$ とすれば $H \cap X \cong Z(x_1 y_1) = Z(x_1) \cup Z(y_1)$．つまりこれは $\mathbb{P}^1 \times \mathbb{P}^2$ の中の $\{pt\} \times \mathbb{P}^2$ と $\mathbb{P}^1 \times \ell$ の和になっている．

♪：そのとおり．このことは，

$$\phi^*(z) = u + v$$

と表せます．z は H が定める $A^*(\mathbb{P}^5)$ の類です．$\phi^*(z)$ は z の「引き戻し」．これは $\phi^{-1}(H) \subset \mathbb{P}^1 \times \mathbb{P}^2$ の類と考えればいいです．

C 郎：$\phi^{-1}(H_1) \cap \phi^{-1}(H_2) \cap \phi^{-1}(H_3)$ を求めるには $(u+v)^3$ を計算すればいいんですね．

♪：飲み込みが早いね．

A 子：$u^2 = 0$, $v^3 = 0$ だから，ほとんど消えて $(u+v)^3 = 3uv^2$ となる．とい

[*10] Corrado Segre (1863–1924).

うことは次数は 3 ということですね.

例 1.17 実は，例 1.16 の X は $\mathbb{P}^5$ において 3 つの行列式

$$\begin{vmatrix} z_{11} & z_{12} \\ z_{21} & z_{22} \end{vmatrix}, \begin{vmatrix} z_{11} & z_{13} \\ z_{21} & z_{23} \end{vmatrix}, \begin{vmatrix} z_{12} & z_{13} \\ z_{22} & z_{23} \end{vmatrix}$$

の共通零点集合として定義されることが知られています．こんなふうに書くよりも，

$$\operatorname{rank} \begin{pmatrix} z_{11} & z_{12} & z_{13} \\ z_{21} & z_{22} & z_{23} \end{pmatrix} \leq 1$$

という条件だと考えるほうがわかりやすいかもしれませんね．この見方で X の次数を求めてみましょう.

♪：行列式は既約であることが知られているので $Z(z_{11}z_{22} - z_{12}z_{21})$ などは既約な 2 次超曲面です．実は $Y = Z(z_{11}z_{22} - z_{12}z_{21}) \cap Z(z_{11}z_{23} - z_{13}z_{21})$ も既約であることが知られています.

B 太：すると Y はベズーの定理から 4 次ですね.

♪：だけど今計算したように X の次数は 3 のはずです． X を定義するために 3 つ目の方程式 $z_{12}z_{23} - z_{13}z_{22}$ は省けないわけです． X と Y の集合としての差がどんなものかわかりますか？

A 子：ヒントをください.

♪：2 行 3 列の行列の列ベクトル $\boldsymbol{v}_1 = \begin{pmatrix} z_{11} \\ z_{21} \end{pmatrix}, \boldsymbol{v}_2 = \begin{pmatrix} z_{12} \\ z_{22} \end{pmatrix}, \boldsymbol{v}_3 = \begin{pmatrix} z_{13} \\ z_{23} \end{pmatrix}$ に対する条件とみてください.

C 郎：この Y の定義方程式は「$\boldsymbol{v}_1$ と $\boldsymbol{v}_2$ が 1 次従属」かつ「$\boldsymbol{v}_1$ と $\boldsymbol{v}_3$ が 1 次従属」を意味していますよね．とくに条件は $\boldsymbol{v}_1 = \boldsymbol{0}$ ならばみたされます．一方 $\boldsymbol{v}_1 \neq \{\boldsymbol{0}\}$ ならば「$\boldsymbol{v}_2$ と $\boldsymbol{v}_3$ が 1 次従属」がしたがいます．つまり集合としては，

$$Y = X \cup Z(z_{11}, z_{21})$$

ですね.

A 子：$Z(z_{11}, z_{21})$ は線型だから 1 次ですね.

B 太：そうか，Y を 3 枚の超平面で切ったとき，$Z(z_{11}, z_{21})$ とは 1 点で交わり，X とは 3 点で交わる．Y の次数は 4 なのでこれで数が合います．

研究課題 1.1 $A^*(\mathbb{P}^a \times \mathbb{P}^b) = \mathbb{Z}[s,t]/(s^{a+1}, t^{b+1})$ を用いてセグレ埋め込み $\mathbb{P}^a \times \mathbb{P}^b \hookrightarrow \mathbb{P}^{ab+a+b}$ の像 X の次数を求めよ．

♪：ヒルベルト関数というものを使って次数を求める方法もあります．

B 太：ヒルベルト関数のことを教えてください．

♪：ちょっと代数幾何学の準備がいるから補講（B.4 節）のときにね．

第2講
グラスマン多様体

♪：射影空間は，直線，つまり1次元部分空間を"点"であるとみなすことによってできるものでした．一般に d 次元部分空間を"点"と考えて，それらを集めてできる空間をグラスマン多様体と言います．親しみを込めてグラスマニアンと呼ぶこともあります．

A子：多様体って難しそうです．

♪：難しくないと言うとウソですけど，グラスマニアンは行列を使ってさまざまな具体的な計算ができる物体です．怖がる必要はないですよ．

さて，いったん4本の直線の問題に戻ります．$\mathbb{P}^3$ 内の射影直線を数えていたわけですね．これは $\mathbb{C}^4$ 内の2次元部分空間を数えていたのだとも言えます．

C郎：射影 $\pi : \mathbb{C}^4 - \{\mathbf{0}\} \to \mathbb{P}^3$ によって対応するのですね．

♪：そうです．もしも $V \subset \mathbb{C}^4$ が2次元部分空間ならば $V - \{\mathbf{0}\}$ の π による像は $\mathbb{P}^3$ 内の射影直線です．もっと素朴に，たとえばもしも V の基底 $\boldsymbol{v}_1, \boldsymbol{v}_2$ を選んでみたら，対応する射影直線はどんなものですか？

B太：$\boldsymbol{v}_1, \boldsymbol{v}_2$ は $\mathbb{P}^3$ の異なる2点に対応しますから，その2点を通る直線が $\mathbb{P}^3$ 内に1つ決まる．この直線ですね．

♪：そのとおり．$\mathbb{C}^4$ 内の2次元部分空間の全体を $\mathscr{G}_2(\mathbb{C}^4)$ と書きます．

C郎：入れ物を $\mathbb{P}^3$ に選んだ以上 $\mathscr{G}_2(\mathbb{C}^4)$ を考えるのは必然なのですね．

2.1 グラスマン多様体

E を有限次元のベクトル空間とします.これまでと同様,とくに断らない限り $E = \mathbb{C}^n$ とします.E の線型部分空間であって d 次元であるもの全体の集合を $\mathscr{G}_d(E)$ で表します.これを**グラスマン多様体**と呼びます.さて,グラスマン多様体 $\mathscr{G}_d(E)$ の "点" V は,その基底 $\boldsymbol{v}_1,\ldots,\boldsymbol{v}_d$ を決めれば与えられます.射影空間の点,すなわち直線を与えるには方向ベクトルを決めればよいのと同様です.基底というときに,ベクトルの順序を区別する場合としない場合がありますが,ここでは順序付きの基底を考えます.$E = \mathbb{C}^n$ 内の d 個の 1 次独立なベクトルの順序付けられた組 $\xi = (\boldsymbol{v}_1,\ldots,\boldsymbol{v}_d)$ の集まりを $\mathscr{V}_d(E)$ で表します.これを行列の集合と同一視して,

$$\mathscr{V}_d(E) = \{\xi \in M_{n,d}(\mathbb{C}) \mid \mathrm{rank}(\xi) = d\}$$

と見なします.$\xi, \xi' \in \mathscr{V}_d(E)$ に対して $P \in GL_d(\mathbb{C})$[*1]であって,

$$\xi' = \xi \cdot P$$

が成り立つものが存在するとき,またそのときに限り ξ と ξ' は $\mathscr{G}_d(E)$ の同一の点を与えます.ξ と ξ' は同一のベクトル空間の基底であり,P はそれらの間の基底変換行列です.写像

$$\pi : \mathscr{V}_d(E) \to \mathscr{G}_d(E) \quad (\xi = (\boldsymbol{v}_1,\ldots,\boldsymbol{v}_d) \mapsto \langle \boldsymbol{v}_1,\ldots,\boldsymbol{v}_d \rangle)$$

は全射です.ここで $\langle \boldsymbol{v}_1,\ldots,\boldsymbol{v}_d \rangle$ は $\boldsymbol{v}_1,\ldots,\boldsymbol{v}_d$ が生成する E の部分空間を表します.このようにして,

$$\mathscr{G}_d(E) = \mathscr{V}_d(E)/GL_d(\mathbb{C})$$

という同一視ができます.

[*1] 複素係数の d 次正則行列全体がなす群を $GL_d(\mathbb{C})$ で表します.一般線型群 (general linear group) と呼びます.

開胞体

$\mathcal{V}_d(E)$ の元のうち，上から d 行の部分が単位行列である

$$\begin{matrix} d= \left\{ \begin{pmatrix} 1 & \cdots & 0 \\ \vdots & \ddots & \vdots \\ 0 & \cdots & 1 \\ * & \cdots & * \\ \vdots & \vdots & \vdots \\ * & \cdots & * \end{pmatrix} \\ n-d= \left\{ \phantom{\begin{pmatrix} * \\ \vdots \\ * \end{pmatrix}} \right. \end{matrix}$$

という形をしたものがなす $\mathcal{V}_d(E)$ の部分集合を $U_\varnothing$ で表します．これは射影空間を考えたときのスクリーンに相当します．$\pi|_{U_\varnothing}$ は単射です．実際，$\xi, \xi' \in U_\varnothing$, $P \in GL_d(\mathbb{C})$ に対して $\xi' = \xi \cdot P$ だとすると，上から d 行の部分を比べて P が単位行列になることがわかります．π による $U_\varnothing$ の像

$$\mathscr{U}_\varnothing := \pi(U_\varnothing) \cong \mathbb{C}^{d(n-d)}$$

を $\mathscr{G}_d(E)$ の **大胞体**（big cell）と呼びます．一般に多様体の中で $\mathbb{C}^m$ と同一視できる部分集合を **胞体** と呼んでいます．

$E = \mathbb{C}^n$ の余次元 i の部分空間 F^i を $x_1 = \cdots = x_i = 0$ によって定めます（例 1.4 と同様）．このとき $\mathscr{U}_\varnothing$ は次のように記述できます．

命題 2.1 次が成り立つ：

$$\mathscr{U}_\varnothing = \{V \in \mathscr{G}_d(E) \mid V \cap F^d = \{\mathbf{0}\}\}.$$

証明 $V \in \mathscr{U}_\varnothing$ とすると，V の基底 $\boldsymbol{v}_1, \cdots, \boldsymbol{v}_d$ を $\boldsymbol{v}_i - \boldsymbol{e}_i \in F^d$ ($1 \leq i \leq d$) であるようにとれます．$\boldsymbol{v} \in V \cap F^d$ とするとき，$\boldsymbol{v} = \sum_{i=1}^d c_i \boldsymbol{v}_i$ と書くと，

$$\boldsymbol{v} \equiv \sum_{i=1}^d c_i \boldsymbol{e}_i \equiv \mathbf{0} \mod F^d$$

ですが，$\boldsymbol{e}_i \mod F^d$ ($1 \leq i \leq d$) は E/F^d において 1 次独立なので，$c_1 = \cdots = c_d = 0$ となり $\boldsymbol{v} = \mathbf{0}$ がしたがいます．よって $V \cap F^d = \{\mathbf{0}\}$ です．

線型写像
$$\phi : V \hookrightarrow E \twoheadrightarrow E/F^d$$

(商ベクトル空間については A.1 節を参照) の核空間は $V \cap F^d$ ですので，もしも $V \in \mathscr{G}_d(E)$ が $V \cap F^d = \{\mathbf{0}\}$ をみたすとすると，この線型写像 ϕ は単射です．このとき $\dim V = \dim(E/F^d) = d$ なので ϕ は同型になります（定理 A.4）．このとき $\boldsymbol{e}_i \bmod F^d$ の逆像を $\boldsymbol{v}_i$ とすれば $\boldsymbol{v}_i = \boldsymbol{e}_i + \boldsymbol{u}_i$ ($\boldsymbol{u}_i \in F^d$) と書けます．$\boldsymbol{v}_1, \ldots, \boldsymbol{v}_d$ は V の基底をなし，$(\boldsymbol{v}_1, \ldots, \boldsymbol{v}_d) \in U_\varnothing$ ですから $V \in \mathscr{U}_\varnothing$ です． □

開被覆

$\mathscr{U}_\varnothing$ と同様の胞体で $\mathscr{G}_d(E)$ 全体を覆うことを考えましょう．$[n] := \{1, 2, \ldots, n\}$ とし，
$$\binom{[n]}{d} = \{I \subset [n] \mid \#I = d\}$$

とおきます．$I \in \binom{[n]}{d}$ に対して $I = \{i_1, \ldots, i_d\}$ ($1 \le i_1 < \cdots < i_d \le n$) とし，$(i_j, k)$ 成分が δ_{jk} （クロネッカーのデルタ）であるような $\xi \in \mathscr{V}_d(E)$ 全体の集合を U_I で表すことにします．$U_{\{1,2,\ldots,d\}}$ は先ほどの $U_\varnothing$ と同じものです．たとえば $I = \{2, 5, 7\} \in \binom{[8]}{3}$ ならば U_I は以下のような姿の行列全体の集合です．

$$U_I : \begin{pmatrix} * & * & * \\ 1 & 0 & 0 \\ * & * & * \\ * & * & * \\ 0 & 1 & 0 \\ * & * & * \\ 0 & 0 & 1 \\ * & * & * \end{pmatrix}$$

$\pi|_{U_I}$ が単射であることは $\pi|_{U_\emptyset}$ のときと同様にわかります．そこで $\mathscr{U}_I = \pi(U_I)$ とおきます．

命題 2.2 次が成り立つ：

$$\mathscr{G}_d(E) = \bigcup_{I \in \binom{[n]}{d}} \mathscr{U}_I.$$

証明 $V \in \mathscr{G}_d(E)$ を任意にとり $V = \pi(\xi)$, $\xi \in \mathscr{V}_d(E)$ とすると，行列 ξ の階数は d なので，ある $I \in \binom{[n]}{d}$ に対して，I を行の添え字とするその d 次の小行列式が 0 でないはずです．対応する行を取り出して作った d 次の正方行列を ξ_I とすると，$\xi_I \in GL_d(\mathbb{C})$ であって，$P = \xi_I^{-1}$ とおくと $\xi \cdot P \in U_I$ となります．このことは $V = \pi(\xi) \in \mathscr{U}_I$ を意味します． □

$GL_n(\mathbb{C})$ の作用

$GL_n(\mathbb{C})$ は $E = \mathbb{C}^n$ に自然に作用しますから，それにより $\mathscr{G}_d(E)$ への左作用が定まります．$V \in \mathscr{G}_d(E)$, $g \in GL_n(\mathbb{C})$ に対して $gV \subset E$ は d 次元部分空間なので $\mathscr{G}_d(E)$ の元です．この作用は推移的です．実際，任意の $V \in \mathscr{G}_d(E)$ に対して基底 $\boldsymbol{v}_1, \ldots, \boldsymbol{v}_d$ を選び，$\boldsymbol{v}_{d+1}, \ldots, \boldsymbol{v}_n$ を追加して E の基底 $\boldsymbol{v}_1, \ldots, \boldsymbol{v}_n$ が作れます．このとき $g = (\boldsymbol{v}_1, \ldots, \boldsymbol{v}_n)$ を $\langle \boldsymbol{e}_1, \ldots, \boldsymbol{e}_d \rangle$ に作用させれば $\langle g\boldsymbol{e}_1, \ldots, g\boldsymbol{e}_d \rangle = \langle \boldsymbol{v}_1, \ldots, \boldsymbol{v}_d \rangle = V$ となります．

プリュッカー[*2]の埋め込み

グラスマン多様体が射影多様体の構造を持つことを説明しておきます．$\bigwedge^d \mathbb{C}^n = \bigwedge^d E$ を $\mathbb{C}^n$ の d 次の外積空間（A.5 節参照）とし，$\xi = (\boldsymbol{v}_1, \ldots, \boldsymbol{v}_d) \in \mathscr{V}_d(E)$ に対して，

$$p(\xi) = \boldsymbol{v}_1 \wedge \cdots \wedge \boldsymbol{v}_d \in \bigwedge^d E$$

を対応させましょう．また，$\boldsymbol{v}_1, \ldots, \boldsymbol{v}_d$ は 1 次独立ですからこれは零ではあり

[*2] Julius Plücker (1801–1869).

ません．また，$\xi' = \xi \cdot P$ $(P \in GL_d(\mathbb{C}))$ ならば，

$$p(\xi') = \det(P) \cdot p(\xi)$$

が成り立ちますので，写像

$$\Phi : \mathscr{G}_d(E) = \mathscr{V}_d(E)/GL_d(\mathbb{C}) \to \mathbb{P}(\bigwedge\nolimits^d E) \quad (\pi(\xi) \mapsto [p(\xi)])$$

が得られます．

写像 Φ は単射であることが以下のようにしてわかります．$V, V' \in \mathscr{G}_d(E)$ に対して，もしも $V \neq V'$ とすると $\dim(V \cap V') < d$ となりますから，$m = d - \dim(V \cap V')$ とおきます．V および V' の基底 $\{\boldsymbol{v}_1, \ldots, \boldsymbol{v}_d\}$，$\{\boldsymbol{v}_{m+1}, \ldots, \boldsymbol{v}_{m+d}\}$ であって $\{\boldsymbol{v}_{m+1}, \ldots, \boldsymbol{v}_d\}$ が $V \cap V'$ の基底であるようなものをとります．このとき $\boldsymbol{v}_1 \wedge \cdots \wedge \boldsymbol{v}_d$ と $\boldsymbol{v}_{m+1} \wedge \cdots \wedge \boldsymbol{v}_{m+d}$ は互いにもう一方のスカラー倍になることはありません．

$\bigwedge^d E$ の基底 $\{\boldsymbol{e}_{i_1} \wedge \cdots \wedge \boldsymbol{e}_{i_d}\}$ の双対基底を $\{x_{i_1,\ldots,i_d}\} \subset (\bigwedge^d E)^*$ とします．$\xi \in \mathscr{V}_d(E)$ とすると $p(\xi) \in \bigwedge^d E$ における $x_{i_1,\ldots,i_d}$ の値は ξ の $\{i_1, \ldots, i_d\}$ 行に対応する小行列式 $\det \xi_{\{i_1,\ldots,i_d\}}$ です．写像 Φ は $V = \pi(\xi)$ に対して，斉次座標 $[\det \xi_{\{i_1,\ldots,i_d\}}]_{(i_1,\ldots,i_d) \in \binom{[n]}{d}}$ (V の**プリュッカー座標**) を持つ $\mathbb{P}(\bigwedge^d E)$ の点を対応させます．Φ の像は**プリュッカー関係式**と呼ばれる 2 次関係式の族

$$\sum_{s=1}^{d+1} (-1)^s x_{i_1,\ldots,i_{d-1},j_s} x_{j_1,\ldots,j_{s-1},j_{s+1},\ldots,j_{d+1}} = 0 \quad (I \in \tbinom{[n]}{d-1}, J \in \tbinom{[n]}{d+1})$$

により定義される $\mathbb{P}(\bigwedge^d E)$ の閉集合であることが知られています．本講義ではプリュッカー関係式を直接使うことはないので，その証明は省きます（[32], [35] 参照）．$\mathrm{Im}(\Phi)$ と $\mathscr{G}_d(E)$ を同一視することによって $\mathscr{G}_d(E)$ に射影多様体の構造を定めることができます．

例 2.3 $\mathscr{G}_2(\mathbb{C}^4)$ の像は $\mathbb{P}(\bigwedge^2 \mathbb{C}^4) \cong \mathbb{P}^5$ において，

$$x_{1,2}x_{3,4} - x_{1,3}x_{2,4} + x_{1,4}x_{2,3} = 0$$

で定まる超曲面です．

2.2 シューベルト多様体

グラスマン多様体 $\mathscr{G}_d(E)$ の部分多様体であるシューベルト多様体を導入します．シューベルト多様体は数え上げの問題の条件を設定することに対応しています．

掃き出し法と胞体分割

♪：V を $\mathscr{G}_2(\mathbb{C}^4)$ の元として $\xi = (\boldsymbol{v}_1, \boldsymbol{v}_2) \in \mathscr{V}_2(\mathbb{C}^4)$ が対応するとしましょう．4行2列の行列 ξ は階数2なので列の基本変形を繰り返して，図2.1の標準形のうちのどれかに変形できます．それぞれシンボル $1, g, g_e, g_p, g_s, G$ を対応させましょう．

B太：シューベルトの話とどう関係するんですか？

♪：まあ，あわてないで．まず，掃き出し法の意味を考えてみましょう．

C郎：列の基本変形はあまりやったことないけれど，行と同じようにできることはわかります．

♪：ξ に対して列の基本変形をすることは，右から可逆な行列 P を掛けること[*3]ですから，ξ と $\xi \cdot P$ は $\mathscr{G}_2(\mathbb{C}^4)$ の同じ点に対応することを思い出してください．グラスマン多様体 $\mathscr{G}_2(\mathbb{C}^4)$ の任意の点は図2.1の行列のいずれかに対応しています．また，これらの行列で表される点のなかに重複しているものはありません．つまり，図2.1のように，$\mathscr{G}_2(\mathbb{C}^4)$ は6つのタイプの胞体に分割されるわけです．

B太：グラスマン多様体はこういう行列の集まりだと考えることもできるのですね．

♪：そう．そこでね，掃き出しの計算を思い出して，6つのタイプのうちで一番ありふれた，あるいは「一般的な」タイプはどれだと考えますか？

A子：あ，それは"1"じゃないかしら．一般的な行列の1行目の成分のうちのどちらか一方は零でないと考えていいでしょ．それを1に正規化して左

[*3] A.2節参照．

$$\text{``1''} \begin{pmatrix} 1 & 0 \\ 0 & 1 \\ * & * \\ * & * \end{pmatrix}$$

$$\text{``}g\text{''} \begin{pmatrix} 1 & 0 \\ * & 0 \\ 0 & 1 \\ * & * \end{pmatrix}$$

$$\text{``}g_e\text{''} \begin{pmatrix} 0 & 0 \\ 1 & 0 \\ 0 & 1 \\ * & * \end{pmatrix} \qquad \text{``}g_p\text{''} \begin{pmatrix} 1 & 0 \\ * & 0 \\ * & 0 \\ 0 & 1 \end{pmatrix}$$

$$\text{``}g_s\text{''} \begin{pmatrix} 0 & 0 \\ 1 & 0 \\ * & 0 \\ 0 & 1 \end{pmatrix}$$

$$\text{``}G\text{''} \begin{pmatrix} 0 & 0 \\ 0 & 0 \\ 1 & 0 \\ 0 & 1 \end{pmatrix}$$

図 2.1

上に持ってこられます．それを要にして 2 列目を掃き出せば $(1,2)$ 成分は零にできます．その次に 2 列目に目を付けて，$(2,2)$ 成分をみます．それが零でなければ 1 に正規化できて，最後に 1 列目を掃き出せばタイプ "1" の形になります．

C 郎：着目した成分が「零でない」という条件は「零である」というのと比べて「一般的な」ことですね．

♪：そうです．たとえば，さっきと同様の掃き出しの過程で $(2,2)$ 成分をみた

ときに零であれば，"g" もしくは "g_p" のタイプに分類されるというわけです．

掃き出し法と旗

♪：そこでシューベルトの4直線問題との関係を考えます．$\mathbb{P}^3$ 内の旗 $p_0 \in \ell_0 \subset e_0$ を考えていましたが，これは $\mathbb{C}^4$ に持ち上がって，

$$\begin{pmatrix} 0 \\ 0 \\ 0 \\ * \end{pmatrix} \subset \begin{pmatrix} 0 \\ 0 \\ * \\ * \end{pmatrix} \subset \begin{pmatrix} 0 \\ * \\ * \\ * \end{pmatrix}$$

という線型部分空間の列 ($\{\mathbf{0}\} \subset$) $F_1 \subset F_2 \subset F_3$ ($\subset \mathbb{C}^4$) に対応します．たとえば V に対する $V \subset F_3$ という条件を射影化すれば，ℓ に対する条件 $\ell \subset e_0$ になります．この条件は，V が g_e, g_s, G に対応する3つの胞体のいずれかに属すことと同値です．

B太：わかってきました．それは，対応する ξ の1行目の成分がどちらも零であることを意味するのですね．

♪：そうです．この3つのうちで「一般的な」ものはどれでしょう？

C郎：g_e, g_s, G はそれぞれ $2, 1, 0$ 次元の胞体に対応するので，g_e が一般的だと考えていいと思います．

♪：はい，その考えでいいです．2次元の胞体の無限遠に1次元と0次元の胞体がくっついているのです．

B太：$V \subset F_3$ をみたす V たちは射影平面 $\mathbb{P}^2$ をなしているのですね！

♪：そうです．では，$\dim(V \cap F_2) \geq 1$ という条件はどうでしょう？

A子：この条件は，2列目のベクトル $\mathbf{v}_2$ が F_2 に含まれることと同じです．それらのうち「一般的な」タイプは g で3次元の胞体をなしています．

B太：この場合，行列 ξ は $(1,2), (2,2)$ 成分が零になっているのが特徴なので "1" 以外のすべてのタイプがこの条件をみたします．

♪：そうですね．以上のような意味で，掃き出し法の各タイプはそれぞれ V に対する線型代数的な条件

$$1: \text{無条件}, \quad g: \dim(V \cap F_2) \geq 1, \quad g_e: V \subset F_3,$$
$$g_p: F_1 \subset V, \quad g_s: F_1 \subset V \subset F_3, \quad G: V = F_2$$

に対応しています．それぞれ $\ell \in \mathbb{P}^3$ の言葉に言いかえると，

$$1: \ell \text{ 無条件}, \quad g: \ell \cap \ell_0 \neq \varnothing, \quad g_e: \ell \subset e_0,$$
$$g_p: p_0 \in \ell, \quad g_s: p_0 \in \ell \subset e_0, \quad G: \ell = \ell_0$$

というシューベルトの 6 つの条件に対応していることがわかるでしょう．

問 2.1 $\mathbb{P}(\mathbb{C}^4/F_1) \cong \mathbb{P}^2$, $\mathscr{G}_2(F_3) = \mathbb{P}^*(F_3) \cong \mathbb{P}^2$, $\mathbb{P}(F_3/F_1) \cong \mathbb{P}^1$ を示せ．ただし，一般に V を n 次元のベクトル空間とするとき $\mathbb{P}^*(V) = \mathscr{G}_{n-1}(V)$ と書き，双対射影空間という．

シューベルト胞体

ここまでの内容を一般化するために，$I \in \binom{[n]}{d}$ として，U_I の部分集合

$$U_I^- := \{\xi \in U_I \mid \xi_{kj} = 0 \ (j < i_k)\},$$
$$U_I^+ := \{\xi \in U_I \mid \xi_{kj} = 0 \ (j > i_k)\}$$

を考えます．たとえば，$I = \{2, 5, 7\}, n = 8$ ならば，

$$U_I : \begin{pmatrix} * & * & * \\ 1 & 0 & 0 \\ * & * & * \\ * & * & * \\ 0 & 1 & 0 \\ * & * & * \\ 0 & 0 & 1 \\ * & * & * \end{pmatrix}, \quad U_I^- : \begin{pmatrix} 0 & 0 & 0 \\ 1 & 0 & 0 \\ * & 0 & 0 \\ * & 0 & 0 \\ 0 & 1 & 0 \\ * & * & 0 \\ 0 & 0 & 1 \\ * & * & * \end{pmatrix}, \quad U_I^+ : \begin{pmatrix} * & * & * \\ 1 & 0 & 0 \\ 0 & * & * \\ 0 & * & * \\ 0 & 1 & 0 \\ 0 & 0 & * \\ 0 & 0 & 1 \\ 0 & 0 & 0 \end{pmatrix}$$

と表せます. 射影 $\pi : \mathscr{V}_d(E) \to \mathscr{G}_d(E)$ による U_I^- の像 $\Omega_I^\circ := \pi(U_I^-) \subset \mathscr{U}_I$ を**シューベルト胞体**と呼びます. 実際,

$$\Omega_I^\circ \cong \mathbb{C}^{d(n-d)-\sum_{k=1}^d (i_k-k)}$$

という同一視ができますので, Ω_I° は胞体です. $\pi|_{U_I}$ は単射なので, これを確認するには U_I^- の $*$ の個数を数えればよいですが, U_I の次元 $d(n-d)$ から U_I^+ の方の $*$ の数を引けば求まります. U_I^+ の行列の第 k 列には $(i_k - k)$ 個の $*$ があるので, 合計 $\sum_{k=1}^d (i_k - k)$ 個です.

ヤング図形とシューベルト多様体

$I \in \binom{[n]}{d}$ とします. 縦が d, 横が $n-d$ の長方形に碁盤の目状に縦または横の道があるとして, 南西の隅をスタートして北東の角にゴールすることを考えます. i 番目の移動において, $i \in I$ ならば上に, $i \notin I$ ならば右に 1 マス分進みます.

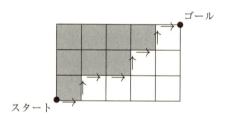

$I = \{2, 5, 7\}, n = 8$ ならば上の図のようになります. このようにしてできた道の左上側の領域 (グレーの領域) に注目しましょう. このような形の箱が集まってできた図形を**ヤング**[*4]**図形**と呼びます. 第 i 行に λ_i 個の箱があるとして非負整数の列 $\lambda = (\lambda_1, \ldots, \lambda_d)$ を作ると,

$$n - d \geq \lambda_1 \geq \cdots \geq \lambda_d \geq 0$$

が成り立ちます. この条件をみたす λ 全体の集合を $\mathscr{Y}_d(n)$ で表します. また, λ の箱の総数を $|\lambda| = \sum_{i=1}^d \lambda_i$ と表します.

[*4] Alfred Young (1873-1940).

＊　＊　＊

♪：さきほどの $I = \{2,5,7\}$ のときの行列 U_I, U_I^- をもう一度書きます．U_I と U_I^- の違うところを $\boxed{0}$ で表しています．$\boxed{0}$ の配置と $\lambda = (4,3,1)$ とを見比べてください．

$$U_I = \begin{pmatrix} * & * & * \\ 1 & 0 & 0 \\ * & * & * \\ * & * & * \\ 0 & 1 & 0 \\ * & * & * \\ 0 & 0 & 1 \\ * & * & * \end{pmatrix}, \quad U_I^- = \begin{pmatrix} \boxed{0} & \boxed{0} & \boxed{0} \\ 1 & 0 & 0 \\ * & \boxed{0} & \boxed{0} \\ * & \boxed{0} & \boxed{0} \\ 0 & 1 & 0 \\ * & * & \boxed{0} \\ 0 & 0 & 1 \\ * & * & * \end{pmatrix} \tag{2.1}$$

B 太：あっ，$\boxed{0}$ を上に詰めて反時計回りに $90°$ 回転すればヤング図形

になりますね！

命題 2.4 $\mathscr{Y}_d(n)$ と $\binom{[n]}{d}$ の間の全単射が，

$$i_k - k = \lambda_{d-k+1} \quad (1 \leq k \leq d) \tag{2.2}$$

により与えられる．とくに $\sum_{k=1}^d (i_k - k) = |\lambda|$ が成り立つ．

証明 下から k 行目にある一番右の ■ の右上隅の点はスタート地点から縦に k 回，横に λ_{d-k+1} 回進んだ地点で，その地点に至る最後のステップが i_k 回目の移動だから，

$$k + \lambda_{d-k+1} = i_k$$

が成り立ちます. □

$I = \{i_1 < \cdots < i_d\}$, $J = \{j_1 < \cdots < j_d\} \in \binom{[n]}{d}$ に対して $i_k \leq j_k (1 \leq k \leq d)$ のとき, $I \leq J$ と書くことにします. $\lambda, \mu \in \mathscr{Y}_d(n)$ がそれぞれ I, J に対応するとき,

$$I \leq J \Longleftrightarrow \lambda \subset \mu$$

が成り立ちます. $\lambda \subset \mu$ は μ がヤング図形として λ を含むという意味で, 不等式 $\lambda_i \leq \mu_i$ $(1 \leq i \leq d)$ と同値です.

シューベルト多様体と旗

シューベルト胞体をもう少し幾何学的に理解しましょう.

$\mathbb{C}^n$ の**旗** $F^\bullet$ を 1 つ選びます. 旗とは $F^0 = \mathbb{C}^n$ から 1 次元ずつ下がって $\{\mathbf{0}\}$ まで降下する列

$$\mathbb{C}^n = F^0 \supset F^1 \supset \cdots \supset F^n = \{\mathbf{0}\}$$

のことでした. 以下, 当分の間は例 1.4 で定めた標準的な旗を用います.

$\lambda \in \mathscr{Y}_d(n)$ に対応する $\binom{[n]}{d}$ の元が I であるとき $\Omega_\lambda^\circ = \Omega_I^\circ$ と書くことにします. ここで**シューベルト多様体**を,

$$\Omega_\lambda := \bigsqcup_{\mu \supset \lambda} \Omega_\mu^\circ$$

と定義します. 容易にわかるように,

$$\lambda \subset \mu \Longleftrightarrow \Omega_\lambda \supset \Omega_\mu$$

が成り立ちます. シューベルト多様体は $V \in \mathscr{G}_d(E)$ と旗 $F^\bullet$ との関係によって次のように記述されます (証明はのちほど与えます).

定理 2.5 $\lambda \in \mathscr{Y}_d(n)$ とするとき,

$$\Omega_\lambda = \{V \in \mathscr{G}_d(E) \mid \dim(F^{\lambda_i + d - i} \cap V) \geq i \quad (1 \leq i \leq d)\}$$

が成り立つ.

軌道としてのシューベルト胞体

グラスマン多様体の元 $V \in \mathscr{G}_d(E)$ に対して，

$$d_V(i) := \dim(F^{i-1} \cap V) \quad (1 \leq i \leq n) \tag{2.3}$$

とおくと，弱い意味で単調減少する数列

$$d = d_V(1) \geq \cdots \geq d_V(n) \geq 0$$

が得られます．減少数列 d_V の各ステップの「段差」は高々1です．図2.2のように踊り場のある階段のような形です：

図 2.2

左から階段をおりていくとき，段差の直前に注目して，

$$\mathscr{D}(V) = \{i \in [n] \mid d_V(i+1) = d_V(i) - 1\} \tag{2.4}$$

と定めます．ただし $d_V(n+1) = 0$ とします．これを V の**段差集合**と呼びます（図2.3）．

図 2.3 段差の直前という図

* * *

♪：$I = \{2,5,7\} \in \binom{[8]}{3}$ に対する U_I^- の一般的な元は，

$$\begin{pmatrix} 0 & 0 & 0 \\ 1 & 0 & 0 \\ * & 0 & 0 \\ * & 0 & 0 \\ 0 & 1 & 0 \\ * & * & 0 \\ 0 & 0 & 1 \\ * & * & * \end{pmatrix}$$

という形でした．これを眺めながら $V \in \Omega_I^\circ = \pi(U_I^-)$ に対して d_V と $\mathscr{D}(V)$ を求めてみてください．

A 子：$d_V(i)$ は i 行以下にある要の 1 の個数ですね．

i	1	2	3	4	5	6	7	8
$d_V(i)$	3	3	2	2	2	1	1	0
$\mathscr{D}(V)$		●			●		●	

B 太：そうか i 行目に要の 1 があれば i が $\mathscr{D}(V)$ の元になる．

C 郎：$\mathscr{D}(V) = I$ ですね．

♪：ところで，段差集合の図形 [　|●|　|●|　|●|　] とヤング図形の関係がわかりますか？

B 太：あ！ これは立体的にみた方がよさそうですね（図 2.4）．

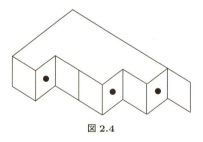

図 2.4

♪：いいね．右から i 番目の ● よりも左にある □ の個数を λ_i とするとヤング

図形 $\lambda = (\lambda_1, \ldots, \lambda_d)$ ができます．この図をみるとわかるでしょう．

＊　＊　＊

命題 2.6 $F^\bullet$ を標準旗とし，$I = \{i_1 < \cdots < i_k\} \in \binom{[n]}{d}$ とする．$V \in \mathscr{G}_d(E)$ に対して以下は同値である：

(i) $V \in \Omega_I^\circ$.

(ii) $\mathscr{D}(V) = I$.

(iii) V の基底 $\boldsymbol{v}_1, \ldots, \boldsymbol{v}_d$ を，
$$\boldsymbol{v}_k = \boldsymbol{e}_{i_k} + \boldsymbol{w}_k \quad (\boldsymbol{w}_k \in F^{i_k}, 1 \leq k \leq d)$$
が成り立つように選ぶことができる．

証明 (i)$\Longrightarrow$(ii)：$V \in \Omega_I^\circ$ として $V = \pi(\xi), \xi = (\boldsymbol{v}_1, \ldots, \boldsymbol{v}_d) \in U_I^-$ とすると $d_V(i)$ は $\boldsymbol{v}_1, \ldots, \boldsymbol{v}_d$ のうちで要の 1 が i 以下にあるものの個数と等しいことがわかります．また，i 行目に要の 1 があることと i が $\mathscr{D}(V)$ に属すことは同値です．すなわち，$\mathscr{D}(V) = I$ です．

(ii)$\Longrightarrow$(iii)：$\mathscr{D}(V) = I$ とします．各 $1 \leq k \leq d$ に対してベクトル $\boldsymbol{v}_k$ を以下のように選びます．段差集合の定義より，
$$\dim(F^{i_k} \cap V) = \dim(F^{i_k-1} \cap V) - 1$$
ですから，$\boldsymbol{v}_k \in F^{i_k-1} \cap V$ を $\boldsymbol{v}_k \notin F^{i_k} \cap V$ となるように選ぶことができます．$\boldsymbol{v}_k$ を $\boldsymbol{e}_j$ ($i_k \leq j \leq n$) の線型結合として書いたときに $\boldsymbol{e}_{i_k}$ の係数は零でないことから，必要なら $\boldsymbol{v}_k$ をスカラー倍で置き換えて，その係数が 1 であるとしてかまいません．このとき $\boldsymbol{v}_k - \boldsymbol{e}_{i_k} \in F^{i_k}$ ですから，これを $\boldsymbol{w}_k$ とおくと $\boldsymbol{v}_k$ は望む形になります．$\boldsymbol{v}_1, \ldots, \boldsymbol{v}_d$ は 1 次独立なので V の基底をなします．

(iii)$\Longrightarrow$(i)：V が (iii) をみたすと仮定して，条件をみたす基底 $\boldsymbol{v}_1, \ldots, \boldsymbol{v}_d$ をとります．$\xi = (\boldsymbol{v}_1, \ldots, \boldsymbol{v}_d)$ として，各 $\boldsymbol{v}_k$ の i_j ($j > k$) 番目の成分が零になるように ξ に列の基本変形（右から $GL_d(\mathbb{C})$ の元を掛けて）をすれば U_I^- の元に変形できます．よって $V \in \Omega_I^\circ$ です．　□

系 2.7 グラスマン多様体はシューベルト胞体の交わらない和として,

$$\mathscr{G}_d(E) = \bigsqcup_{I \in \binom{[n]}{d}} \Omega_I^\circ$$

と分割される.

証明 写像 $\mathscr{D} : \mathscr{G}_d(E) \to \binom{[n]}{d}$ $(V \mapsto \mathscr{D}(V))$ は全射で $I \in \binom{[n]}{d}$ 上のファイバーは Ω_I° です(命題 2.6 の (i) と (ii) の同値性). $\square$

$GL_n(\mathbb{C})$ に含まれる下三角行列全体がなす群を B_- で表します.また,使うのはすこし先ですが上三角行列全体がなす群を B で表します.これらはボレル[*5]部分群と呼ばれて,線型代数群の研究において基本的な役割を果たします.$I \in \binom{[n]}{d}$ に対して $e_I := \langle e_i | i \in I \rangle$ とおきます.

命題 2.8 シューベルト胞体 Ω_I° は e_I の B_- 軌道と一致する.

証明 対角成分がすべて 1 の下三角行列がなす B_- の部分群 N_- を考えます.e_I の順序付き基底 $(\boldsymbol{e}_{i_1}, \ldots, \boldsymbol{e}_{i_d}) \in \mathscr{V}_d(E)$ の N_- 軌道は,

$$\begin{pmatrix} 1 & 0 & 0 & 0 \\ * & 0 & 0 & 0 \\ * & 1 & 0 & 0 \\ * & * & 1 & 0 \\ * & * & * & 0 \\ * & * & * & 1 \\ * & * & * & * \end{pmatrix}$$

のような形の行列の集合ですから,V が e_I の N_- 軌道に属すことは命題 2.6 の (iii) の条件と同値であることがわかります.すなわち,

$$\Omega_I^\circ = N_- e_I$$

[*5] Armand Borel (1923-2003).

が成り立ちます．B_- 軌道を考えると要の 1 の成分が一般の零でない数に変わります．しかし，右から d 次の可逆な対角行列を掛けて要の成分を 1 にできるので，グラスマン多様体 $\mathscr{G}_d(E) = \mathscr{V}_d(E)/GL_d(\mathbb{C})$ の部分集合として，$B_- e_I$ は $N_- e_I$ と一致します． □

定理 2.5 の証明

$V \in \Omega_I^\circ$ のとき数列 d_V は一定なのでこれを d_I で表しましょう．いま $I \in \binom{[n]}{d}$ として，$V \in \mathscr{G}_d(E)$ に対する条件 $\mathscr{D}(V) \geq I$ すなわち $V \in \bigsqcup_{J \geq I} \Omega_J^\circ$ を考えます．弱い意味で減少する数列 d_V と d_I を比べたとき，すべての k について，d_V の k 番目の段差が d_I の k 番目の段差よりもつねに後に来るということなので，これは，

$$d_V(i) \geq d_I(i) \quad (1 \leq i \leq n)$$

と同値です．この条件は，段差があるところの値だけに注目して，

$$d_V(i_k) \geq d_I(i_k) \quad (1 \leq k \leq d)$$

とも同値です．なぜなら，このとき，$i_{k-1} < j < i_k$ に対しては，

$$d_V(j) \geq d_V(i_k) \geq d_I(i_k) = d_I(j)$$

が成り立つからです．$d_I(i_k) = d - k + 1$ に注意して，これを書き換えると，

$$\dim(F^{i_k - 1} \cap V) \geq d - k + 1 \quad (1 \leq k \leq d)$$

となります．ヤング図形との対応 (2.2) により $\lambda \in \mathscr{Y}_d(n)$ が I に対応するとき，

$$\dim(F^{\lambda_{d-k+1} + k - 1} \cap V) \geq d - k + 1 \quad (1 \leq k \leq d)$$

となります．$i = d - k + 1$ とおいて書き直せば，

$$\dim(F^{\lambda_i + d - i} \cap V) \geq i \quad (1 \leq i \leq d)$$

となるので定理 2.5 が示されました． □

閉包としてのシューベルト多様体

$\mathscr{V}_d(E)$ はアフィン空間[*6] $M_{n,d}(\mathbb{C}) \cong \mathbb{C}^{nd}$ のザリスキー開集合（B.1 節参照）としての位相を持ちます．射影 $\pi: \mathscr{V}_d(E) \to \mathscr{G}_d(E)$ を用いて集合 $\mathscr{G}_d(E)$ に商位相[*7]を定めます．すなわち $\mathscr{G}_d(E)$ の部分集合 A が閉集合であるとは逆像 $\pi^{-1}(A)$ が $\mathscr{V}_d(E)$ の閉集合である（すなわち $\mathscr{V}_d(E)$ の行列成分の多項式が零という形で定義された集合である）ことです．

命題 2.9 Ω_λ は閉集合である．

証明 $V \in \mathscr{G}_d(E)$ として自然な線型写像

$$\phi: V \hookrightarrow \mathbb{C}^n \to \mathbb{C}^n / F^{\lambda_i + d - i}$$

を考えます．$V = \pi(\xi)$ とするとき ξ の部分行列 $\xi_{\{1,\ldots,\lambda_i+d-i\}}$ は ϕ の表現行列です．$V \cap F^{\lambda_i+d-i} = \mathrm{Ker}(\phi)$ なので $\dim(V \cap F^{\lambda_i+d-i}) \geq i$ は ϕ の階数が $(d-i)$ 以下という条件に言い換えられます．これは $\xi_{\{1,\ldots,\lambda_i+d-i\}}$ の $(d-i+1)$ 次の小行列式がすべて零であることと同値です．この条件は $\mathscr{V}_d(E)$ の座標に関する多項式の集まりが零であるという条件ですから，$\pi^{-1}(\Omega_\lambda)$ は閉集合であり，したがって Ω_λ は閉集合です． $\square$

$I \in \binom{[n]}{d}$ に $\lambda \in \mathscr{Y}_d(n)$ が対応するとき e_I を e_λ と書きます．$e_\mu \in \Omega_\lambda \iff \lambda \subset \mu$ が成り立つことに注意しておきます．

補題 2.10 $\lambda \subset \mu$ とする．このとき $\Omega_\mu^\circ \subset \overline{\Omega_\lambda^\circ}$ が成り立つ．とくに $e_\mu \in \overline{\Omega_\lambda^\circ}$ である．

証明 λ, μ にそれぞれ $I, J \in \binom{[n]}{d}$ が対応するとします．$a \notin J, b \in J$ ($1 \leq a < b \leq n$) をみたすペア (a,b) があって，J から b を取り除いて a を加えることで I が得られる場合を考えます（このとき $\lambda \subset \mu$ がどういう関係にあるのか考えるのは意味のあることです．研究課題 2.1 参照）．一般の $\lambda \subset \mu$ のとき

[*6] $\mathbb{C}^m$ を代数多様体（補講 B）とみなすときは m 次元のアフィン空間といいます．
[*7] プリュッカー埋め込みによる $\mathbb{P}(\bigwedge^d E)$ の閉集合としての位相と一致することが知られています．

は，J から同様の操作を有限回だけ繰り返して I が得られますので，補題の主張がしたがいます．

$[s:t] \in \mathbb{P}^1$ に対して，

$$e_k \ (k \in I \cap J), \quad s\boldsymbol{e}_a + t\boldsymbol{e}_b$$

が張る空間を $V_{[s:t]}$ とします．すると $V_{[1:0]} = e_I$, $V_{[0:1]} = e_J$ であることがわかります．一般の $[s:t] \in \mathbb{P}^1$ に対しても $V_{[s:t]}$ は d 次元であり，$\mathscr{G}_d(E)$ の元です．$s \neq 0$ のときは $V_{[s:t]} \in \Omega_I^\circ$ であることもわかります．写像 $\phi : \mathbb{P}^1 \ni [s:t] \mapsto V_{[s:t]} \in \mathscr{G}_d(E)$ の像を C とします．$C - \{e_J\} \subset \Omega_I^\circ$ の閉包をとれば $e_J \in C = \overline{C - \{e_J\}} \subset \overline{\Omega_I^\circ}$ がしたがいます．B_- の作用は連続なので $\overline{\Omega_I^\circ}$ は B_- で保たれ，$\Omega_J^\circ = B_- e_J \subset \overline{\Omega_I^\circ}$ が成り立ちます． □

命題 2.11 シューベルト多様体 Ω_λ はシューベルト胞体 Ω_λ° の閉包である．

証明 命題 2.9 より Ω_λ は閉集合なので $\Omega_\lambda^\circ \subset \Omega_\lambda$ から $\overline{\Omega_\lambda^\circ} \subset \Omega_\lambda$ がしたがいます．逆の包含関係を示すためには $\mu \supset \lambda$ に対して $\Omega_\mu^\circ \subset \overline{\Omega_\lambda^\circ}$ を示せばよいですが，それは補題 2.10 です． □

系 2.12 シューベルト多様体 Ω_λ は既約である．

証明 既約な集合 Ω_λ° の閉包である Ω_λ は既約です． □

研究課題 2.1 $\lambda, \mu \in \mathscr{Y}_d(n)$ にそれぞれ $I, J \in \binom{[n]}{d}$ が対応するとし，$a \notin J$, $b \in J$ $(1 \leq a < b \leq n)$ をみたすペア (a,b) があって，J から b を取り除いて a を加えることで I が得られるとする．ヤング図形 μ において，a に対応する → と b に対応する ↑ に注目する．これらの → のある列と ↑ のある行の箱を定める．この箱と，その真下と真右にある箱の集まりを鉤(かぎ)（hook）と呼ぶ．この鉤の箱をすべて取り除いて，右下に取り残された図形（もしあれば）を左上に詰めてできるヤング図形が λ であることを示せ．たとえば $d = 5$, $n = 11$ の場合に以下のような μ は $J = \{2,5,7,9,11\}$ に対応する．$a = 3, b = 9$ の場合に得られるヤング図形 λ は以下の通りである：

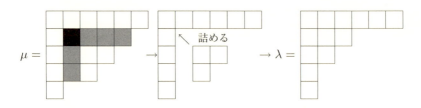

注意 2.13 $GL(E)$ の対角行列からなる部分群 T（極大トーラス）を考えます．$\mathscr{G}_d(E)$ に含まれる T 固定点全体の集合は $\{e_\lambda \mid \lambda \in \mathscr{Y}_d(n)\}$ であることが知られています．補題 2.10 の証明に現れた直線 C は T の作用で保たれます．$\mathscr{G}_d(n)$ に含まれていて，T の作用で保たれる $\mathbb{P}^1$ はこのようなものに限ることも知られています．$\{e_\lambda \mid \lambda \in \mathscr{Y}_d(n)\}$ を頂点集合として，上記のような C に対して e_μ から e_λ へ向かう矢を対応させてできる有向グラフを GKM グラフ（あるいはモーメント・グラフ）と呼びます．Goresky-Kottwitz-MacPherson [34] が T 同変コホモロジーの研究に用いたのでそのように呼ばれています．もう少しくわしいことは 5.4 節を参照してください．

研究課題 2.2（プリュッカー座標によるシューベルト多様体の記述）　$\mathscr{G}_d(E)$ をプリュッカーの埋め込みにより $\mathbb{P}(\bigwedge^d E)$ の閉部分多様体とみなす．$\lambda \in \mathscr{Y}_d(n)$ に $I = (i_1, \ldots, i_d)$ が対応するとき，シューベルト多様体 $\Omega_\lambda \subset \mathscr{G}_d(E)$ は以下の方程式によって定義されることを示せ：

$$x_J = 0 \quad (I \not\leq J).$$

ここで $x_J = x_{j_1, \ldots, j_d}$ はプリュッカー座標を表す．

慣例と記号についての注釈

本書では，従来の教科書や一部の論文と異なる定義を採用した点がいくつかあります．基本的な記号が出揃いましたので説明しておきます．

多くの文献では，グラスマン多様体の点を表すために横ベクトルを並べる記法が用いられています．スペースを節約するためだと推測します．この講義では行列の算法を出発点にしていますので，行列を右から，左から掛ける意味が重要です．横ベクトルにしてしまうとその点に不都合があるので，ベクトルは

縦にしています.

シューベルト胞体が B_- 軌道となるように定義しました.こうするとシューベルト多様体の余次元に注目した考察に便利です.多くの文献では B 軌道としてシューベルト胞体を定義し,コホモロジー類を作るときに双対胞体を採用しています.しかし,最初から B_- 軌道にしておけば,あとで双対に取り替える必要がありません.このことと関連して,ヤング図形 λ に対応するシューベルト多様体の余次元は $|\lambda|$ と一致し,ヤング図形どうしの包含関係 $\lambda \subset \mu$ はシューベルト多様体の包含関係 $\Omega_\lambda \supset \Omega_\mu$ と同値です.こうしておけば,$\mathbb{C}^n$ の n を大きくしたときにシューベルト類に対して n によらない記述ができます.このことは非常に重要です(シューベルト類の安定性).その意味で,できるだけ記号には n が表に出ないようにするのが望ましいのです.$F^\bullet$ の添え字を余次元にしたのはその意味です.ただし,次元を使う方が幾何学的な意味を考えやすいときもありますので,$F_i = F^{n-i}$ のように下付きの添え字を次元の意味で用いることもあります.

第3講
グラスマン多様体の交叉理論
―― シンボル計算

シューベルト多様体の交わりについて調べて，シューベルトが用いたシンボルの計算を定式化します．

3.1 シューベルト多様体の交わり

$\lambda \in \mathscr{Y}_d(n)$ とします．$E = \mathbb{C}^n$ 内の任意の旗 $F^\bullet$ に対してシューベルト多様体を，

$$\Omega_\lambda(F^\bullet) = \{V \in \mathscr{G}_d(E) \mid \dim(F^{\lambda_i+d-i} \cap V) \geq i \, (1 \leq i \leq d)\}$$

と定義します（定理 2.5 参照）．2つの旗 $F^\bullet, E^\bullet$ を選んでシューベルト多様体の交わり

$$\Omega_\lambda(F^\bullet) \cap \Omega_\mu(E^\bullet)$$

を調べましょう．2つの旗の相補的な次元の成分が自明に交わるとき，すなわち，

$$i+j = n \Longrightarrow F^i \cap E^j = \{\mathbf{0}\}$$

が成り立つとき，$F^\bullet$ と $E^\bullet$ は**一般の位置関係にある**といいます．

命題 3.1 $F^\bullet$ と $E^\bullet$ が一般の位置関係にあるとする．このとき $\mathbb{C}^n$ の基底 $\boldsymbol{a}_1$,

..., $\boldsymbol{a}_n$ であって，

$$F^i = \langle \boldsymbol{a}_{i+1}, \ldots, \boldsymbol{a}_n \rangle, \quad E^{n-i} = \langle \boldsymbol{a}_1, \ldots, \boldsymbol{a}_i \rangle \quad (0 \leq i \leq n)$$

となるものがある．したがって，とくに，

$$\dim(F^i \cap E^j) = \begin{cases} 0 & (i+j \geq n) \\ n-(i+j) & (i+j < n) \end{cases} \tag{3.1}$$

が成り立つ．

証明 i に関する帰納法で $F^{i-1} \cap E^{n-i}$ $(1 \leq i \leq n)$ が1次元であることを示します．$i=1$ のときは $F^0 = \mathbb{C}^n$, $E^{n-1} \cong \mathbb{C}$ なので明らかです．$i \geq 2$ として，仮に $F^{i-1} \cap E^{n-i} = \{\boldsymbol{0}\}$ とすると，

$$0 = \dim(F^{i-1} \cap E^{n-i}) \leq \dim(F^{i-2} \cap E^{n-i}) \leq \cdots \leq \dim(F^0 \cap E^{n-i})$$

は各段階で高々1ずつしか増えないので $\dim(E^{n-i}) = \dim(F^0 \cap E^{n-i}) \leq i-1$ が導かれます．これは矛盾です．また，$F^{i-1} \cap E^{n-i+1} = \{\boldsymbol{0}\}$ なので，$\dim F^{i-1} \cap E^{n-i} \leq 1$ です．よってはじめの主張は示せました．1次元空間 $F^{i-1} \cap E^{n-i}$ の基底 $\boldsymbol{a}_i$ をとりましょう．このとき $\boldsymbol{a}_1, \ldots, \boldsymbol{a}_n$ は求める $\mathbb{C}^n$ の基底です．次元の等式 (3.1) は容易にわかります． □

問 3.1 $g \in GL_n(\mathbb{C})$ に対して $g \cdot \Omega_\lambda(F^\bullet) = \Omega_\lambda(g \cdot F^\bullet)$ が成り立つことを示せ．

以下，第4講の終わりまで，とくに断らない限り $F^\bullet$ を標準旗とし，$F^\bullet$ に対して一般的な位置関係にある旗 $F^\bullet_{\text{op}}$

$$F^{n-i}_{\text{op}} = \langle \boldsymbol{e}_1, \ldots, \boldsymbol{e}_i \rangle \tag{3.2}$$

を考えます．op は反対を意味する opposite の略です．命題 3.1 によると，このようにしても一般性を失わないことがわかります．

さて $\Omega_\lambda(F^\bullet) \cap \Omega_\mu(F^\bullet_{\text{op}})$ が空でないと仮定して $V \in \Omega_\lambda(F^\bullet) \cap \Omega_\mu(F^\bullet_{\text{op}})$ としましょう．ここで，

$$i^* = d - i + 1 \tag{3.3}$$

とおき，2つの条件

$$\dim(V \cap F^{\lambda_i + d - i}) \geq i, \quad \dim(V \cap F_{\mathrm{op}}^{\mu_{i^*} + d - i^*}) \geq i^* \tag{3.4}$$

に注目します．ここに登場した2つの空間は，今後も何度も出てくるので，

$$A_i = F^{\lambda_i + d - i}, \quad B_i = F_{\mathrm{op}}^{\mu_{i^*} + d - i^*} \tag{3.5}$$

と名前をつけておきましょう．包含関係

$$A_1 \subsetneq A_2 \subsetneq \cdots \subsetneq A_d, \quad B_1 \supsetneq B_2 \supsetneq \cdots \supsetneq B_d$$

があることに注意しましょう．d 次元空間 V のなかに不等式 (3.4) をみたす 2 つの部分空間 $V \cap A_i$ と $V \cap B_i$ があるのですから，$i + i^* = d + 1$ に注意すれば，それらの交わりについて，

$$\dim(V \cap A_i \cap B_i) \geq 1 \tag{3.6}$$

が成り立つことがわかります．そのためにはとくに $A_i \cap B_i \neq \{\mathbf{0}\}$ でなければなりません．ここで，旗 $F^\bullet$ と $F_{\mathrm{op}}^\bullet$ が一般の位置関係にありますから，(3.1) より，

$$(\lambda_i + d - i) + (\mu_{i^*} + d - i^*) < n$$

が成り立ちます．これを書き換えて，

$$\lambda_i + \mu_{i^*} \leq n - d$$

が得られます．この条件は λ と μ を下の図

のように μ の上下を逆にして右下の隅に合わせておいたときに，i 行目に重な

る箱がないという条件だと思えます．

定理 3.2（交叉条件） $\lambda, \mu \in \mathscr{Y}_d(n)$ に対する条件

$$\lambda_i + \mu_{i^*} \leq n - d \quad (1 \leq i \leq d) \tag{3.7}$$

は $\Omega_\lambda(F^\bullet) \cap \Omega_\mu(F^\bullet_{\mathrm{op}}) \neq \varnothing$ と必要十分である．

必要性はすでに示しました．十分性の証明は双対定理の話をしてからのほうが簡単になりますので，次の節で与えます．

次のことが説明できます．

系 3.3 $|\lambda| + |\mu| > d(n-d)$ ならば $\Omega_\lambda(F^\bullet) \cap \Omega_\mu(F^\bullet_{\mathrm{op}}) = \varnothing$．

証明 箱の総数が長方形の枠の升目の個数 $d(n-d)$ よりも多ければ，箱はどこかで重なるはずです． □

双対シューベルト胞体

ヤング図形 $\lambda \in \mathscr{Y}_d(n)$ に対して，その**双対** $\lambda^\vee$ を，

$$\lambda^\vee_i = n - d - \lambda_{i^*} \quad (1 \leq i \leq d) \tag{3.8}$$

によって定めます．交叉条件 (3.7) は $\lambda \subset \mu^\vee$ と書くことができます．

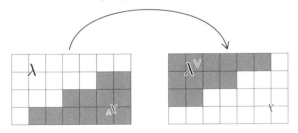

命題 3.4 $\lambda \in \mathscr{Y}_d(n)$ とする．λ に対応する $\binom{[n]}{d}$ の元を I とする．このとき $\Omega_{\lambda^\vee}(F^\bullet_{\mathrm{op}}) = \overline{Be_I}$ が成り立つ．

証明 命題 2.8 と同様に e_I の B 軌道は $\pi(U_I^+)$ と一致することが示せます．I の各元を $i \mapsto \tilde{i} := n - i + 1$ で置き換えて得られる $\binom{[n]}{d}$ の元には $\lambda^\vee$ が対応す

ることに注意すれば，証明は命題 2.11 と同様です． □

例 3.5 $n=5, d=3, \lambda=(1,1,0)$ とします．すると $\lambda^\vee=(2,1,1)$ です．λ には段差集合（要の 1 の場所）$I=(1,3,4)$ が対応します．シューベルト胞体の姿は，

$$\Omega^\circ_\lambda(F^\bullet) : \begin{pmatrix} 1 & 0 & 0 \\ * & 0 & 0 \\ 0 & 1 & 0 \\ 0 & 0 & 1 \\ * & * & * \end{pmatrix}, \quad \Omega^\circ_{\lambda^\vee}(F^\bullet_{\mathrm{op}}) : \begin{pmatrix} 1 & 0 & 0 \\ 0 & * & * \\ 0 & 1 & 0 \\ 0 & 0 & 1 \\ 0 & 0 & 0 \end{pmatrix}$$

です．シューベルト条件を逆順にして並べておきます：

$$\Omega_\lambda(F^\bullet): \quad \dim(F^3\cap V)\geq 1, \quad \dim(F^2\cap V)\geq 2, \quad \dim(F^0\cap V)\geq 3,$$
$$\Omega_{\lambda^\vee}(F^\bullet_{\mathrm{op}}): \quad \dim(F^1_{\mathrm{op}}\cap V)\geq 3, \quad \dim(F^2_{\mathrm{op}}\cap V)\geq 2, \quad \dim(F^4_{\mathrm{op}}\cap V)\geq 1.$$

$\lambda^\vee$ には $J=(2,3,5)$ が対応しますが，これを下からみれば I と一致するわけです．

3.2 双対定理

次は，とくに $|\lambda|+|\mu|=d(n-d)$ である場合を考えます．

定理 3.6（双対定理） $|\lambda|+|\mu|=d(n-d)$ とするとき次が成り立つ：

$$\#\left(\Omega_\lambda(F^\bullet)\cap\Omega_\mu(F^\bullet_{\mathrm{op}})\right)=\begin{cases} 1 & (\mu=\lambda^\vee) \\ 0 & (\mu\neq\lambda^\vee) \end{cases}.$$

証明 条件 $\mu=\lambda^\vee$ を仮定します．λ に対応する $\binom{[n]}{d}$ の元を $j_1<\cdots<j_d$ とするとき $A_i\cap B_i=\langle e_{j_i}\rangle$ がわかります（命題 2.4 参照）．いま $V\in\Omega_\lambda(F^\bullet)\cap\Omega_\mu(E^\bullet)$ だとすると (3.6) から $e_{j_i}\in V$ ($1\leq i\leq d$) であるはずです．これらのベクトルは 1 次独立なので $V=\langle e_{j_1},\ldots,e_{j_d}\rangle=e_\lambda$ がしたがいます．つま

り，交点はこの 1 点です．

もしも $\mu \neq \lambda^\vee$ ならば，$|\lambda| + |\mu| = d(n-d)$ ですから，$\lambda_i + \mu_{i^*} > n - d$ となる行 i があります．これは $A_i \cap B_i = \{\mathbf{0}\}$ を意味しますから，このときいかなる $V \in \mathscr{G}_d(E)$ も (3.6) をみたすことはできません．したがって交点は存在しません． □

注意 3.7 $F^\bullet$ と $E^\bullet$ が一般の位置関係にあれば $\Omega_\lambda(F^\bullet) \cap \Omega_\mu(E^\bullet)$ に対して同様のことが成り立ちます．証明に出てきた次元の等式や不等式は命題 3.1 からまったく同様に成り立つからです．定理 3.2，系 3.3 についても同様です．

パズルの 2 片がぴたりと長方形の枠にあてはまるときに限り交点が 1 個で，それ以外の場合は交点がない．気持ちのいい結果です．

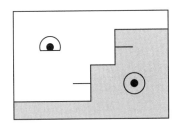

交叉条件（定理 3.2）の十分性

約束していた交叉条件の十分性の証明をここで与えます．交叉条件 (3.7) は $\lambda \subset \mu^\vee$ と同値でした．このとき $\Omega_\lambda(F^\bullet) \supset \Omega_{\mu^\vee}(F^\bullet)$ なので，

$$\Omega_\lambda(F^\bullet) \cap \Omega_\mu(F_{\mathrm{op}}^\bullet) \supset \Omega_{\mu^\vee}(F^\bullet) \cap \Omega_\mu(F_{\mathrm{op}}^\bullet) = \{\mathrm{pt}\} \neq \varnothing$$

です．これで十分性が示せました． □

問 3.2 $\mathscr{Y}_d(n) \to \mathscr{Y}_{n-d}(n)$ をヤング図形の転置 $\lambda \mapsto \tilde{\lambda}$（共役ともいう．ヤング図形を対角線に関して折り返したもの）による写像とする．このとき対応する全単射 $\binom{[n]}{d} \to \binom{[n]}{n-d}$ はどのように記述されるか？

問 3.3 $V \in \mathscr{G}_d(E)$ に対して埋め込み写像 $\phi_V : V \hookrightarrow E$ の転置写像（(A.6) 参照）${}^t\phi_V : E^* \to V^*$ の核空間 $\tilde{V} := \mathrm{Ker}({}^t\phi_V)$ を対応させることで同型

$$\mathscr{G}_d(E) \cong \mathscr{G}_{n-d}(E^*) \tag{3.9}$$

が得られることを示せ．これをグラスマン多様体の双対性と呼ぶ．

問 3.4 グラスマン多様体の双対性 (3.9) によって $\Omega_\lambda^\circ(F^\bullet) \cong \Omega_{\tilde\lambda}^\circ(\tilde F^\bullet)$ を示せ．なお F^i は標準旗とし，$\tilde F^\bullet$ は $e_{\bar 1} = \cdots = e_{\bar i} = 0$ で定義される E^* の旗とする．ここで $\tilde\lambda$ は λ の転置，$\tilde i = n - i + 1$ とし，$e_i \in E = \mathbb{C}^n$ を $E^* \ni \sum_{i=1}^n a_i x_i \mapsto a_i \in \mathbb{C}$ という $E^{**} = E$ の元とみている（定理 A.8 参照）．

3.3 シンボル計算

各 $0 \leq k \leq d(n-d)$ をみたす各整数 k に対して，$|\lambda| = k$ をみたすヤング図形 λ ごとにシンボル σ_λ を考え，それらの形式的な $\mathbb{Z}$ 係数 1 次結合

$$\sum_{\lambda \in \mathscr{Y}_d(n)} c_\lambda \sigma_\lambda \quad (c_\lambda \in \mathbb{Z})$$

全体がなす加法群を $A^k(\mathscr{G}_d(E))$ で表しましょう．

例 3.8 $(d, n) = (2, 4)$ としてシューベルトの用いたシンボルに対応させると，

$$\begin{aligned}
A^0(\mathscr{G}_2(\mathbb{C}^4)) &= \mathbb{Z} \cdot 1, \\
A^1(\mathscr{G}_2(\mathbb{C}^4)) &= \mathbb{Z} \cdot g, \\
A^2(\mathscr{G}_2(\mathbb{C}^4)) &= \mathbb{Z} \cdot g_e \oplus \mathbb{Z} \cdot g_p, \\
A^3(\mathscr{G}_2(\mathbb{C}^4)) &= \mathbb{Z} \cdot g_s, \\
A^4(\mathscr{G}_2(\mathbb{C}^4)) &= \mathbb{Z} \cdot G
\end{aligned}$$

となります．

定理 3.9 $X \subset \mathscr{G}_d(E)$ を余次元 k の既約部分多様体とする．$|\lambda| = k$ をみたす各ヤング図形 λ と十分に一般の旗 $F^\bullet$ に対して，

$$\#(X \cap \Omega_{\lambda^\vee}(F^\bullet))$$

が $F^\bullet$ によらない有限の一定値として定まる．

証明 $GL_n(\mathbb{C})$ が $\mathscr{G}_d(E)$ に推移的に作用していることからクライマンの横断性定理（定理 C.2）を適用できます．その結果によると，ほとんどすべての $g \in GL_n(\mathbb{C})$ に対して $X \cap \Omega_{\lambda^\vee}(gF^\bullet)$ は空であるか，一定の個数の有限個の点集合であることがわかります． □

A 子：射影空間のときに，部分多様体の次数を定義するために線型部分多様体との交わりをとったのと同じ考え方ですよね．

♪：その通りです．射影空間のシューベルト多様体は線型部分多様体のことですからね．

＊　＊　＊

定理 3.9 における交点数を，$E^\bullet$ を省略して $\#(X \cap \Omega_{\lambda^\vee})$ と書きましょう．X のシンボル $[X]$ を次で定めるのは自然です：

$$[X] = \sum_{\lambda \in \mathscr{Y}_d(n), |\lambda|=k} \#(X \cap \Omega_{\lambda^\vee}) \ \sigma_\lambda. \tag{3.10}$$

シューベルト多様体のシンボルは双対定理により次で与えられます．

命題 3.10 任意の旗 $F^\bullet$ に対して，

$$[\Omega_\lambda(F^\bullet)] = \sigma_\lambda \tag{3.11}$$

が成り立つ．

証明 $|\mu| = |\lambda|$ をみたす μ に対して $\#\Omega_\lambda(F^\bullet) \cap \Omega_{\mu^\vee}(E^\bullet) = \delta_{\lambda\mu}$ が成り立つというのが双対定理（定理 3.6）でした．ただし $E^\bullet$ は $F^\bullet$ に対して一般の位置関係にある旗です．このとき，

$$[\Omega_\lambda(F^\bullet)] = \sum_{\mu \in \mathscr{Y}_d(n),\, |\mu|=|\lambda|} \#\left(\Omega_\lambda(F^\bullet) \cap \Omega_{\mu^\vee}(E^\bullet)\right) \sigma_\mu$$
$$= \sum_{\mu \in \mathscr{Y}_d(n),\, |\mu|=|\lambda|} \delta_{\lambda\mu} \sigma_\mu = \sigma_\lambda$$

となります. □

σ_λ を**シューベルト類**と呼びます. 次に考えたいのはシューベルト類どうしの積です. 次が成り立ちます.

命題 3.11 $\lambda, \mu \in \mathscr{Y}_d(n)$ が交叉条件 (3.7) をみたすとする. 一般の位置関係にある 2 つの旗 $F^\bullet, E^\bullet$ に対して, シューベルト多様体の交わり $\Omega_\lambda(F^\bullet) \cap \Omega_\mu(E^\bullet)$ は既約で余次元が $|\lambda| + |\mu|$ である.

証明 すこし難しいので省略します. [26] を参照してください. □

この命題によってシンボル $[\Omega_\lambda(F^\bullet) \cap \Omega_\mu(E^\bullet)] \in A^{|\lambda|+|\mu|}(\mathscr{G}_d(E))$ が定義できます. これを求めるためには $|\nu| = |\lambda| + |\mu|$ をみたす ν を考え, $\lambda, \mu, \nu^\vee$ で定まる 3 つのシューベルト多様体の交叉を調べます. そのために 3 つの旗を選ぶ必要があります. 1 つ目を標準旗 $F^\bullet$ にして 2 つ目をその反対旗 $F^\bullet_{\text{op}}$ に選ぶことにしましょう. 3 つ目は $g \in GL_n(\mathbb{C})$ の作用で動かして,

$$\#\left(\Omega_\lambda(F^\bullet) \cap \Omega_\mu(F^\bullet_{\text{op}}) \cap \Omega_{\nu^\vee}(gF^\bullet)\right)$$

を考えればよいのです. 定理 3.9 によるとこの値は十分一般の g に対しては一定の非負整数です. 結局 λ, μ, ν のみによって定まる数

$$c^\nu_{\lambda\mu} := \#\left(\Omega_\lambda(F^\bullet) \cap \Omega_\mu(F^\bullet_{\text{op}}) \cap \Omega_{\nu^\vee}(gF^\bullet)\right)$$

が定義できます. この記号を用いてシューベルト類の積を,

$$\sigma_\lambda \cdot \sigma_\mu = \sum_\nu c^\nu_{\lambda\mu} \cdot \sigma_\nu \tag{3.12}$$

と定義しましょう. 和は $|\nu| = |\lambda| + |\mu|$ をみたす $\nu \in \mathscr{Y}_d(n)$ についてとります. 交叉条件 (定理 3.2) により $\lambda \subset \nu,\ \mu \subset \nu$ でない限り $c^\nu_{\lambda\mu}$ は零です.

定理 3.12 $A^*(\mathscr{G}_d(E)) = \bigoplus_{\lambda \in \mathscr{Y}_d(n)} \mathbb{Z}\sigma_\lambda$ は次数付き可換環である.

証明 $\sigma_\varnothing = [\mathscr{G}_d(n)]$ が単位元です.3 つの一般の旗 $F_1^\bullet, F_2^\bullet, F_3^\bullet$ に対して,

$$(\Omega_\lambda(F_1^\bullet) \cap \Omega_\mu(F_2^\bullet)) \cap \Omega_\nu(F_3^\bullet) = \Omega_\lambda(F_1^\bullet) \cap (\Omega_\mu(F_2^\bullet) \cap \Omega_\nu(F_3^\bullet))$$

をシンボルに読み替えれば結合性がしたがいます.分配律は積の定義の仕方から明らかです. □

数 $c_{\lambda\mu}^\nu$ がわかれば m 個のシューベルト類の積を代数的な計算だけで,

$$\sigma_{\lambda_1} \cdots \sigma_{\lambda_m} = \sum_\nu c_{\lambda_1 \ldots \lambda_m}^\nu \sigma_\nu$$

と展開することができます.和は $\sum_{i=1}^m |\lambda_i| = |\nu|$ をみたす ν 全体をわたります.とくに $\sum_{i=1}^m |\lambda_i| = d(n-d) = \dim \mathscr{G}_d(E)$ の場合は ν は 1 点の類に対応する $(n-d)^d$ ただ 1 つです.その係数を,

$$\int_{\mathscr{G}_d(E)} \sigma_{\lambda_1} \cdots \sigma_{\lambda_m}$$

と書きます.多くの数え上げの問題の答がこの数により与えられます.

$A^*(\mathbb{P}(E))$ について

1.2 節の最後で次数付き環 $A^*(\mathbb{P}(E)) = \mathbb{Z}[z]/(z^n)$ を導入しました.$\mathbb{P}(E) = \mathscr{G}_1(E)$ ですから $A^*(\mathscr{G}_1(E))$ と同じものであることを確認しておきましょう.

$\mathscr{Y}_1(n)$ の元は 1 行のヤング図形で横幅が $n-1$ 以下ですから,自然数 $0 \leq i \leq n-1$ と対応します.i と対応するシューベルト類を σ_i と書くとき,シューベルト条件は $\dim(V \cap F^i) \geq 1$ ですから,$\dim V = 1$ を考慮すれば $V \subset F^i$ と同値です.したがって,

$$\sigma_i = [\mathbb{P}(F^i)] \in A^*(\mathscr{G}_1(E))$$

がわかります.積の規則

$$\sigma_i \cdot \sigma_j = \begin{cases} \sigma_{i+j} & (i+j \leq n-1) \\ 0 & (i+j \geq n) \end{cases}$$

は $\mathbb{P}(F^i) \cap \mathbb{P}(F_{\mathrm{op}}^j) = \mathbb{P}(F^i \cap F_{\mathrm{op}}^j)$ から直接わかります. σ_i と $z^i \mod z^n \in A^*(\mathbb{P}^{n-1}) = \mathbb{Z}[z]/(z^n)$ を自然に同一視することができます.

$\mathscr{G}_2(\mathbb{C}^5)$ で遊ぼう

$\mathscr{G}_2(\mathbb{C}^5)$ のシューベルト類を調べて計算してみましょう. $\mathscr{G}_2(\mathbb{C}^4)$ のとき (2.2 節) をまねて,旗

$$\{\mathbf{0}\} \subset F_1 \subset F_2 \subset F_3 \subset F_4 = \mathbb{C}^4 \quad (\dim F_i = i)$$

を射影化したものを,

$$p_0 \in \ell_0 \subset e_0 \subset h_0 \subset \mathbb{P}^4$$

と書くことにしましょう. $\mathscr{G}_2(\mathbb{C}^5)$ は $\mathbb{P}^4$ 内の直線 ℓ の集まりであると考えられます. $h_0 = \mathbb{P}(F_4) \cong \mathbb{P}^3$ は超平面(ドイツ語では Hyperebene)です. このとき各シューベルト条件は次のように記述されます. ここで $\Omega_{k,0}$ $(0 \leq k \leq 3)$ を略して Ω_k と書きます.

- $\Omega_0 = \mathscr{G}_2(\mathbb{C}^5)$
- $\Omega_1 : \ell \cap e_0 \neq \varnothing$
- $\Omega_2 : \ell \cap \ell_0 \neq \varnothing$
- $\Omega_{1,1} = \mathscr{G}_2(F_4) \cong \mathscr{G}_2(\mathbb{C}^4) : \ell \subset h_0$
- $\Omega_3 = \mathbb{P}(\mathbb{C}^5/F_1) \cong \mathbb{P}^3 : p_0 \in \ell$
- $\Omega_{2,1} : \ell \cap \ell_0 \neq \varnothing, \ell \subset h_0$: これは $\mathscr{G}_2(\mathbb{C}^4)$ の Ω_1 と同型です.
- $\Omega_{2,2} = \mathbb{P}^*(F_3) \cong \mathbb{P}^2 : \ell \subset h_0$
- $\Omega_{3,1} = \mathbb{P}(F_4/F_1) \cong \mathbb{P}^2 : p_0 \in \ell \subset h_0$
- $\Omega_{3,2} = \mathbb{P}(F_3/F_1) \cong \mathbb{P}^1 : p_0 \in \ell \subset e_0$
- $\Omega_{3,3} = \{\ell_0\}$

例 3.13 双対定理によると $\Omega_{2,1}(\ell_0 \subset h_0) \cap \Omega_{2,1}(\ell_1 \subset h_1)$ は 1 点集合です. つまり,$\sigma_{2,1}^2 = \sigma_{3,3}$ です. これを確かめてみましょう.

2 枚の超平面 h_0, h_1 は $\mathbb{P}^4$ 内のある平面 $e \cong \mathbb{P}^2$ において交わります. ℓ_0 と e は超平面 $h_0 \cong \mathbb{P}^3$ に含まれますからその中の 1 点 p_0 で交わります. ℓ_1

と e も超平面 h_1 内の 1 点 p_1 で交わります．すると，このとき ℓ は e に含まれ ℓ_0, ℓ_1 と共有点を持ちますから p_1 と p_2 を結ぶ直線に一致するしかありません．

例 3.14 $\Omega_1(e_0) \cap \Omega_2(\ell_1)$：これはちょっと難しいです．$\mathbb{P}^4$ 内に平面 e_0 と直線 ℓ_1 を与えます．一般には e_0 と ℓ_1 は共有点を持ちません．ここで "適度に特殊" な状況として e_0 と ℓ_1 が 1 点 p で交わるとしましょう．

(i) $p \in \ell$ ならばそれだけで OK だから $\ell \in \Omega_3(p)$ です．

(ii) $\ell \cap \ell_1 \neq \emptyset$ かつ $\ell \subset \langle e_0, \ell_1 \rangle \cong \mathbb{P}^3$ だから，$p \notin \ell$ のとき $\ell \in \Omega_{2,1}(\ell_1 \subset \langle e_0, \ell_1 \rangle)$ です．

以上の考察から，

$$\sigma_1 \sigma_2 = \sigma_{2,1} + \sigma_3 \tag{3.13}$$

が成り立つと考えられます．

C 郎：双対類を用いて積を定めるという定義にしたがって (3.13) を確認してみませんか？

♪：そう，いまそれをやろうと思っていたのです．次数の関係から，現れるシンボルは $\sigma_{2,1}, \sigma_3$ のいずれかしかありません．

A 子：積 $\sigma_1 \sigma_2$ の展開において，たとえば $\sigma_{2,1}$ の係数を決めるには，その双対のシューベルト多様体との交叉を調べるんですね．この場合は自分自身が双対なので $\Omega_{2,1}(\ell_2 \subset h_2)$ との交わりを考えればいいですね．

B 太：h_2 と ℓ_1 は 1 点で交わりますからそれを p としましょう．

♪：そうそう，超平面 h_2 と直線 ℓ_1 は一般の位置関係にあると考えますから 1 点で交わります．

B 太：ℓ は h_2 に含まれていて $\ell \cap \ell_2 \neq \emptyset$．その上 p も通らなければなりません．だから $e = \langle p, \ell_2 \rangle \cong \mathbb{P}^2$ とするとき，ℓ は $p \in \ell \subset e$ で決まるシュトラールに属す．えっとそれで……．

A 子：$\ell \cap e_0 \neq \emptyset$ はまだ使ってないよ．

C 郎：2 平面 e と e_0 は $\mathbb{P}^4$ においては 1 点で交わる．

B太：じゃあ p の他にその点も通るから ℓ はただ 1 つ！

♪：それでいいですね．σ_3 の方は問にします．

学生一同：わかりました．

問 3.5　$A^*(\mathscr{G}_2(\mathbb{C}^5))$ において，$\sigma_1\sigma_2$ の展開に現れる σ_3 の係数が 1 であることを示せ．

第4講
ピエリの規則，ジャンベリの公式

　シューベルト類どうしの積を調べるにあたり，一方のヤング図形が1行である場合からはじめます．その場合は構造定数が比較的簡単に計算できて，ピエリ[*1]の規則と呼ばれます．ここではピエリの規則の幾何的な証明と，それから導かれる事柄を説明します．

4.1 ピエリの規則

　1行のヤング図形 $(k, 0, \ldots, 0)$ $(1 \leq k \leq n-d)$ を単に (k) と書きます．また $\sigma_{(k)}$ を σ_k と書きます．積 $\sigma_\lambda \cdot \sigma_k$ をシューベルト類 σ_ν の1次結合として明示的に与えるのが**ピエリの規則**です．$\lambda \subset \nu$, $|\nu| = |\lambda| + k$ をみたすヤング図形 ν について，

$$\lambda\text{ から }\nu\text{ へ新たに付け加わった箱は各列に高々 1 個である}$$

ときに ν/λ は**水平帯** (horizontal strip) であるといいます．ここで ν/λ という記号はヤング図形 ν から λ に属す箱を取り除いた箱の集まりを表しています (skew Young diagram という)．

定理 4.1（ピエリの規則）　$\lambda \in \mathscr{Y}_d(n)$ とし，k を $n-d$ 以下の自然数とするとき，次が成り立つ：

[*1] Mario Pieri (1860–1913).

$$\sigma_\lambda \cdot \sigma_k = \sum_{\nu \supset \lambda,\ |\nu|=|\lambda|+k,\ \nu/\lambda \text{ は水平帯}} \sigma_\nu.$$

例 4.2 $n=10, d=3, \lambda=(4,2,1), k=4$ とすると,

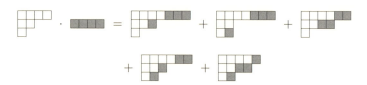

となります.長方形 ▭ に含まれないものは現れないことに注意しましょう.

水平帯の条件から $(k) \subset \nu$ が自動的に成り立つことにも注意しておきます.

ピエリの規則を用いて数え上げの問題を解いてみましょう.

例 4.3 $\mathbb{P}^4$ 内に 6 枚の平面 e_i $(1 \le i \le 6)$ があるとする.これらの平面すべてと交わる直線 $\ell \subset \mathbb{P}^4$ は何本あるでしょう？

$\mathbb{P}^4$ 内の直線は $\mathscr{G}_2(\mathbb{C}^5)$ の点に対応します.平面 $e \subset \mathbb{P}^4$ が $F_3 \cong \mathbb{C}^3$ に対応するとき,$\dim(V \cap F_3) \ge 1$ で定まる $\mathscr{G}_2(\mathbb{C}^5)$ のシューベルト多様体 Ω_1 を考えます.$\sigma_1 = \square$ と書いて $\square^6$ を計算しましょう.これは 1 点の類 $\sigma_{3,3} = $ ▭ の自然数倍になります.その自然数が問題の答えです.$\square^2 = \square\square + \square$ からはじめて次のように計算できます:

$$\square^3 = (\square\square + \square) \cdot \square = \square\square\square + 2\,\square\square,$$

$$\square^4 = (\square\square\square + 2\,\square\square) \cdot \square = 3\,\square\square\square + 2\,\square\square,$$

$$\square^5 = (3\,\square\square\square + 2\,\square\square) \cdot \square = 5\,\square\square\square,$$

$$\square^6 = 5\,\square\square\square \cdot \square = 5\,\square\square\square.$$

したがって答えは 5 本です．箱を付け足す際に長方形 ▢▢▢ をはみだすものは現れないことに注意してください．

問 4.1 $\mathbb{P}^5$ 内の一般の平面 4 枚と交わる直線は何本あるか？

ピエリの規則の証明——三重交叉の点を数える

$\lambda \subset \nu$, $|\nu| = |\lambda| + k$ として 3 つのシューベルト多様体の交わり

$$\Omega_\lambda(F^\bullet) \cap \Omega_{\nu^\vee}(F_{\text{op}}^\bullet) \cap \Omega_k(L)$$

に含まれる点を数えます．ここで L は余次元が $k+d-1$ の十分一般の線型空間です．十分一般のよりくわしい意味は証明の中で明らかにします．

ν の双対を，

$$\mu = \nu^\vee$$

とおくとき $\Omega_\lambda(F^\bullet) \cap \Omega_\mu(F_{\text{op}}^\bullet)$ が空でないための条件は，

$$\lambda_i + \mu_{i^*} \leq n - d \quad (1 \leq i \leq d)$$

でした（定理 3.2）．以下，この条件を仮定します．このような 2 つのヤング図形のスキマに k 個の箱があります．水平帯条件はスキマに箱が縦に 2 個入らないということです．i 行目の「スキマ」の箱の数を k_i とおきます．ここで (3.6) と同様に，

$$A_i = F^{\lambda_i + d - i}, \quad B_i = F_{\text{op}}^{\mu_{i^*} + d - i^*}, \quad W_i = A_i \cap B_i$$

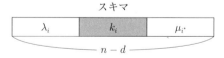

とおきます．ここで，

$$a(i) := \lambda_i + d - i + 1, \quad b(i) := n - \mu_{i^*} - i + 1$$

とおけば基底を用いて，

76　第4講　ピエリの規則，ジャンベリの公式

$$A_i = \langle e_{a(i)}, \ldots, e_n \rangle, \quad B_i = \langle e_1, \ldots, e_{b(i)} \rangle, \quad W_i = \langle e_{a(i)}, \cdots, e_{b(i)} \rangle$$

と書けます．k_i の定義 $\lambda_i + \mu_{i^*} + k_i = n - d$ から，

$$b(i) = a(i) + k_i$$

がわかるので，

$$\dim W_i = k_i + 1$$

です．$W = \sum_{i=1}^{d} W_i$ とおきます．

例 4.4 $n = 11$, $d = 4$ とし $\lambda = (4, 5, 2, 1)$, $\mu = (4, 4, 2, 0)$ とします．

このとき $a(1) = 10$, $a(2) = 8$, $a(3) = 4$, $a(4) = 2$, $b(1) = 11$, $b(2) = 8$, $b(3) = 5$, $b(4) = 4$ですので W_i および W は，

W_1	W_2	W_3	W_4	W
0	0	0	0	0
0	0	0	*	*
0	0	0	*	*
0	0	*	*	*
0	0	*	0	*
0	0	0	0	0
0	0	0	0	0
0	*	0	0	*
0	0	0	0	0
*	0	0	0	*
*	0	0	0	*

(4.1)

という姿の座標部分空間です．また，$k_1 = 1$, $k_2 = 0$, $k_3 = 1$, $k_4 = 2$ です．

補題 4.5 $V \in \Omega_\lambda(F^\bullet) \cap \Omega_\mu(F_{\mathrm{op}}^\bullet)$ ならば $V \subset W$ が成り立つ．

証明 W は座標部分空間 W_i の和なので，座標部分空間です．よって，どの $e_j \ (1 \leq j \leq d)$ が W に属すか（あるいは属さないか）がわかれば W は決まります．(4.1)で示した各 W_i の $*$ の位置の和集合が W の $*$ の位置だと言えます．$e_j \notin W$ である j は何かと考えると，$1 \leq i \leq d-1$ については，W_i の最初の $*$ よりも上，すなわち $j < a(i)$ をみたし，W_{i+1} の最後の $*$ よりも下，すなわち $j > b(i+1)$ をみたす行番号 j などはそうであることがわかります．これらの他に $j > b(1)$ あるいは $j < a(d)$ をみたす j を合わせれば $e_j \notin W$ である j のすべてです．

以上のことを，次のように言い換えます．$A_0 = B_{d+1} = 0$ として，

$$A_i + B_{i+1} = \langle e_1, \ldots, e_{b(i+1)}, e_{a(i)}, \ldots, e_n \rangle \quad (0 \leq i \leq d)$$

という空間を考えます．このとき，上で述べたことから，

$$W = \bigcap_{i=0}^{d} (A_i + B_{i+1})$$

が成り立ちます．

したがって，補題を示すには $0 \leq i \leq d$ に対して，

$$V \subset A_i + B_{i+1} \tag{4.2}$$

を示せばいいわけです．$A_i \cap B_{i+1} \neq \{\mathbf{0}\}$ の場合は $A_i + B_{i+1} = \mathbb{C}^n$ となりますから明らかに (4.2) が成り立ちます．$A_i \cap B_{i+1} = \{\mathbf{0}\}$ の場合を考えます．シューベルト条件より，

$$\dim(V \cap A_i) \geq i, \quad \dim(V \cap B_{i+1}) \geq (i+1)^* = d-i$$

が成り立ちます．$V \cap A_i$ から 1 次独立なベクトル $\mathbf{a}_1, \ldots, \mathbf{a}_i$ をとり，$V \cap B_{i+1}$ から 1 次独立なベクトル $\mathbf{b}_1, \ldots, \mathbf{b}_{d-i}$ をとりましょう．仮定 $A_i \cap B_{i+1} = \{\mathbf{0}\}$

から $a_1, \ldots, a_i, b_1, \ldots, b_{d-i}$ は1次独立であることがしたがいます．V は d 次元なので，これらのベクトルは V の基底をなします．これは (4.2) を意味します． □

水平帯条件を仮定します．これはスキマの箱が縦に2つ以上並んではいけないということでしたから，

$$\lambda_i + \mu_{(i+1)^*} \geq n - d \quad (1 \leq i \leq d-1) \tag{4.3}$$

という不等式と同値です．このことはヤング図形を見るとよくわかります．

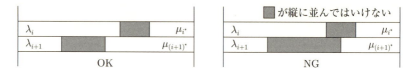

不等式 (4.3) は $b(i+1) > a(i)$ と読みかえられますので，このとき $W_i \cap W_{i+1} = \{0\}$ となり $W = \bigoplus_{i=1}^{d} W_i$ が成り立ちます．とくに，

$$\dim W = \sum_{i=1}^{d} \dim W_i = \sum_{i=1}^{d} (k_i + 1) = k + d$$

がわかります．もしも (4.3) が成り立たなければ，$\dim W < k + d$ となることにも注意しておきましょう．

ここでようやく L の選び方を考えます．W の次元は $d + k$ で L の次元は $n + 1 - (d + k)$ ですから，どんな L をとっても $\dim(W \cap L) \geq 1$ です．一般的な L ならば $\dim(W \cap L) = 1$ ですから，そう仮定して $W \cap L = \mathbb{C}\boldsymbol{v}$ としましょう．直和分解 $W = \bigoplus_i W_i$ に則して $\boldsymbol{v} = \boldsymbol{v}_1 + \cdots + \boldsymbol{v}_d$ と分解できます．ここに $\boldsymbol{v}_i \in W_i$ です．このとき，$\boldsymbol{v}_i \neq \boldsymbol{0}$ $(1 \leq i \leq d)$ であると仮定してかまいません．

さて $V \in \Omega_\lambda(F^\bullet) \cap \Omega_\mu(F^\bullet_{\mathrm{op}}) \cap \Omega_k(L)$ とします．すると，

$$V = \bigoplus_{i=1}^{d}(V \cap W_i) \tag{4.4}$$

が成り立ちます．実際，シューベルト条件から $\dim(V \cap W_i) \geq 1$ がしたがう（(3.6) 参照）ので $\mathbf{0}$ でないベクトル $\boldsymbol{a}_i \in V \cap W_i$ がとれます．$W = \bigoplus_{i=1}^d W_i$ から $\boldsymbol{a}_1, \ldots, \boldsymbol{a}_d$ は 1 次独立であり，したがって $\boldsymbol{a}_1, \ldots, \boldsymbol{a}_d$ は V の基底をなします．よって (4.4) が成り立ちます．

次の 3 つのこと，

(1) $V \subset W$（補題 4.5 より），
(2) $\dim(V \cap L) \geq 1$（$V \in \Omega_k(L)$ より），
(3) $W \cap L = \mathbb{C}\boldsymbol{v}$（$L$ の選び方より）

から $\boldsymbol{v} \in V$ がしたがいます．(4.4) により $\boldsymbol{v} = \sum_i \boldsymbol{v}_i$（$\boldsymbol{v}_i \in V \cap W_i$）と分解できます．$\mathbf{0} \neq \boldsymbol{v}_i \in V \cap W_i$ であって $W = \bigoplus_{i=1}^d W_i$ なので $\boldsymbol{v}_1, \ldots, \boldsymbol{v}_d$ は 1 次独立です．よって $V = \langle \boldsymbol{v}_1, \ldots, \boldsymbol{v}_d \rangle$ がしたがいます．つまり，3 つのシューベルト多様体の交点はこの 1 点だけであることが証明されました．

最後に，今度は水平帯条件 (4.3) が成り立たないと仮定します．このとき $\dim W < k + d$ なので，一般的な L と W との交わりは $\{\mathbf{0}\}$ です．$V \in \Omega_\lambda(F^\bullet) \cap \Omega_\mu(F_{\mathrm{op}}^\bullet)$ とすると，$V \subset W$（補題 4.5）なので，条件 $\dim(L \cap V) \geq 1$ をみたすことはできません．したがって 3 つのシューベルト多様体の交わりは空です．

＊　＊　＊

C 郎：定理 3.9 のことを思い出しています．$X = \Omega_\lambda(F^\bullet) \cap \Omega_\mu(F_{\mathrm{op}}^\bullet)$ に定理を適用するのですよね．

♪：そう．この場合，十分に一般の旗というのが L にあたります．とりうるすべての L 全体はグラスマン多様体 $\mathscr{G}_{n+1-d-k}(E)$ をなします．

C 郎：先ほどの 2 つの仮定をみたす L の集まりがグラスマン多様体の部分集合をなしますね．

A 子：2 つの仮定って？

B 太：$\dim(W \cap L) = 1$ と，$W \cap L$ の基底 $\boldsymbol{v}$ を $\boldsymbol{v} = \sum_{i=1}^d \boldsymbol{v}_i$（$\boldsymbol{v}_i \in W_i$）と書いたときに $\boldsymbol{v}_i \neq \mathbf{0}$（$1 \leq i \leq d$）ということだよね．

C 郎：そうそう．それが十分に一般ということになるのかなと気になって．

♪：そのような L の全体は開集合をなします．考えてみてください．

研究課題 4.1 E を有限次元ベクトル空間，$W \subset E$ を余次元 $m+1$ の線型部分空間とし，$W = \bigoplus_{i=1}^{d} W_i$, $W_i \neq \{\mathbf{0}\}$ という直和分解があるとする．
(1) $W \cap L = 1$ をみたす $L \in \mathscr{G}_m(E)$ は開集合 U をなすことを示せ．
(2) $L \in U$ に対して，$W \cap L$ の基底 $\boldsymbol{v}$ をとって $\boldsymbol{v} = \sum_{i=1}^{d} \boldsymbol{v}_i$ $(\boldsymbol{v}_i \in W_i)$ と書いたときに，$\boldsymbol{v}_i \neq \mathbf{0}$ $(1 \leq i \leq d)$ であるという条件を考える．この条件をみたす $L \in U$ からなる U の部分集合 U' は，U の開集合であることを示せ．

縦 1 列のヤング図形 $(1, \ldots, 1, 0, \ldots, 0)$ (1 が k 個) を 1^k と書き，対応するシューベルト類を σ_{1^k} と書きます．

問 4.2（双対ピエリ規則）$\lambda \in \mathscr{Y}_d(n)$ とするとき，
$$\sigma_\lambda \cdot \sigma_{1^k} = \sum_\mu \sigma_\mu$$
が成り立つことを示せ．ここに $1 \leq k \leq d$ で $\mu \in \mathscr{Y}_d(n)$ は $\mu \supset \lambda$, $|\mu| = |\lambda| + k$ であって μ/λ は各行に高々 1 個しか箱がない（垂直帯）．

4.2 ジャンベリの行列式公式

♪：ピエリの規則によって任意のシューベルト類 σ_λ と 1 行のシューベルト類 σ_k との積が計算ができるようになったのですが，それだけではなく，実はピエリの規則はすべてのシューベルト類の積を決めるほど強い規則なんです．

A 子：どういう意味ですか？

♪：たとえば，ピエリの規則が直接あてはめられない積として $\sigma_{1,1}\sigma_{2,1}$ などを考えますね．$\sigma_2\sigma_1 = \sigma_{2,1} + \sigma_3$ を使えば，
$$\sigma_{2,1} = \sigma_2\sigma_1 - \sigma_3$$
とヤング図形が 1 行になっているシンボルだけを使って $\sigma_{2,1}$ が書けます．これを使えば $\sigma_{1,1}\sigma_{2,1} = \sigma_{1,1}(\sigma_2\sigma_1 - \sigma_3)$ なので，あとはピエリの規則を繰

り返し使えば,

$$\sigma_{1,1}\sigma_2\sigma_1 = (\sigma_{3,1} + \sigma_{2,1,1})\sigma_1$$
$$= (\sigma_{4,1} + \sigma_{3,2} + \sigma_{3,1,1}) + (\sigma_{3,1,1} + \sigma_{2,2,1} + \sigma_{2,1,1,1}),$$
$$\sigma_{1,1}\sigma_3 = \sigma_{4,1} + \sigma_{3,1,1}$$

となりますから,引き算して,

$$\sigma_{1,1}\sigma_{2,1} = \sigma_{3,2} + \sigma_{2,2,1} + \sigma_{3,1,1} + \sigma_{2,1,1,1}$$

が得られます.

C郎:$\sigma_{2,1} = \sigma_2\sigma_1 - \sigma_3$ が鍵ですよね.

♪:はい,そうです.1行のヤング図形に関するシューベルト類 σ_k $(k \geq 1)$ の多項式として任意のシューベルト類を書き表すことができるんです.

A子:確かにピエリの規則を使っていけばどうにかなりそうですけど.

＊　＊　＊

先ほどの結果は行列式を用いて,

$$\sigma_{2,1} = \begin{vmatrix} \sigma_2 & \sigma_3 \\ 1 & \sigma_1 \end{vmatrix}$$

と書くことができます.そうすると $a \geq b \geq 1$ に対して,

$$\sigma_{a,b} = \sigma_a\sigma_b - \sigma_{a+1}\sigma_{b-1} = \begin{vmatrix} \sigma_a & \sigma_{a+1} \\ \sigma_{b-1} & \sigma_b \end{vmatrix}$$

を予想するのは,それほど唐突ではないでしょう.証明は簡単で,ピエリ規則から得られる2つの等式

$$\sigma_a\sigma_b = \sum_{i=0}^{b} \sigma_{a+b-i,i}, \quad \sigma_{a+1}\sigma_{b-1} = \sum_{i=0}^{b-1} \sigma_{a+b-i,i}$$

を引き算すればいいです.さらに,$a \geq b \geq c \geq 0$ のとき,

$$\sigma_{a,b,c} = \begin{vmatrix} \sigma_a & \sigma_{a+1} & \sigma_{a+2} \\ \sigma_{b-1} & \sigma_b & \sigma_{b+1} \\ \sigma_{c-2} & \sigma_{c-1} & \sigma_c \end{vmatrix} \tag{4.5}$$

などを予想するのは自然ではないでしょうか.

定理 4.6（ジャンベリの公式）　$\lambda \in \mathscr{Y}_d(n)$ に対して次が成り立つ:

$$\sigma_\lambda = \begin{vmatrix} \sigma_{\lambda_1} & \sigma_{\lambda_1+1} & \cdots & \sigma_{\lambda_1+d-1} \\ \sigma_{\lambda_2-1} & \sigma_{\lambda_2} & \cdots & \sigma_{\lambda_2+d-2} \\ \vdots & \vdots & \ddots & \vdots \\ \sigma_{\lambda_d-d+1} & \sigma_{\lambda_d-d+2} & \cdots & \sigma_{\lambda_d} \end{vmatrix}.$$

ただし $\sigma_0 = 1$, $\sigma_j = 0$ $(j < 0,\ j > n - d)$ とする.

証明の前に $d = 3$ の場合の行列式の形 (4.5) を観察しましょう. 対角線に $\sigma_a, \sigma_b, \sigma_c$ が並び, 各行の右に向かって添字が 1 つずつ増える形の行列式です. これを示すには, 最後の列に関して余因子展開するのがよさそうです:

$$\begin{vmatrix} \sigma_{b-1} & \sigma_b \\ \sigma_{c-2} & \sigma_{c-1} \end{vmatrix} \sigma_{a+2} - \begin{vmatrix} \sigma_a & \sigma_{a+1} \\ \sigma_{c-2} & \sigma_{c-1} \end{vmatrix} \sigma_{b+1} + \begin{vmatrix} \sigma_a & \sigma_{a+1} \\ \sigma_{b-1} & \sigma_b \end{vmatrix} \sigma_c.$$

$\sigma_{a,b}$ の公式を使って書き直すと,

$$\sigma_{b-1,c-1} \sigma_{a+2} - \sigma_{a,c-1} \sigma_{b+1} + \sigma_{a,b} \sigma_c$$

となります.

具体例を調べて感じをつかみましょう. $\sigma_{4,2,1}$ ならば,

$$\sigma_{4,2,1} = \begin{vmatrix} \sigma_4 & \sigma_5 & \sigma_6 \\ \sigma_1 & \sigma_2 & \sigma_3 \\ 0 & \sigma_0 & \sigma_1 \end{vmatrix} = \sigma_{1,0} \sigma_6 - \sigma_{4,0} \sigma_3 + \sigma_{4,2} \sigma_1$$

です. ピエリの規則で各項を展開すると,

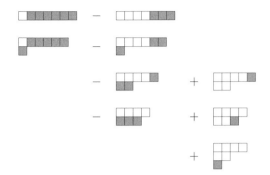

という図がみえてきます．水平帯を■で表しています．同じヤング図形が横に並ぶように揃えています．横に並んだペアが消しあって最後の $\sigma_{4,2,1}$ だけが残ることがわかります．上記の考察を一般化すれば次の補題が得られます．この補題と第 d 列に関する余因子展開を用いて，d に関する帰納法を使えば定理 4.6 は証明できます．

補題 4.7 $\lambda \in \mathscr{Y}_d(n)$ とする．このとき，次が成り立つ．

$$\sigma_\lambda = \sum_{i=1}^{d} (-1)^{d-i} \sigma_{\lambda_1,\ldots,\lambda_{i-1},\lambda_{i+1}-1,\lambda_{i+2}-1,\ldots,\lambda_d-1} \cdot \sigma_{\lambda_i+d-i}.$$

証明 右辺の第 i 項をピエリの規則で展開した際に現れるヤング図形の集合を J_i とします．つまり $1 \leq i \leq d$ に対して，

$$\sigma_{\lambda_1,\ldots,\lambda_{i-1},\lambda_{i+1}-1,\lambda_{i+2}-1,\ldots,\lambda_d-1} \cdot \sigma_{\lambda_i+d-i} = \sum_{\mu \in J_i} \sigma_\mu$$

によって $\mathscr{Y}_d(n)$ の部分集合 J_i を定めます．このとき，次が成り立ちます：

(i) $1 \leq j \leq d$ に対して J_i の部分集合 $J_i(j)$ を，

$$J_i(j) = \{\mu \in J_i \mid j \text{ は } \lambda_j > \mu_j \text{ をみたす最小の自然数}\}$$

と定義すると $J_i = J_i(i) \sqcup J_i(i+1)$．ただし $J_d(d+1) = \{\lambda\}$ とする．

(ii) $\lambda \in J_d$，かつ $1 \leq i < d$ のときには $\lambda \notin J_i$．

(iii) $J_1(1) = \emptyset$, $J_i(i+1) = J_{i+1}(i+1)$ $(1 \leq i \leq d-1)$.

(i) の証明：$\mu \in J_i$ とするとき，$j < i$ ならば $\lambda_j \leq \mu_j$ なので $J_i(j) = \emptyset$ です．$j > i+1$ に対して $J_i(j)$ の元 κ が存在したとすると $\lambda_{i+1} \leq \kappa_{i+1}$ であるはずですが，これは水平帯条件に反します（$i, i+1$ 行に注目）．よって $J_i = J_i(i) \sqcup J_i(i+1)$ です．次に $\mu \in J_d$ とします．$\mu \notin J_d(d)$ とすると $\lambda_d \leq \mu_d$ であるはずです．μ はヤング図形として $(\lambda_1, \ldots, \lambda_{d-1})$ に λ_d 個の箱を加えて得られるのですが，$\lambda_d \leq \mu_d$ をみたすには d 行目にすべての箱を加えるしかなく，$\mu = \lambda$ がしたがいますので，$J_d = J_d(d) \sqcup \{\lambda\}$ です．

(ii) の証明：$\lambda \in J_d$ は明らかです．$1 \leq i < d$ のときに $\lambda \notin J_i$ であることは (i) からわかります．

(iii) の証明：まず，
$$\nu := (\lambda_1, \ldots, \lambda_{i-1}, \lambda_{i+1} - 1, \lambda_{i+2} - 1, \ldots, \lambda_d - 1),$$
$$\nu' := (\lambda_1, \ldots, \lambda_{i-1}, \quad \lambda_i, \quad \lambda_{i+2} - 1, \ldots, \lambda_d - 1)$$
とおきます．$J_i(i+1)$ の元は ν に水平帯を付け加えて得られ，$J_{i+1}(i+1)$ の元は ν' に水平帯を付け加えて得られます．

$\mu \in J_i(i+1)$ とします．$J_i(i+1)$ の定義から $\lambda_i \leq \mu_i$ が成り立ちます．また，水平帯条件から $\mu_{i+1} \leq \lambda_{i+1} - 1$ です．それ以外に水平帯条件 $\mu_i \leq \lambda_{i-1}$ があります．一方，$\mu' \in J_{i+1}(i+1)$ とします．$J_{i+1}(i+1)$ の定義から $\lambda_i \leq \mu'_i$ および $\lambda_{i+1} > \mu'_{i+1}$ が成り立ちます．同様に水平帯条件 $\mu'_i \leq \lambda_{i-1}$ があります．$k = i, i+1$ を除いて，μ_k がみたすべき条件と μ'_k がみたすべき条件は同じなので，結局 μ がみたすべき条件と μ' がみたすべき条件は同じです．したがって $J_i(i+1) = J_{i+1}(i+1)$ が成り立ちます．

以上により，
$$\sum_{i=1}^{d} (-1)^{d-i} \sum_{\mu \in J_i} \sigma_\mu = \sum_{i=1}^{d-1} (-1)^{d-i} \left(\sum_{\mu \in J_i(i+1)} \sigma_\mu - \sum_{\mu \in J_{i+1}(i+1)} \sigma_\mu \right) + \sigma_\lambda = \sigma_\lambda$$
となり，ほしい等式が得られます．　　□

ピエリの規則の帰結

ジャンベリの公式は $A^*(\mathscr{G}_d(E))$ が環として $\sigma_1, \sigma_2, \ldots, \sigma_{n-d}$ により生成されることを意味します.つまり α を $A^*(\mathscr{G}_d(E))$ の任意の元とすると α を $\sigma_1, \sigma_2, \ldots, \sigma_{n-d}$ の多項式の形に書くことができます.σ_λ を任意のシューベルト類とするとき,σ_λ と α との積はピエリの規則を繰り返し用いてシューベルト類の1次結合として書き表せます.このように,ピエリの規則は $A^*(\mathscr{G}_d(E))$ の環構造を一意的に決定します.

定理 4.8 可換環 R が $\mathbb{Z}$ 上の基底 τ_λ ($\lambda \in \mathscr{Y}_d(n)$) を持ち,$\{\tau_\lambda\}$ がピエリの規則をみたすとする.つまり,

$$\tau_\lambda \cdot \tau_k = \sum_{\nu \supset \lambda,\ |\nu|=|\lambda|+k,\ \nu/\lambda が水平帯} \tau_\nu.$$

このとき $\tau_\lambda \mapsto \sigma_\lambda$ で定まる加法写像 $\phi: R \to A^*(\mathscr{G}_d(\mathbb{C}^n))$ は環同型である.

証明 R においてもジャンベリの公式が成り立ちますので,$A^*(\mathscr{G}_d(E))$ に関して述べたのとまったく同様に,R の環構造はピエリ規則から一意的に決まります.ϕ は明らかに全単射であり環同型を与えます. □

第5講
シューア多項式

シューベルト多様体を，シンボリックに足したり掛けたりするためにシューベルト類というものを導入しました．一方，もともとごく自然に足したり掛けたりできるものとして，多項式があります．ここでは，まるでシューベルト類そのものであるように振る舞う多項式の話をしましょう．

5.1 対称多項式

グラスマン多様体の幾何学と対称多項式には密接な関係があります．まず，基本的な対称多項式の族が2つあるので紹介しましょう：

$$e_k = \sum_{1 \leq i_1 < \cdots < i_k \leq d} z_{i_1} \cdots z_{i_k}, \quad h_k = \sum_{1 \leq i_1 \leq \cdots \leq i_k \leq d} z_{i_1} \cdots z_{i_k}.$$

これらの多項式は，変数を置換しても全体として同じであることがわかるでしょう．e_k, h_k をそれぞれ k 次の**基本対称式**および**完全対称式**と呼びます．$e_0 = h_0 = 1$ と約束しておきます．$k > d$ ならば $e_k = 0$ ですが，h_k は $k > d$ に対しても 0 でない多項式です．つぎの表示ができます：

$$\prod_{i=1}^d (1 + z_i u) = \sum_{k=0}^d e_k u^k, \quad \prod_{i=1}^d (1 - z_i u)^{-1} = \sum_{k=0}^\infty h_k u^k.$$

u というのは同じ次数のものをまとめるための符牒として用いる変数です．こういう表示を母関数表示と呼びます．ここで $(1 - z_i u)^{-1}$ は形式的な冪級数

$$1 + z_i u + z_i^2 u^2 + z_i^3 u^3 + \cdots$$

を表しています．形式的に展開して各次数ごとにみていけば，等式

$$(1 - z_i u)(1 + z_i u + z_i^2 u^2 + z_i^3 u^3 + \cdots) = 1$$

に納得がいくでしょう．

一般に，d 変数の多項式環 $\mathbb{Z}[z_1, \ldots, z_d]$ の元 $f = f(z_1, \ldots, z_d)$ は，d 次の任意の置換 w に対して $f(z_{w(1)}, \ldots, z_{w(d)}) = f(z_1, \ldots, z_d)$ が成り立つとき，**対称多項式**であるといいます．$\mathbb{Z}[z_1, \ldots, z_d]$ に含まれる対称多項式全体の集合 $\mathbb{Z}[z_1, \ldots, z_d]^{S_d}$ は部分環をなします．ここで S_d は d 次対称群を表します．$\alpha = (\alpha_1, \ldots, \alpha_d) \in \mathbb{N}^d$ に対して $z^\alpha = z_1^{\alpha_1} \cdots z_d^{\alpha_d}$ とおきます．このような記法を多重指数と呼びます．$|\alpha| = \sum_{i=1}^d \alpha_i$ とおくとき z^α は $|\alpha|$ 次です．次は有名な事実です．

定理 5.1（対称式の基本定理[*1]）　$\mathbb{Z}[z_1, \ldots, z_d]^{S_d}$ の任意の元は基本対称式 e_1, $e_2, \ldots, e_d$ の整数係数の多項式としてただ一通りの方法で書くことができる．

証明　単項式 z^α と z^β に対して，ある $1 \leq i \leq d-1$ があって $\alpha_1 = \beta_1, \alpha_2 = \beta_2, \ldots, \alpha_i = \beta_i, \alpha_{i+1} > \beta_{i+1}$ となるとき $z^\alpha > z^\beta$ と定めます．これを辞書式順序と呼びます．単項式全体の集合は辞書式順序によって 1 列に並べられます（全順序集合をなす，という）．f を対称多項式，すなわち $\mathbb{Z}[z_1, \ldots, z_d]^{S_d}$ の任意の元とします．f に 0 でない係数をもって現れるすべての単項式のうちで z^α が辞書式順序で最大のものとし，その係数を c_α とします．このとき z^α を先頭単項式，$c_\alpha z^\alpha$ を f の先頭項といいます．$g := f - c_\alpha e_1^{\alpha_1 - \alpha_2} e_2^{\alpha_2 - \alpha_3} \cdots e_d^{\alpha_d}$ は対称多項式であって g の先頭単項式は z^α よりも小さいものです．したがって，同じように g の先頭項を $e_1, \ldots, e_d$ の積を用いて打ち消すことを繰り返していくと，有限回で零になります．つまり，途中で引き算した $c_\alpha e_1^{\alpha_1 - \alpha_2} e_2^{\alpha_2 - \alpha_3} \cdots e_d^{\alpha_d}$ という多項式の和が f と一致します．表示がただ一通りであることについては [22, 定理 4.2.3] などをみてください．　□

[*1]　「$x^3 + y^3$ を $x + y$ と xy を用いて表しなさい」．こういう問題は高校で出会うと思います．

C郎：ということは h_k も $e_1, \ldots, e_d$ を使って書けるんですよね.

♪：そう，それは大事でね，後でも使うんです．この等式を使うといいです：

$$1 = \left(\sum_{i=1}^{d} e_i u^i\right)\left(\sum_{j=0}^{\infty} (-1)^j h_j u^j\right).$$

B太：こういうの得意です．$\sum_{j=0}^{\infty}(-1)^j h_j u^j = \prod_{i=1}^{d}(1+z_i u)^{-1}$ と基本対称式の母関数を掛け合わせる．

A子：そして係数を比較すると，

$$h_k - e_1 h_{k-1} + e_2 h_{k-2} - \cdots + (-1)^k e_k = 0 \quad (k \geq 1).$$

♪：e_i は i が d を越えると零になりますが，こういう計算では e_i の方も無限にあると思った方が見通しがいいですよ．$e_{d+1} = e_{d+2} = \cdots = 0$ と特殊化するのは後でもできますから．h_k についてどんどん解いていける形をしているのでやってみてくださいね．ヒントは行列式です．

問 5.1 基本対称式 e_i $(1 \leq i \leq d)$ を用いて h_k を表す公式をみつけよ.

行列式を使って対称多項式を作る方法があります．$\alpha = (\alpha_1, \ldots, \alpha_d) \in \mathbb{N}^d$ に対して行列式

$$A_\alpha = \begin{vmatrix} z_1^{\alpha_1} & z_2^{\alpha_1} & \cdots & z_d^{\alpha_1} \\ z_1^{\alpha_2} & z_2^{\alpha_2} & \cdots & z_d^{\alpha_2} \\ \vdots & \vdots & \ddots & \vdots \\ z_1^{\alpha_d} & z_2^{\alpha_d} & \cdots & z_d^{\alpha_d} \end{vmatrix}$$

を考えましょう．とくに，

$$\delta = (d-1, d-2, \ldots, 1, 0)$$

とすると，A_δ はヴァンデルモンド行列式に他なりません：

$$A_\delta = \prod_{1 \leq i < j \leq d}(z_i - z_j).$$

$w \in S_d$ として $w(\alpha) = (\alpha_{w(1)}, \ldots, \alpha_{w(d)})$ とするとき，行列式の列に関する交代性より，

$$A_{w(\alpha)} = \mathrm{sgn}(w) A_\alpha$$

が成り立ちます．$\mathrm{sgn}(w)$ は置換 w の符号を表します．とくに，α の成分に重複があると A_α は恒等的に零になります．

A という文字を使ったのは alternating（交代的）という意味合いを込めています．多項式 $f(z_1, \ldots, z_d)$ は置換 $w \in S_d$ に対して，

$$f(z_{w(1)}, \ldots, z_{w(d)}) = \mathrm{sgn}(w) \cdot f(z_1, \ldots, z_d)$$

が成り立つときに**交代多項式**であるといいます．任意の多項式 $f(z_1, \ldots, z_d)$ に対して，

$$\mathrm{Alt}_d\left(f(z_1, \ldots, z_d)\right) = \sum_{w \in S_d} \mathrm{sgn}(w) f(z_{w(1)}, \ldots, z_{w(d)})$$

と定めると，得られた多項式は交代的です．Alt_d を**交代化作用素**と呼びます．行列式の定義からわかるように，$\alpha \in \mathbb{N}^d$ とするとき，

$$A_\alpha = \mathrm{Alt}_d\left(z^\alpha\right)$$

と書けます．

命題 5.2 狭義減少する d 個の非負整数の集合を $\mathscr{D}_d^+$ とする．つまり，

$$\mathscr{D}_d^+ := \{\alpha \in \mathbb{N}^d \mid \alpha_1 > \alpha_2 > \cdots > \alpha_d \geq 0\}$$

とおく．任意の $\mathbb{Z}$ 係数交代多項式は $\sum_{\alpha \in \mathscr{D}_d^+} c_\alpha A_\alpha$ $(c_\alpha \in \mathbb{Z})$ の形に一意的に書ける．

証明 $f = \sum_{\alpha \in \mathbb{N}^d} c_\alpha z^\alpha \in \mathbb{Z}[z_1, \ldots, z_d]$ が交代的であるとすると，置換 $w \in S_d$ に対して $c_{w(\alpha)} = \mathrm{sgn}(w) c_\alpha$ が成り立ちます．とくに $\alpha = (\alpha_1, \ldots, \alpha_d) \in \mathbb{N}^d$ の成分に重複があると $c_\alpha = 0$ です．したがって，$\mathscr{D}_d \subset \mathbb{N}^d$ を成分に重複のない元全体のなす部分集合とすると，$f = \sum_{\alpha \in \mathscr{D}_d} c_\alpha z^\alpha$ と書けます．このとき $\mathscr{D}_d^+ \subset \mathscr{D}_d$ であって S_d の $\mathscr{D}_d$ への作用に関して $\mathscr{D}_d^+$ は商集合 $\mathscr{D}_d/S_d$ の完

全代表系をなします．したがって，

$$f = \sum_{w \in S_d} \sum_{\alpha \in \mathscr{D}_d^+} c_{w(\alpha)} z^{w(\alpha)} = \sum_{w \in S_d} \sum_{\alpha \in \mathscr{D}_d^+} \mathrm{sgn}(w) c_\alpha z^{w(\alpha)} = \sum_{\alpha \in \mathscr{D}_d^+} c_\alpha A_\alpha$$

となります．

一意性を示すため $\sum_{\alpha \in \mathscr{D}_d^+} c_\alpha A_\alpha = 0$ とします．$A_\alpha = z^\alpha + b_\alpha$ とすると b_α は z^β $(\beta \in \mathscr{D}_d - \mathscr{D}_d^+)$ の線型結合なので，

$$0 = \sum_{\alpha \in \mathscr{D}_d^+} c_\alpha z^\alpha + \sum_{\beta \in \mathscr{D}_d - \mathscr{D}_d^+} n_\beta z^\beta \quad (n_\beta \in \mathbb{Z})$$

と書けます．これより $c_\alpha = 0$ $(\alpha \in \mathscr{D}_d^+)$ が成り立つことがわかります． □

δ は $\mathscr{D}_d^+$ の元のうちで次数が最小である唯一の元です．

命題 5.3 任意の d 変数の $\mathbb{Z}$ 係数交代多項式 f は A_δ で割り切れる．このとき，商 f/A_δ は対称多項式である．

証明 交代多項式 $f = f(z_1, \ldots, z_d)$ の変数 z_i に z_j $(j \neq i)$ を代入すると零になります．よって「因数定理」を用いれば f が $z_i - z_j$ $(1 \leq i < j \leq d)$ で割り切れることがしたがいます．これを繰り返せば $f(z)$ は $A_\delta = \prod_{1 \leq i < j \leq d} (z_i - z_j)$ で割り切れる[*2]ことがしたがいます．商 f/A_δ が対称多項式であることは，変数を置換すると分母と分子で符号がキャンセルすることからわかります． □

$\mathscr{Y}_d := \bigcup_n \mathscr{Y}_d(n)$ とおきます．$\alpha \in \mathscr{D}_d^+$ とするとき $\lambda = \alpha - \delta$ によって $\lambda \in \mathscr{Y}_d$ が定まります．この関係により $\mathscr{D}_d^+$ と $\mathscr{Y}_d$ は一対一に対応します．

定義 5.4（シューア多項式） $\lambda \in \mathscr{Y}_d$ に対して，次の比として定まる対称多項式

[*2] $\mathbb{Z}[z_1, \ldots, z_d]$ が素元分解整域（[13, 定理 21.1]）であって，$z_i - z_j$ $(1 \leq i < j \leq d)$ はどの 2 つも互いに素であるから f はそれらの積 A_δ で割り切れる，という筋の方が明瞭ですけれど，ここでは素朴に因数定理を繰り返すという説明にしました．

$$s_\lambda(z_1,\ldots,z_d) = s_\lambda = A_{\lambda+\delta}/A_\delta$$

をシューア多項式と呼ぶ.

定理 5.5 対称多項式環 $\mathbb{Z}[z_1,\ldots,z_d]^{S_d}$ の元はシューア多項式の集合 $\{s_\lambda \mid \lambda \in \mathscr{Y}_d\}$ の $\mathbb{Z}$ 係数線型結合として一意的に書ける.

証明 $f \in \mathbb{Z}[z_1,\ldots,z_d]^{S_d}$ に対して fA_δ は交代多項式なので, 命題 5.2 より A_α ($\alpha \in \mathscr{D}_d^+$) の $\mathbb{Z}$ 係数線型結合として,

$$fA_\delta = \sum_{\alpha \in \mathscr{D}_d^+} c_\alpha A_\alpha = \sum_{\lambda \in \mathscr{Y}_d} c_{\lambda+\delta} A_{\lambda+\delta}$$

と書けます. 両辺を A_δ で割れば f は s_λ の $\mathbb{Z}$ 係数線型結合で書けるわけです. $\{A_\alpha \mid \alpha \in \mathscr{D}_d^+\}$ が 1 次独立なので $\{s_\lambda \mid \lambda \in \mathscr{Y}_d\}$ は 1 次独立です. よって係数は一意的に定まります. □

ジャンベリの公式とまったく同じ形の行列式の公式があります.

定理 5.6(ヤコビ-トゥルーディ公式) $\lambda \in \mathscr{Y}_d$ とするとき, 次が成り立つ:

$$s_\lambda = \begin{vmatrix} h_{\lambda_1} & h_{\lambda_1+1} & \cdots & h_{\lambda_1+d-1} \\ h_{\lambda_2-1} & h_{\lambda_2} & \cdots & h_{\lambda_2+d-2} \\ \vdots & \vdots & \ddots & \vdots \\ h_{\lambda_d-d+1} & h_{\lambda_d-d+2} & \cdots & h_{\lambda_d} \end{vmatrix}$$

証明 $1 \leq j \leq d$ として, 等式

$$\prod_{i=1}^d (1-z_i u)^{-1} \times \prod_{1 \leq i \leq d,\, i \neq j} (1-z_i u) = (1-z_j u)^{-1} \tag{5.1}$$

を用います. 左辺の 2 つ目の因子は,

$$\prod_{1 \leq i \leq d,\, i \neq j} (1-z_i u) = 1 - e_1^{(j)} u + e_2^{(j)} u^2 - \cdots + (-1)^{d-1} e_{d-1}^{(j)} u^{d-1}$$

と展開できます．ここで $e_k^{(j)}$ は z_j を除いた $d-1$ 変数の k 次基本対称式です．展開 (5.1) の両辺の m 次成分を拾いだして，行ベクトルと列ベクトルの積の形

$$(h_{m-d+1}, \cdots, h_{m-1}, h_m) \begin{pmatrix} (-1)^{d-1} e_{d-1}^{(j)} \\ (-1)^{d-2} e_{d-2}^{(j)} \\ \vdots \\ -e_1^{(j)} \\ 1 \end{pmatrix} = z_j^m$$

に書いてみます．$m = \alpha_i$ $(1 \leq i \leq d)$ をあてはめて，この関係式が 2 つの行列の積の (i,j) 成分をみているとみなしましょう．つまり $H_\alpha = (h_{\alpha_i - d + j})_{d \times d}$，$E = ((-1)^{d-i} e_{d-i}^{(j)})_{d \times d}$，$X_\alpha = (z_j^{\alpha_i})_{d \times d}$ とおくとき $H_\alpha E = X_\alpha$ が得られます．両辺の行列式をとって，

$$\det(H_\alpha) \det(E) = A_\alpha$$

が得られます．ここで $\alpha = \delta$ とすると，H_δ が上三角行列ですべての対角成分が 1 であることから，$\det(H_\delta) = 1$ が成り立ち，$\det(E) = A_\delta$ が得られます．よって $\alpha = \lambda + \delta$ とすると $\det(H_{\lambda+\delta}) = A_{\lambda+\delta}/A_\delta$ が得られます．$H_{\lambda+\delta}$ の (i,j) 成分は δ の i 番目の成分が $d-i$ であることに注意すれば $h_{\lambda_i + j - i}$ であることがわかるから，定理が示されました． □

シューア多項式はシューベルト類の化身

命題 5.7 $k \geq 0$ に対して，次が成り立つ：

$$s_{(k,0,\ldots,0)} = h_k.$$

証明 ヤコビ-トゥルーディ公式の行列式は上三角行列で，対角成分は $(1,1)$ 成分が h_k で，それ以外は 1 ですから命題がしたがいます． □

定理 5.8 (ピエリの規則) $\lambda \in \mathscr{Y}_d$ とし，k を自然数とするとき，次が成り立

つ：
$$s_\lambda \cdot h_k = \sum_{\nu \supset \lambda,\ |\nu|=|\lambda|+k,\ \nu/\lambda \text{が水平帯}} s_\nu.$$

次の節で，任意の 2 つのシューア多項式の積をシューア多項式により展開する規則を証明します．定理 5.8 はそれから導かれます（例 5.26）．

定理 5.9 加法群の準同型 $\pi_n : \mathbb{Z}[z_1,\ldots,z_d]^{S_d} \longrightarrow A^*(\mathscr{G}_d(\mathbb{C}^n))$ を，$\lambda \in \mathscr{Y}_d$ に対し，
$$\pi_n(s_\lambda) = \begin{cases} \sigma_\lambda & (\lambda \in \mathscr{Y}_d(n)) \\ 0 & (\lambda \notin \mathscr{Y}_d(n)) \end{cases}$$
と定めると，π_n は全射環準同型である．

証明 π_n は定義から明らかに全射であり，
$$\mathrm{Ker}(\pi_n) = \bigoplus_{\lambda : \lambda \notin \mathscr{Y}_d(n)} \mathbb{Z} s_\lambda$$
です．$h_j\ (j > n-d)$ によって生成されるイデアルを I とするとき，
$$I = \mathrm{Ker}(\pi_n)$$
を示しましょう．まず $I \supset \mathrm{Ker}(\pi_n)$ から示します．$\lambda \in \mathscr{Y}_d$ かつ $\lambda \notin \mathscr{Y}_d(n)$ とすると $s_\lambda \in \mathrm{Ker}(\pi_n)$ です．実際，s_λ に対するヤコビ-トゥルーディ公式において行列式の成分の 1 行目は $h_{\lambda_1+j}\ (j=0,\ldots,d-1)$ なので $\lambda_1 > n-d$ より I に属します．よって 1 行目で余因子展開すれば $s_\lambda \in I$ がしたがいます．次に $\mathrm{Ker}(\pi_n)$ がイデアルであることを示します．$\lambda \in \mathscr{Y}_d$ かつ $\lambda \notin \mathscr{Y}_d(n)$ として $s_\lambda h_k$ をピエリ公式で展開すると $s_\mu\ (\mu \notin \mathscr{Y}_d(n))$ の 1 次結合になります．つまり $\mathrm{Ker}(\pi_n)$ に属します．$\mathbb{Z}[z_1,\ldots,z_d]^{S_d}$ は h_k たちで環として生成されるので $\mathrm{Ker}(\pi_n)$ はイデアルです．$h_j\ (j > n-d)$ が $\mathrm{Ker}(\pi_n)$ に含まれるのは定義から明らかなので $\mathrm{Ker}(\pi_n)$ がイデアルであることより $I \subset \mathrm{Ker}(\pi_n)$ がしたがいま

す．以上により，$R = \mathbb{Z}[z_1, \ldots, z_d]^{S_d}/I$ は環であり，π_n が環準同型であることがわかりました．R は $\{s_\lambda \mid \lambda \in \mathscr{Y}_d(n)\}$ の像を基底に持ち，定理 4.8 の条件をみたすので，π_n により $A^*(\mathscr{G}_d(\mathbb{C}^n))$ と同型な環であることがわかります．言い換えると定理が成立します． □

以上のことから，$\lambda, \mu \in \mathscr{Y}_d(n)$ に対して等式

$$s_\lambda s_\mu = \sum_{\nu \in \mathscr{Y}} n_{\lambda\mu}^\nu s_\nu \tag{5.2}$$

により定まる整数 $n_{\lambda\mu}^\nu$（**リトルウッド–リチャードソン係数**）は $\nu \in \mathscr{Y}_d(n)$ ならば $\mathscr{G}_d(\mathbb{C}^n)$ のシューベルト多様体の交差数

$$c_{\lambda\mu}^\nu = \#(\Omega_\lambda \cap \Omega_\mu \cap \Omega_{\nu^\vee})$$

と一致します．つまり，グラスマン多様体の数え上げ幾何学の問題はシューア関数の展開に帰着するのです．

5.2　リトルウッド–リチャードソン規則

$n_{\lambda\mu}^\nu$ を与える組合せ論的規則が知られていて，**リトルウッド–リチャードソン規則**と呼ばれます．もともとは $GL_d(\mathbb{C})$ のテンソル積表現の分解（5.3 節参照）を記述するために 1930 年代に見出されました．その証明の論理は不十分であったようで，30 年以上経ってシュッツェンベルジェによって証明されました．その後，さまざまな証明が発表されましたが，ここではステンブリッジによる証明 [54] を紹介します．

ヤング・タブロー

ヤング図形の箱に数字を書き入れることで得られる対象を**ヤング・タブロー**といいます．タブロー = tableau（複数形は tableaux）はフランス語で表（英語の table）を意味します．

ヤング・タブローは，たとえばこのようなもののことです．

$$T = \begin{array}{|c|c|c|c|} \hline 1 & 1 & 2 & 2 \\ \hline 2 & 2 & 3 \\ \cline{1-3} 3 & 4 \\ \cline{1-2} \end{array} \tag{5.3}$$

シューア多項式と関係するのは**半標準**（semistandard）と呼ばれる条件[*3]が成り立つようなヤング・タブローです．λ というヤング図形に $1, 2, \ldots, d$ を 1 箱に 1 つ書き込みます．その際に横方向には右にいくほど弱い意味で増加し，縦方向には下にいくほど強い意味で増加するというのが半標準の条件です．そのようなもの全体の集合を $\mathrm{SST}(\lambda)$ で表すことにしましょう．Semi-Standard Tableaux の集合という意味です．以下，半標準であるヤング・タブローを単にタブローと呼ぶことにします．

横，あるいは縦に一直線に伸びるだけならばそれほど複雑なものではありませんね．

例 5.10 $\lambda = (k)$（1 行のヤング図形）ならば $\mathrm{SST}(\lambda)$ の元は以下のようなものです：

$$\begin{array}{|c|c|c|c|} \hline i_1 & i_2 & \cdots & i_k \\ \hline \end{array} \quad 1 \leq i_1 \leq i_2 \leq \cdots \leq i_k \leq d.$$

例 5.11 $\lambda = (1^k)$（1 列のヤング図形）ならば $\mathrm{SST}(\lambda)$ の元は以下のようなものです：

$$\begin{array}{|c|} \hline i_1 \\ \hline i_2 \\ \hline \vdots \\ \hline i_k \\ \hline \end{array} \quad 1 \leq i_1 < i_2 < \cdots < i_k \leq d.$$

2 つの例は，それぞれ，完全対称式 $h_k(z_1, \ldots, z_d)$，基本対称式 $e_k(z_1, \ldots, z_d)$

[*3] 標準タブロー (standard tableau) と呼ばれるものもあります．λ の箱の個数が n のとき，1 から n の数字をそれぞれ 1 回ずつ，左から右に，上から下に増加するように書き込んでできるタブローです．対称群 S_n の既約表現の基底と対応しています（[16] 参照）．

を展開するときの単項式と一対一に対応していることに気が付きます.

タブロー T の中に文字 i が m_i 回登場しているときに,

$$\omega(T) = (\omega_1(T), \ldots, \omega_d(T)), \quad \omega_i(T) = m_i$$

という記号を導入しておいて,単項式

$$z^{\omega(T)}$$

を考えましょう.たとえば (5.3) のようなタブローには単項式

$$z_1^2 z_2^4 z_3^2 z_4$$

を対応させます.$\omega(T) \in \mathbb{N}^d$ を T の**ウェイト**と呼びます.一時的な記号ですが,

$$T_\lambda = \sum_{T \in \mathrm{SST}(\lambda)} z^{\omega(T)}$$

とおきます.Tableaux sum(タブロー和)の頭文字をとって T としています.

定理 5.12 次が成り立つ:

$$s_\lambda = T_\lambda. \tag{5.4}$$

♪:なかなか神秘的な等式だと思いませんか？
A 子:みたばっかりでピンときません.
B 太:これすごいよ.右辺と左辺の性格が全然違うもの.
♪:とにかく例をみてみましょう.

例 5.13 $d = 3$, $\lambda = (2, 1)$ とします.$\mathrm{SST}(\lambda)$ は以下の各元からなります.

$$\boxed{\begin{array}{|c|c|}\hline 1&1\\\hline 2\\\cline{1-1}\end{array}},\ \boxed{\begin{array}{|c|c|}\hline 1&1\\\hline 3\\\cline{1-1}\end{array}},\ \boxed{\begin{array}{|c|c|}\hline 1&2\\\hline 2\\\cline{1-1}\end{array}},\ \boxed{\begin{array}{|c|c|}\hline 1&2\\\hline 3\\\cline{1-1}\end{array}},\ \boxed{\begin{array}{|c|c|}\hline 1&3\\\hline 2\\\cline{1-1}\end{array}},\ \boxed{\begin{array}{|c|c|}\hline 1&3\\\hline 3\\\cline{1-1}\end{array}},\ \boxed{\begin{array}{|c|c|}\hline 2&2\\\hline 3\\\cline{1-1}\end{array}},\ \boxed{\begin{array}{|c|c|}\hline 2&3\\\hline 3\\\cline{1-1}\end{array}}.$$

対応する単項式を順に書いて和をとると,

$$z_1^2 z_2 + z_1^2 z_3 + z_1 z_2^2 + z_1 z_2 z_3 + z_1 z_2 z_3 + z_1 z_3^2 + z_2^2 z_3 + z_2 z_3^2$$

という具合です.一方,行列式の比の方は,

$$\frac{A_{4,2,0}}{A_{2,1,0}} = \frac{\begin{vmatrix} z_1^4 & z_1^2 & 1 \\ z_2^4 & z_2^2 & 1 \\ z_3^4 & z_3^2 & 1 \end{vmatrix}}{\begin{vmatrix} z_1^2 & z_1 & 1 \\ z_2^2 & z_2 & 1 \\ z_3^2 & z_3 & 1 \end{vmatrix}}$$

と書けます.

C郎:確かに…….不思議です.どうやって一般に証明すればいいのでしょうか?

♪:あわてないで,ゆっくり味わいながらやりましょう.

　定理 5.12 の式は右辺の和が対称多項式であることを意味しますが,この事実は $\mathrm{SST}(\lambda)$ の定義からすぐにわかることではありません.

タブロー和 T_λ の姿だけをみて,対称性を証明できるでしょうか?

たとえば,z_1 と z_2 を入れ換えるとき $z_1^2 z_2$ と $z_1 z_2^2$ の互換などが生じますが,タブローのほうでは,

$$\boxed{\begin{array}{|c|c|}\hline 1&1\\\hline 2\\\cline{1-1}\end{array}},\ \boxed{\begin{array}{|c|c|}\hline 1&2\\\hline 2\\\cline{1-1}\end{array}}$$

の2つが入れ換わっているとみることができそうです.でも,かといって単

純にタブローの中の1と2を交換しても半標準なものになりませんので，うまくいきません．

各 $1 \leq i \leq d-1$ に対して，SST(λ) 上の対合σ_i で，

$$\omega(\sigma_i(T)) = r_i(\omega(T)) \quad (T \in \mathrm{SST}(\lambda))$$

が成り立つようなものをみつけましょう．ここで r_i は i 番目の成分と $i+1$ 番目の成分を交換する操作を意味しています．対合とは2回合成すると恒等写像になる，つまり $\sigma_i^2 = \mathrm{id}$ という意味です．そんなうまいことができるでしょうか？

λ が1行の場合を考えてみます．

| 1 | 1 | 1 | 1 | 1 | 1 | 1 | 2 | 2 | 3 | 3 | 3 |

たとえば1と2の個数（ウェイト）を入れ換えて同じ形のタブローを作るには，

| 1 | 1 | 2 | 2 | 2 | 2 | 2 | 2 | 2 | 3 | 3 | 3 |

以外の方法はないことに気がつきます．ここでの規則は，1が a 個，2が b 個あるときに，1が b 個，2が a 個に変えるということです．1が左に，2が右になくてはいけないので，そのようなタブローは一意的です．$1 \leq i \leq d-1$ に対して，同様に i と $i+1$ の個数を入れ換える操作を考えます．

1行の場合はこれでいいので，少し違う形のタブロー，たとえば，

| 1 | 1 | 1 | 1 | 1 | 1 | 1 | 2 | 2 | 3 | 3 | 3 |
| 2 | 2 | 3 |

ならばどうでしょう？ 1が7個，2が4個です．それらの個数を逆転させて，1,2以外，つまりここでは3を変化させないとすると，

| 1 | 1 | 1 | 1 | 2 | 2 | 2 | 2 | 2 | 3 | 3 | 3 |
| 2 | 2 | 3 |

しかありません. $\boxed{\begin{smallmatrix}1\\2\end{smallmatrix}}$ が 2 つ並んでいる部分は変更できないと考えて，その右側の $\boxed{1\;1\;1\;1\;1\;2\;2}$ を $\boxed{1\;1\;2\;2\;2\;2\;2}$ で置き換える．ここだけみれば 1 行の場合に上で考えた規則です．

少し大きな例を考えてみましょう：

1	1	1	1	1	1	2	2	3	3	3
2	2	2	2	3	3	3	3
3	3	3	4
4	4

$i = 2$ の場合を考えましょう．2, 3 以外の文字は変更しないものとして相棒を探します．上の例と同様に $\boxed{\begin{smallmatrix}2\\3\end{smallmatrix}}$ の形のところは固定されたものとして，残る 2 箇所の横型の帯に 1 行の規則を適用すると，

1	1	1	1	1	1	2	2	2	2	3
2	2	2	2	2	2	3	3
3	3	3	4
4	4

ができます．

ここまでの考えを整理しましょう．ある箱が $\boxed{i}$ であるとします．その箱の直下の箱の成分が $i+1$ でないとき $\boxed{i}$ は「自由」であるといいます．ある箱が $\boxed{i+1}$ であるとします．その箱の直上の箱の成分が i でないとき $\boxed{i+1}$ は自由であるといいます．成分が $i, i+1$ 以外の箱は，すべて自由でないとします．

各行において自由な箱（i もしくは $i+1$ が入っている）はひとつながりの帯をなします．実際，自由であるかどうかにかかわらず，どの行でも $i, i+1$ の箱はひとつながりの帯をなしています．i がいくつか（0 個の場合もある）あって，その右に $i+1$ がいくつかある．$\boxed{i}$ が自由でなければそれより左の箱は自由でない（直下の成分は存在しないか，$i+1$ よりも大きい），$\boxed{i+1}$ が自由でなければそれより右の箱は自由でないことがわかります．だから，i もしくは $i+1$ が入っている帯の両端のいくつかの箱が自由でないかもしれませんが，残った部分はやはりひとつながりの帯です．

各行の「自由な帯」において，1行のときの規則を適用します．このとき，できあがるタブローを $\sigma_i(T)$ とします．それが $\mathrm{SST}(\lambda)$ に属すること，すなわち semi-standard の条件をみたすことをチェックする必要があります．

まず言えることは，各列において自由な箱は高々1個しかないということです（水平帯）．そもそも，$i, i+1$ は各列にそれぞれ高々1個しかありませんが，縦に並ぶときはそのどちらも自由でないからです．

「自由な帯」の上の領域（長方形）には i 未満の数字しか存在せず，下の領域には $i+1$ よりも大きい数字しか存在しません．このことは自由の定義からわかります．だとすると，自由な帯の中で i と $i+1$ を書き換える際に，i が $i+1$ の左にあるという規則さえみたしていれば，上下に関して半標準の条件は崩れません．横方向も大丈夫です．

定義さえできれば次は明らかです．

定理 5.14 $\sigma_i : \mathrm{SST}(\lambda) \to \mathrm{SST}(\lambda)$ は $\sigma_i^2 = \mathrm{id}$ および

$$\omega(\sigma_i(T)) = r_i(\omega(T))$$

をみたす．

系 5.15 タブロー和 T_λ は $z_1, \ldots, z_d$ の対称多項式である．

証明 $T \in \mathrm{SST}(\lambda)$ が $\sigma_i(T) = T$ をみたすときは，

$$r_i(z^{\omega(T)}) = z^{\omega(\sigma_i(T))} = z^{\omega(T)}$$

となって $z^{\omega(T)}$ は r_i で不変です．$\sigma_i(T) \neq T$ であるときは，

$$r_i(z^{\omega(T)} + z^{\omega(\sigma_i(T))}) = z^{\omega(\sigma_i(T))} + z^{\omega(\sigma_i^2(T))} = z^{\omega(T)} + z^{\omega(\sigma_i(T))}$$

となるから，T と $\sigma_i(T)$ をペアにすればこれらの和は r_i で不変です． □

以上，定理 5.12 が証明されたわけではありませんが，その1つの帰結であるべき系 5.15 を直接に証明したわけです．実は，このアイデアを押し進めることで定理 5.12 だけではなくリトルウッド-リチャードソン規則も証明することができます．

$n^\nu_{\lambda\mu}$ を計算するあらすじ——悪い奴らは消える

交代化作用素 Alt_d は対称多項式を掛け算する操作と順序を交換できますから,

$$A_{\lambda+\delta} T_\mu = \mathrm{Alt}_d \left(z^{\lambda+\delta} \right) \cdot \sum_{T \in \mathrm{SST}(\mu)} z^{\omega(T)}$$

$$= \mathrm{Alt}_d \left(z^{\lambda+\delta} \sum_{T \in \mathrm{SST}(\mu)} z^{\omega(T)} \right)$$

が成り立ちます.T に関する和を後回しにして $A_\alpha = \mathrm{Alt}_d(z^\alpha)$ を使って書き換えると,

$$A_{\lambda+\delta} T_\mu = \sum_{T \in \mathrm{SST}(\mu)} A_{\lambda+\delta+\omega(T)}$$

が得られます.この等式が出発点です.

この先の議論の流れは以下の通りです.右辺は行列式の和になっていますね.実は,この和のうちで「良い」項と「悪い」項があって,「悪い」項の寄与はキャンセルすることが証明できます.その結果

$$A_{\lambda+\delta} T_\mu = \sum_{T:良い} A_{\lambda+\omega(T)+\delta}$$

という等式が得られます.T が「良い」かどうかは λ に依存します(λ-good と後ほど呼びます).T が「良い」ときは $\lambda + \omega(T)$ は分割になっていることが 1 つのポイントです(一般にはそうではない).さて,両辺を A_δ で割って,

$$\frac{A_{\lambda+\delta}}{A_\delta} T_\mu = \sum_{T:良い} \frac{A_{\lambda+\omega(T)+\delta}}{A_\delta}$$

という等式が得られます.ここの段階で,とくに $\lambda = \varnothing$ の場合を使って (5.4) が示せます.こうして,

$$s_\lambda \cdot s_\mu = \sum_{T:良い} s_{\lambda+\omega(T)}$$

が得られたことになります.$\lambda + \omega(T)$ はいくつかの T に対して同じになり得

ますので，その項をまとめれば $s_\lambda s_\mu$ をシューア多項式の線型結合として表せたことになります．

λ-good なタブロー

ここで λ-good の概念を定義しましょう．T をタブローとするとき，右の列から順に上から下に向かって数字を読んでいくことで得られる文字の列（ワード）を $c(T)$ で表します．たとえば，

$$T = \begin{array}{|c|c|c|c|} \hline 1 & 1 & 2 & 3 & 3 \\ \hline 2 & 2 & 4 & 4 \\ \cline{1-4} 3 & 3 & 5 & 5 \\ \cline{1-4} 4 & 5 \\ \cline{1-2} \end{array}$$

ならば，

$$c(T) = 334524512351234$$

となります．ワード $w = w_1 \cdots w_m$ と $1 \leq j \leq m$ に対して $w_{\leq j} = w_1 \cdots w_j$ という記号を用いることにします．

定義 5.16 $\lambda, \mu \in \mathscr{Y}_d$ とする．$T \in \mathrm{SST}(\mu)$ が λ-good であるとは，

$$\lambda + \omega(c(T)_{\leq j}) \in \mathscr{Y}_d \quad (1 \leq j \leq |\mu|)$$

が成り立つことをいう．

A 子：わかりにくいです．

♪：そうですね．とにかく例をみてみましょう．

例 5.17 $T = \begin{array}{|c|c|c|} \hline 1 & 2 & 3 \\ \hline 3 & 4 \\ \cline{1-2} \end{array}$ は $(2,1)$-good です．$c(T) = 32413$ ですね．$\lambda + \omega(c(T)_{\leq j})$ $(1 \leq j \leq 5)$ を図示するとわかるようにつねにヤング図形の形をしています．3 行目，2 行目と順番に □ を 1 つずつ追加していきます．

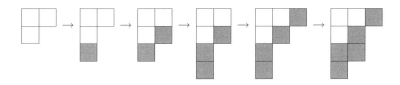

♪：d個のチームがあって，1セットに1点ずつ得点するゲームをしているとしましょう．得点を棒グラフで表している．i行目はiチームの得点です．番号の若いチームの方がつねに同点かリードしているということだと考えることができます．

A子：なるほど！

補題 5.18 $\varnothing$-good である $\mathrm{SST}(\mu)$ の元はただ1つだけある．

次のようにi行目の成分はiのみという元です．

1	1	1	1	1	1	1
2	2	2	2	2		
3	3	3				
4	4	4				

♪：これ，演習にしましょう．みんなで議論してください．

A子：$\varnothing$に加えられるウェイトが何かを考えると，$c(T)$の最初の文字は1よね．

B太：第1チームが先制点を取った．

C郎：それは1行目の右端の成分が1であるということで，それならば半標準性から1行目はすべて1であるべきだね．

A子：2行目の文字のうちではじめて読まれるのは2行目のうちで右端の箱にある文字．その直前に読まれる文字は真上の1で，さらにその前の文字があったとしても1行目にあるので1ばかり……．だから2行目ではじめて読まれる文字は2でなくちゃだめ．

B太：どうして？

A子：半標準性から1ではダメで，「良い」条件から3以上はダメだから．

C郎：するとさっきと同じように半標準性により2行目はすべて2になる．

♪：その考えでいいですね．3行目の右端の文字が読まれる前にはまだ1,2だけしか読まれていません．それぞれ a 個，b 個とすると $a \geq b \geq 1$ です．このことから3行目の右端，したがって3行目すべてが3であるべきです．以下同様です．

＊　＊　＊

さて，ここでこの節の主定理を述べることができます．

定理 5.19（リトルウッド-リチャードソン規則）　整数 $n_{\lambda\mu}^{\nu}$ は次の集合の元の個数と等しい：

$$\{T \in \mathrm{SST}(\mu) \mid T \text{ は } \lambda\text{-good}, \ \omega(T) = \nu - \lambda\}.$$

とくに $n_{\lambda\mu}^{\nu}$ が非負整数であることがわかります．シューア多項式の幾何学的な解釈からは非負整数であるべきことはわかっていたわけですが，多項式の計算だけを用いて非負性を示すことができました．

証明の決め手

肝心なのは以下の補題を証明することです．λ-bad である，つまり λ-good でない $T \in \mathrm{SST}(\mu)$ 全体の集合を $\mathrm{SST}(\mu)^{\lambda\text{-bad}}$ で表すことにします．

補題 5.20　$\lambda, \mu \in \mathscr{Y}_d$ とする．このとき，

$$\sum_{T \in \mathrm{SST}(\mu)^{\lambda\text{-bad}}} A_{\lambda + \omega(T) + \delta} = 0$$

が成り立つ．

例 5.21　$d = 3$ とし $\lambda = (1), \mu = (2,1)$ としてみます．$\mathrm{SST}(\mu)$ の8個の元のうち3つが λ-good です．印をつけた箱は定義 5.16 の条件が成り立たない最小の j に対応する文字（箱）です．

T	$\begin{array}{\|c\|c\|}\hline 1 & 1 \\\hline 2 \\\cline{1-1}\end{array}$	$\begin{array}{\|c\|c\|}\hline 1 & 1 \\\hline 3 \\\cline{1-1}\end{array}$	$\begin{array}{\|c\|c\|}\hline 1 & 2 \\\hline 2 \\\cline{1-1}\end{array}$	$\begin{array}{\|c\|c\|}\hline 1 & 2 \\\hline 3 \\\cline{1-1}\end{array}$
$\omega(T)$	$(2,1,0)$	$(2,0,1)$	$(1,2,0)$	$(1,1,1)$
$\lambda+\omega(T)+\delta$	$(5,2,0)$	$(5,1,1)$	$(4,3,0)$	$(4,2,1)$
$\lambda+\omega(T)$	$(3,1,0)$	$(3,0,1)$	$(2,2,0)$	$(2,1,1)$

	$\begin{array}{\|c\|c\|}\hline 1 & 3 \\\hline 2 \\\cline{1-1}\end{array}$	$\begin{array}{\|c\|c\|}\hline 1 & 3 \\\hline 3 \\\cline{1-1}\end{array}$	$\begin{array}{\|c\|c\|}\hline 2 & 2 \\\hline 3 \\\cline{1-1}\end{array}$	$\begin{array}{\|c\|c\|}\hline 2 & 3 \\\hline 3 \\\cline{1-1}\end{array}$
	$(1,1,1)$	$(1,0,2)$	$(0,2,1)$	$(0,1,2)$
	$(4,2,1)$	$(4,1,2)$	$(3,3,1)$	$(3,2,2)$
	$(2,1,1)$	$(2,0,2)$	$(1,2,1)$	$(1,1,2)$

まず注目してほしいのは $\lambda+\omega(T)+\delta$ のところです. $(5,1,1), (3,3,1), (3,2,2)$ のように成分に同じ値が繰り返されると対応する行列式 $A_{\lambda+\omega(T)+\delta}$ は零です. $(4,2,1)$ と $(4,1,2)$ は第 2 と第 3 の成分が入れ換わっていますので対応する行列式の和は零になります. 一般の場合も, 補題 5.20 が成り立つ理由は行列式の交代性です. λ-good なタブローの寄与から展開式

$$s_{(1)}s_{(2,1)} = s_{(3,1)} + s_{(2,2)} + s_{(2,1,1)}$$

が得られているわけです.

ペアを作るアイデアを説明しましょう. $T \in \mathrm{SST}(\mu)^{\lambda\text{-bad}}$ のとき, $\lambda + \omega(\boldsymbol{c}(T)_{\leq j})$ がヤング図形でなくなる最小の j を考え, そのときの箱（悪い箱と呼びましょう）の成分を k とします. $k \geq 2$ であることには注意しておきましょう（ヤング図形の 1 行目の箱を 1 つ増やしてもいつでもヤング図形になります）. そこで悪い箱のある列よりも左側の部分 $T^{\flat}$ に σ_{k-1} を施します. 残りの部分を $T^{\sharp}$ として, $T^{\sharp}$ にはなにもせずに, $\sigma_{k-1}(T^{\flat})$ と $T^{\sharp}$ を合体させてできるタブローを T^* と書きましょう.

例 5.22 $T = \begin{array}{\|c\|c\|c\|c\|c\|c\|}\hline 1 & 1 & 2 & 2 & 2 & 3 \\\hline 2 & 3 & 3 & 3 & 4 \\\cline{1-5} 3 & 4 \\\cline{1-2}\end{array}$ は $(1,1)$-bad です. 悪い箱を $\boxed{}$ で表して

います．このとき $T^* = \begin{array}{|c|c|c|c|c|} \hline 1 & 1 & 1 & 2 & 3 \\ \hline 2 & 3 & 3 & 4 \\ \cline{1-4} 3 & 4 \\ \cline{1-2} \end{array}$ です．

命題 5.23 T^* は $\mathrm{SST}(\mu)$ に属す．

♪：$\sigma_{k-1}(T^\sharp)$, $T^\sharp$ はそれぞれ半標準性を持つから，接合部分の縦の境界線の両脇の文字の大小だけが問題です（図 5.1）．

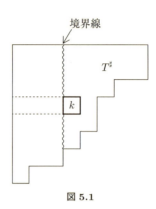

図 5.1

B 太：ええと，書き換える可能性のある文字は $k, k-1$ だけだから……．

♪：そうです．$k-1$ と k に注目しましょう．悪い箱のある列には $k-1$ は存在しないというのがポイントです．次のような式が成り立つんだけどどうしてかわかりますか？

$$\lambda_k + \omega_k(\boldsymbol{c}(T)_{\leq j-1}) = \lambda_{k-1} + \omega_{k-1}(\boldsymbol{c}(T)_{\leq j-1}). \tag{5.5}$$

さっきのゲームの得点の話を思い出してください．

C 郎：第 j セットで k チームが 1 点追加して逆転したばかりだから，その直前の第 $(j-1)$ セットが終わったときは $(k-1)$ チームと k チームは同点だったはずです．

♪：そう！ さらに $\boldsymbol{c}(T)_{j-1}$ は $k-1$ ではないはず．

B 太：わかった！ 第 $(j-1)$ セットで $(k-1)$ チームが 1 点追加して同点になったというのはおかしい．それだと第 $(j-2)$ セットでは $(k-1)$ チーム

が負けていたことになり，第 j セットではじめて逆転したことに反する．

A子：すると，悪い箱のある列には $k-1$ がないということになるの？

B太：うん，ええと，どうしてかというと……．悪い箱の上に箱があるとして，
$\boldsymbol{c}(T)_{j-1}$ は悪い箱に書いてある文字だよね．いまそれが $k-1$ でないことがわかった．もっと上に箱があったとしても半標準性から $k-1$ はないはず．もちろん下にもない．

C郎：半標準性から，$T^{\natural}$ の悪い箱よりも上の部分には k も $k-1$ もない．だからこの部分は σ_{k-1} で変化しない．また，悪い箱の左隣は問題ありません．最後に，下の方の境界線も問題ありません．なぜなら悪い箱の下には $k+1$ よりも大きい文字しかないからです．

$$* \quad * \quad *$$

$\delta = (\delta_1, \cdots, \delta_d), \delta_i = d - i$ を思い出しておきます．

命題 5.24 上記の記号のもとに以下が成り立つ：

(1) $T \mapsto T^*$ は $\mathrm{SST}(\mu)^{\lambda\text{-bad}}$ 上の対合である．

(2)
$$\lambda_k + \omega_k(T^*) + \delta_k = \lambda_{k-1} + \omega_{k-1}(T) + \delta_{k-1}. \tag{5.6}$$

証明 (1) T^* が λ-bad であることをみましょう．悪い箱の現れる j 番目の直前まで $\boldsymbol{c}(T)$ と $\boldsymbol{c}(T^*)$ の成分は同じです．ワード $\boldsymbol{c}(T)$ の作り方と λ-good の定義を考えると，T^* も同じ j 番目に悪い箱 $\boxed{k}$ を持つ λ-bad なタブローであることがわかります．σ_{k-1} は対合ですから $T \mapsto T^*$ も対合であることがわかります．

(2) まず，
$$\lambda_k + \omega_k(T^\sharp) + \delta_k = \lambda_{k-1} + \omega_{k-1}(T^\sharp) + \delta_{k-1} \tag{5.7}$$

を示しましょう．実際，$\lambda + \omega(\boldsymbol{c}(T)_{\leq j-1}) \in \mathscr{Y}_d$ かつ $\lambda + \omega(\boldsymbol{c}(T)_{\leq j}) \notin \mathscr{Y}_d$ ということは等式

$$\lambda_k + \omega_k(\boldsymbol{c}(T)_{\leq j}) = \lambda_{k-1} + \omega_{k-1}(\boldsymbol{c}(T)_{\leq j}) + 1$$

が成り立っています（同点 (5.5) からの逆転）．$\delta_i = d - i$ を用いると,

$$\lambda_k + \omega_k(\boldsymbol{c}(T)_{\leq j}) + \delta_k = \lambda_{k-1} + \omega_{k-1}(\boldsymbol{c}(T)_{\leq j}) + \delta_{k-1}$$

と書き換えられます．悪い箱に k があるということは，その下の箱には k はなく，もちろん $k-1$ もないので (5.7) が成り立つことがわかります．

(5.7) と $\omega_k(\sigma_{k-1}(T^\natural)) = \omega_{k-1}(T^\natural)$ を用いると,

$$\begin{aligned}
\lambda_k + \omega_k(T^*) + \delta_k &= \lambda_k + \omega_k(T^\sharp) + \omega_k(\sigma_{k-1}T^\natural) + \delta_k \\
&= \lambda_{k-1} + \omega_{k-1}(T^\sharp) + \delta_{k-1} + \omega_k(\sigma_{k-1}T^\natural) \\
&= \lambda_{k-1} + \omega_{k-1}(T^\sharp) + \delta_{k-1} + \omega_{k-1}(T^\natural) \\
&= \lambda_{k-1} + \omega_{k-1}(T) + \delta_{k-1}
\end{aligned}$$

が得られます． □

次の系で証明は完了です．

系 5.25 $\lambda, \mu \in \mathscr{Y}_d$ とする．$T \in \mathrm{SST}(\mu)^{\lambda\text{-bad}}$ に対して次が成り立つ：

$$A_{\lambda + \omega(T) + \delta} + A_{\lambda + \omega(T^*) + \delta} = 0.$$

証明 命題 5.24 (1) より $T^{**} = T$ ですから,

$$\lambda_k + \omega_k(T) + \delta_k = \lambda_{k-1} + \omega_{k-1}(T^*) + \delta_{k-1} \tag{5.8}$$

も成り立ちます．T と T^* は k と $k-1$ 以外の文字はまったく同じですから (5.6), (5.8) とあわせて,

$$r_{k-1}(\lambda + \omega(T) + \delta) = \lambda + \omega(T^*) + \delta \tag{5.9}$$

が成り立ちます．よって，行列式の交代性から結果がしたがいます． □

* * *

例 5.26 定理 5.19 からシューア多項式のピエリ規則（定理 5.8）を導きましょう．

A 子：横 1 行の形のタブロー T を与えることは，自然数の非減少列と同じね．$c(T)$ は右から読むから自然数の非増加列になる．

B 太：λ に対して，ある行からはじめて行ごとに上に向かって順序よく □ をつけていくことになるね．

C 郎：T に含まれる i の個数が $\lambda_i - \lambda_{i-1}$ 以下であることが T が λ-good であることが同値になる．増えた箱の集まりはつねに水平帯になるわけだ．最後にできたヤング図形を $\nu = \lambda + \omega(T)$ とすると，ν/λ も水平帯だね．

A 子：逆にそういう ν に対して，$\nu = \lambda + \omega(T)$ をみたすような λ-good な横 1 行のタブロー T を作ろうと思ったら，$\nu_1 - \lambda_1$ 個の 1，$\nu_2 - \lambda_2$ 個の 2，と並べていけばいいんですね．

♪：そうですね．しかもそのような T はそれ以外にないとわかるでしょう．これで定理 5.8 が証明できたことになります．

5.3 表現論について

♪：シューア多項式 $s_\lambda(z_1, \ldots, z_d)$ には一般線型群 $GL_d(\mathbb{C})$ の表現の指標という意味があります．このことを簡単に説明しておきます．

C 郎：表現という言葉だけなら知っています．ぼくに説明させてください．G を任意の群とします．ベクトル空間 V への群 G の作用 $G \times V \to V$ は，各 $g \in G$ に対して，

$$\boldsymbol{v} \mapsto g \cdot \boldsymbol{v}$$

が V の線型写像であるときに G の V **上の表現**であるといいます．この線型写像を $\rho(g)$ で表すとき，$\rho(g)$ は必然的に可逆です．また $g, h \in G$ ならば $\rho(gh) = \rho(g)\rho(h)$ が成り立ちます．G の表現とはつまり ρ は群の準同型 $\rho : G \longrightarrow GL(V)$ に他なりません．

A子：$GL(V)$ への準同型を特別に表現と呼ぶのはどうしてですか？

♪：抽象的な群の元 g が $GL(V)$ の元，つまり具体的な行列になって現れるからなんでしょう．

B太：どうして G の表現を調べるのですか？

♪：もともと群というのは，ある数学的な対象が持つ対称性を抽象化したものと考えられます．群を主体にすれば，群がその対象に作用しているわけです．群の構造が抽出できたら，逆にその群が作用する対象を調べ尽くすという問題意識が発生します．とくに，ベクトル空間への作用は，調べる手段も応用も多いのです．

A子：抽象的でピンときません．

♪：そうかもしれませんね．群の表現は，それぞれの群の個性が反映されて，結果だけではなく，研究手段もさまざまです．実際に個々の場合に近づいてみないと想像できないのはもっともなことです．標数が零の体の上の有限群の表現について一般的な枠組みを理解するためにはそれほど予備知識はいりません．その上で対称群の表現をまず学ぶのがよいでしょう（[16] など）．

* * *

V 上の表現が**既約**であるとは G の作用で保たれる部分空間が $\{\mathbf{0}\}$ と V に限ることをいいます．$G = GL_d(\mathbb{C})$ に対して，$V = \mathbb{C}^d$ への G の自然な作用は1つの表現であり，既約であることがわかります．$\mathrm{Sym}^k \mathbb{C}^d$ や $\bigwedge^k(\mathbb{C}^d)$ も $GL_d(\mathbb{C})$ の既約表現です．実は，ヤング図形 $\lambda \in \mathscr{Y}_d$ ごとに $GL_d(\mathbb{C})$ の既約表現 V_λ が存在[*4]します．たとえば $\lambda = (k)$ $(k \geq 0)$ に対応する表現は $\mathrm{Sym}^k \mathbb{C}^d$ で $\lambda = 1^k$ $(0 \leq k \leq d)$ に対応する表現は $V = \bigwedge^k(\mathbb{C}^d)$ です．とくに $\bigwedge^d(\mathbb{C}^d)$ は1次元で $g \in GL_d(\mathbb{C})$ に対して $\det(g)$ を対応させるものです．

[*4] シューア-ワイル双対性による構成法が有名です．[1]，[5] の他に [8] のV節にも解説があります．

これらは $GL_d(\mathbb{C})$ の多項式的な表現,つまり $\rho(g)$ の成分を $GL_n(\mathbb{C})$ 上の関数とみるとき座標 x_{ij} の多項式であるような表現です.多項式的で既約な表現は同型を除き V_λ ($\lambda \in \mathscr{Y}_d$) と同型であることが知られています ([1, 定理 5.1], [5, 定理 7.7]).

$T \subset GL_d(\mathbb{C})$ を可逆な対角行列のなす部分群とします.T 上の関数 $\chi_V : t \mapsto \mathrm{tr}_V(\rho(t))$ を V の**指標**と呼びます.ここで tr はトレースを表します.対角行列 $t = \mathrm{diag}(t_1, \ldots, t_d) \in T$ に対して $t_i \in \mathbb{C}^\times$ を与える T 上の関数を z_i とするとき,V が多項式的ならば指標 χ_V は $\mathbb{N}[z_1, \ldots, z_d]$ の元です.たとえば $\bigwedge^k(\mathbb{C}^d)$ の場合 $\boldsymbol{e}_{i_1} \wedge \cdots \wedge \boldsymbol{e}_{i_k}$ ($1 \leq i_1 < \cdots < i_k \leq d$) が基底をなし,$t = \mathrm{diag}(t_1, \ldots, t_d)$ の作用の固有値は $t_{i_1} \cdots t_{i_k}$ です.これより,

$$\chi_{\bigwedge^k(\mathbb{C}^d)} = e_k(z_1, \ldots, z_d)$$

が成り立つことがわかるでしょう.同様に,

$$\chi_{\mathrm{Sym}^k \mathbb{C}^d} = h_k(z_1, \ldots, z_d)$$

が成り立ちます.

定理 5.27 ([1, 定理 5.3], [5, 定理 11.3]) $\lambda \in \mathscr{Y}_d$ とする.対応する $GL_d(\mathbb{C})$ の既約表現 V_λ の指標 χ_{V_λ} は,シューア多項式 $s_\lambda(z_1, \ldots, z_d)$ と一致する.

$\lambda, \mu \in \mathscr{Y}_d$ とするときテンソル積空間 $V_\lambda \otimes_\mathbb{C} V_\mu$ には G が $g(\boldsymbol{u} \otimes \boldsymbol{v}) = g\boldsymbol{u} \otimes g\boldsymbol{v}$ ($g \in G$, $\boldsymbol{u} \in V_\lambda$, $\boldsymbol{v} \in V_\mu$) により作用します.この空間は一般には既約ではなく既約表現の直和[*5]と同型になります:

$$V_\lambda \otimes_\mathbb{C} V_\mu \cong \bigoplus_{\nu \in \mathscr{Y}_d, c^\nu_{\lambda\mu} \neq 0} V_\nu^{\oplus n^\nu_{\lambda\mu}}.$$

ここで $n^\nu_{\lambda\mu}$ はシューア多項式の構造定数で,$V_\nu^{\oplus n^\nu_{\lambda\mu}}$ は V_ν の $n^\nu_{\lambda\mu}$ 個の直和を表します.

[*5] $GL_d(\mathbb{C})$ の有理表現は,既約表現の直和と同型になります ([1, 定理 5.1]).

A子：どうして表現の指標とシューベルト類が関係するのですか？

♪：それがね，ぼくにもよくわからない．でも，同じ関数が出てくるんですね．ここまでの講義の論理では，シューベルト類とシューア多項式を結び付けるのはピエリの規則です．表現の言葉ではピエリの規則はテンソル積表現 $V_\lambda \otimes \mathrm{Sym}^k \mathbb{C}^d$ が V_μ の直和に分解する法則を与えています．

B太：表現の規則と幾何の規則がぴったり一致するのは不思議ですね．

♪：そうでしょ．深い理由に気が付いたら教えてください．

5.4 同変コホモロジーに関する余談

♪：注意 2.13 で触れた同変コホモロジーと GKM グラフについて，ここで話しておきたいことがあります．

B太：ぼくたち $\mathscr{G}_2(\mathbb{C}^4)$ の GKM グラフを描いてみたんですけど，これをどうやって使うのかなって話していました．知りたいです．

♪：いいですね．このグラフの辺に，以下のようにさらに情報を追加します．

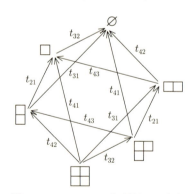

図 5.2　$t_{ba} = t_b - t_a$ と略記しています．

頂点 e_μ から出ていく矢印はヤング図形 μ の箱の個数だけあります．鉤を除くという操作が矢印に対応していました（研究課題 2.1）が，鉤の除き方は，除く鉤の角の選び方だけあるからです．鉤の角にある箱には研究課題 2.1 で定めた a, b を用いて $t_b - t_a$ というウェイトが付いているとします．μ から鉤を除いて λ ができたとき，その矢にウェイト $t_b - t_a$ を割り振ります．

B太：それならヤング図形にこんなふうに書き込めばいいですね．

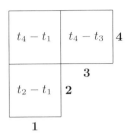

♪：そうです．ヤング図形のふちに沿って左下から右上に道をたどりながら番号をふると，ウェイトは行にふられた番号 b と列にふられた番号 a をみて $t_b - t_a$ とすればいいのです．

定義 5.28 多項式環 $S = \mathbb{Z}[t_1, \ldots, t_n]$ を $\mathscr{Y}_d(n)$ の元ごとに用意して直積 $R = \prod_{\mu \in \mathscr{Y}_d(n)} \mathbb{Z}[t_1, \ldots, t_n]$ を考える．$(f_\mu)_\mu \in R$ は，各矢 $e_\mu \to e_\lambda$ ごとに $f_\lambda - f_\mu$ が矢のウェイトで割り切れるとき GKM 条件をみたすという．GKM 条件をみたす元全体の集合を $H_T^*(\mathscr{G}_d(\mathbb{C}^n))$ とする．

♪：$H_T^*(\mathscr{G}_d(\mathbb{C}^n))$ は S 上の代数です．これを **T 同変コホモロジー環** と呼びます．たとえば，次の元は $H_T^*(\mathscr{G}_2(\mathbb{C}^4))$ の元です：

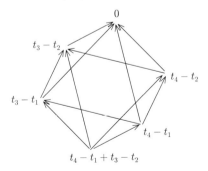

GKM 条件が成り立っていることを確認してください．

A子：どうすればこんな元がみつけられるのですか？

♪：いい方法があるんです．研究課題にするから具体例をいろいろ計算してみてください．

研究課題 5.1（ファクトリアル・シューア多項式） $\lambda \in \mathscr{Y}_d$ とする．$t = (t_1, t_2, \ldots)$ をパラメーターとして，

$$s_\lambda(z_1, \ldots, z_d | t) = \frac{\det\left((z_j | t)^{\lambda_i + d - i}\right)_{d \times d}}{\det\left(z_j^{d-i}\right)_{d \times d}}, \quad (z|t)^k = \prod_{i=1}^{k}(z - t_i)$$

と定義する．$\mu \in \mathscr{Y}_d$ に $J = \{j_1, \ldots, j_d\}$ が対応するとして，

$$t_\mu = (t_{j_1}, \ldots, t_{j_d})$$

とおく．次が成り立つことを示せ．
(1) $s_\lambda(t_\lambda | t) = \prod (t_b - t_a)$．ただし，積は $a \notin I, b \in I$ $(a < b)$ をみたす (a, b) についてとる（頂点 λ から出ていく矢印のウェイトの積）．
(2) $\lambda \not\subset \mu$ ならば $s_\lambda(t_\mu | t) = 0$．
(3) $f(z, t) \in \mathbb{Z}[z_1, \ldots, z_d; t_1, \ldots, t_n]$ とするとき，$\mu \in \mathscr{Y}_d(n)$ に対して $f_\mu = f(t_\mu, t)$ とおくと $(f_\mu)_\mu$ は $H_T^*(\mathscr{G}_d(\mathbb{C}^n))$ の元である．

C 郎：同変コホモロジー環にはどういう意味があるんですか？

♪：T の作用を持つ多様体 X に対して T 同変コホモロジー環 $H_T^*(X)$ が定義されます．1点集合 $\{\mathrm{pt}\}$ に $T = (\mathbb{C}^\times)^n$ が自明に作用するとき，同変コホモロジーは $S = \mathbb{Z}[t_1, \ldots, t_n]$ と自然に同型になります．$X \to \{\mathrm{pt}\}$ から $S = H_T^*(\{\mathrm{pt}\}) \to H_T^*(X)$ が誘導されて $H_T^*(X)$ は S 上の代数になります．$Y \subset X$ が T 作用で保たれるとき $i_Y : Y \hookrightarrow X$ から S 代数の準同型 $i_Y^* : H_T^*(X) \to H_T^*(Y)$ が誘導されます．これを，Y への制限，あるいは局所化と呼びます．とくに $p \in X$ が T 固定点ならば $i_p^* : H_T^*(X) \to H_T^*(p) = S$ が定まります．

$X = \mathscr{G}_d(\mathbb{C}^n)$ として，X^T を X の T 固定点全体の集合とするとき，$i_{X^T}^* : H_T^*(X) \to H_T^*(X^T)$ は単射になっています．$\mathscr{G}_d(\mathbb{C}^n)^T$ は有限個の点 e_μ（μ

$\in \mathscr{Y}_d(n))$ の集まりであることが知られている[*6]ので $H_T^*(\mathscr{G}_d(n)^T) = \prod_{\mu \in \mathscr{Y}_d(n)} \mathbb{Z}[t_1, \ldots, t_n]$ とみなすことができます.

A 子：$H_T^*(e_\mu)$ は S と同一視したのですね．$H_T^*(\mathscr{G}_d(n))$ の元を 1 つ決めることは固定点ごとに多項式を与えることなのですね．

♪：そうです．このとき $H_T^*(\mathscr{G}_d(\mathbb{C}^n))$ の $H_T^*(\mathscr{G}_d(\mathbb{C}^n)^T)$ における像が GKM 条件によって特徴付けられるのです．$\Omega_\lambda(F^\bullet)$ は T の作用で保たれることから，同変版のシューベルト類 $\sigma_\lambda^T = [\Omega_\lambda(F^\bullet)]_T \in H_T^{2|\lambda|}(\mathscr{G}_d(\mathbb{C}^n))$ が定まります．

定理 5.29 σ_λ^T ($\lambda \in \mathscr{Y}_d(n)$) は $H_T^*(\mathscr{G}_d(\mathbb{C}^n))$ の S 加群としての基底をなす．また σ_λ^T は以下の条件で特徴付けられる：

(1) $i_{e_\mu}^*(\sigma_\lambda^T)$ は 0 または $|\lambda|$ 次の斉次多項式である，

(2) $i_{e_\lambda}^*(\sigma_\lambda^T) = \prod (t_b - t_a)$（積の意味は研究課題 5.1 (2) と同様），

(3) $\lambda \not\subset \mu$ ならば $i_{e_\mu}^*(\sigma_\lambda^T) = 0$.

B 太：$\lambda \not\subset \mu$ は $e_\mu \notin \Omega_\lambda(F^\bullet)$ と同値でしたから，このとき σ_λ^T を e_μ に局所化すると零になるのですね．

♪：そのとおり．もう，言いたいことはわかると思いますが，

$$s_\lambda(t_\mu|t) = i_{e_\mu}^*(\sigma_\lambda^T)$$

が成り立つのです．つまり，ファクトリアル・シューア多項式 $s_\lambda(z_1, \ldots, z_d|t)$ は見事に同変シューベルト類 σ_λ^T を表しているのです．定理 5.9 の類似も成立します．ファクトリアル・シューア多項式に興味がある人は [38] や [44] をみてください．

[*6] 問 9.2 では旗多様体（第 II 部参照）のトーラス固定点を扱っているので参考にしてください．

第 II 部
チャーン類とその応用

　多様体の上には直線束やベクトル束という植物たちが繁茂しています．チャーン類というのはそれらを刈り取って測りとる道具です．その使い方を覚えましょう．チャーン類はグラスマン多様体からやってくるということがわかると，もっと楽しくなってきます．

　　　　　　　　　　　　「あたい，もう，またねむくなっちゃったわ．いつも，ポケットの中が，いちばんよくねむれるの」
　　　　　　　　　　　　「そうかい．たいせつなのは，じぶんのしたいことを，じぶんで知ってるってことだよ」
　　　　　　　　　　　　スナフキンは，そういって，ちびのミイをポケットの中へいれてやりました．
　　　　　　　　　　　　　　T. ヤンソン，下村隆一訳『ムーミン谷の夏祭り』

第 II 部のための予備知識

第 II 部ではコホモロジー群と交叉環について基本的な事柄を用いますので，必要な予備知識のあらましについて述べておきます．代数幾何学の基礎知識に関しては必要に応じて補講 B をみてください．

任意の位相空間 X と整数 $i \geq 0$ に対して，ホモロジー群 $H_i(X)$ およびコホモロジー群 $H^i(X)$ という加法群が定義されます（[10], [17], [22]）．ここで，（コ）ホモロジー群は $\mathbb{Z}$ 係数の特異（コ）ホモロジー群を意味します．コホモロジー群の直和 $H^*(X) = \bigoplus_{i \geq 0} H^i(X)$ には次数付き環の構造があり，その積 $H^i(X) \times H^j(X) \to H^{i+j}(X)$, $(\alpha, \beta) \mapsto \alpha \cup \beta$ は**カップ積**と呼ばれます．$\alpha \in H^i(X)$, $\beta \in H^j(X)$ のとき，
$$\alpha \cup \beta = (-1)^{ij} \beta \cup \alpha$$
が成り立ちます．したがってとくに $\bigoplus_{i \geq 0} H^{2i}(X)$ は $H^*(X)$ の可換な部分環をなします．

連続写像 $f : X \to Y$ があるとき，**押し出し** (pushforward) $f_* : H_i(X) \to H_i(Y)$，および**引き戻し** (pullback) $f^* : H^i(Y) \to H^i(X)$ が定まります．さらに連続写像 $g : Y \to Z$ があるときに，
$$(g \circ f)_* = g_* \circ f_*, \quad (g \circ f)^* = f^* \circ g^*$$
が成り立ちます．この性質をそれぞれ共変性，反変性といいます．引き戻し f^* は $H^*(Y)$ から $H^*(X)$ への環準同型写像です．加法群 $H_*(X) = \bigoplus_{i \geq 0} H_i(X)$ には左 $H^*(X)$ 加群の構造があります．それを**キャップ積**と呼び，
$$H^i(X) \times H_j(X) \to H_{j-i}(X), \quad (\alpha, \beta) \mapsto \alpha \cap \beta \quad (\alpha \in H^i(Y), \beta \in H_j(X))$$
と書きます．キャップ積に対しては**射影公式**
$$f_*(f^*(\alpha) \cap \beta) = \alpha \cap f_*(\beta) \quad (\alpha \in H^*(Y), \beta \in H_*(X))$$

が成り立ちます.これは $f_*: H_*(X) \to H_*(Y)$ が $H^*(Y)$ 加群としての準同型写像であることを意味しています (キャップ積と f^* によって $H_*(X)$ を $H^*(Y)$ 加群とみなす).

M を連結で向き付けられたコンパクトな実 m 次元位相多様体とするとき,$H_m(M)$ は自然に $\mathbb{Z}$ と同型です.その生成元を $[M]$ で表し,X の**基本類**と呼びます.このとき,**ポアンカレ双対写像**と呼ばれる写像

$$H^i(M) \to H_{m-i}(M), \quad \alpha \mapsto \alpha \cap [M]$$

は同型です.

X を複素数体 $\mathbb{C}$ 上で定義された n 次元の非特異な代数多様体とします.X は向き付けられた $2n$ 次元の可微分多様体の構造を持ちます.とくに実位相多様体としてホモロジー群 $H_i(X)$,コホモロジー群 $H^i(X)$ が考えられます.$H^i(X), H_i(X)$ はともに $i > 2n$ に対しては零になります.一方,X に対して**交叉環**(補講 C 参照,チャウ環とも呼ばれる)と呼ばれる次数付き可換環

$$A^*(X) = \bigoplus_{i=0}^{n} A^i(X)$$

が定義されます.代数多様体の射 $f: X \to Y$ (Y も非特異代数多様体) に対して次数付き環の準同型 $f^*: A^*(Y) \to A^*(X)$ が存在することなど,交叉環はコホモロジー環と類似の性質を持ちます.重要なことは**サイクル写像**(C.8 節参照)と呼ばれる環準同型

$$cl: A^*(X) \to H^*(X)$$

が存在することです.cl は $A^i(X)$ を $H^{2i}(X)$ の中に写します.よって,$A^*(X)$ の像は可換な部分環 $\bigoplus_{i \geq 0} H^{2i}(X)$ に含まれます.本書で主に取り扱う非特異な射影代数多様体,すなわち射影空間,グラスマン多様体,旗多様体 (8.1 節) に対してはサイクル写像は同型であることが知られています.とくに,これらの多様体の奇数次のコホモロジー群はすべて零です.この事実があるので,交叉環とコホモロジー環を (次数が 2 倍という違いを除いて) 同一

視します．

　X を非特異代数多様体とするとき，余次元 i の既約部分多様体 V に対して，X の交叉環において V が定める元 $[V] \in A^i(X)$ があります．これは交叉環の構成法からは明らかなことです．サイクル写像を用いると，コホモロジー環においては $H^{2i}(X)$ に V の類が定まります．これを同じ記号 $[V] \in H^{2i}(X)$ で表すことにします．

　グラスマン多様体 $\mathscr{G}_d(\mathbb{C}^n)$ の交叉環は，シューベルト多様体 Ω_λ ($\lambda \in \mathscr{Y}_d(n)$) の基本類 $[\Omega_\lambda]$ を基底とする自由加群であることが示せます（C.8 節参照）．したがって第 3 講で導入した $A^*(\mathscr{G}_d(\mathbb{C}^n))$ と同一視できるわけですが，これは環の構造も含めた同型であることもわかります．

第6講
直線束とチャーン類

♪：今日はまずこの図（図 6.1）をみてください．

B 太：複雑な曲面ですけど，直線がいっぱい含まれていますね．

♪：はい．この曲面には 27 本の直線がのっています．これはクレブッシュ曲面と呼ばれる 3 次曲面です．$\mathbb{P}^3$ 内の一般の 3 次曲面にはちょうど 27 本の直線がのっていることが知られています．

A 子：そういうのも計算できるんですか？

♪：ふふ，そうなんです．$\mathbb{P}^4$ の 5 次超曲面上には 2875 本の直線があることなんかもね．その計算にはベクトル束のチャーン類というものを使うのでちょっと準備が必要です．

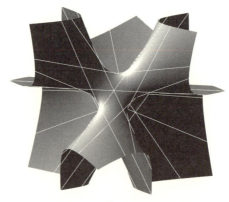

図 6.1

B太：教えてください！

♪：まず直線束というものを考えましょう．それは多様体 X の各点 p に直線（1次元ベクトル空間）がくっついた構造を持つ多様体です．

C郎：くっついたというのはどういう意味ですか？

♪：$\mathscr{L}$ が X 上の直線束であるというのは，**射影**と呼ばれる全射 $\pi: \mathscr{L} \to X$ があって，$p \in X$ 上のファイバー $\pi^{-1}(p)$ が直線 $\mathbb{C}$ と同一視されるときです．各点 p に直線 $\pi^{-1}(p)$ が「くっついている」わけです．一番簡単な直線束は直積 $\mathscr{L} = X \times \mathbb{C}$ です．射影は $\pi : X \times \mathbb{C} \ni (p, c) \mapsto p \in X$ と定めます．$p \in X$ 上のファイバーは $\pi^{-1}(p) = \{(p, c) \mid c \in \mathbb{C}\} \cong \mathbb{C}$ です．

B太：それならわかります．「束」のイメージも．

♪：これを自明な直線束と呼んで $\mathscr{O}_X$ と書くのが一般的です．どんな多様体にも自明な直線束はあります．

A子：自明じゃない直線束にはどんなものがありますか？

♪：今日は射影空間上の自明でない直線束を構成します．

6.1 射影空間上の直線束

以下 $E = \mathbb{C}^n$ として射影空間 $\mathbb{P}(E)$ 上の直線束について考えます．多様体 $\mathbb{P}(E)$ の点 p の実体は E 内の直線（1次元線型部分空間）です．それを実際に直線と思いたいときもあるので，そのときは $L_p\,(\subset E)$ などと書くことにします．次のように直線束 $\pi: \mathscr{O}_{\mathbb{P}(E)}(-1) \to \mathbb{P}(E)$ を定めることができます：

$$\mathscr{O}_{\mathbb{P}(E)}(-1) = \{(p, \boldsymbol{v}) \in \mathbb{P}(E) \times \mathbb{C}^n \mid \boldsymbol{v} \in L_p\}, \quad \pi((p, \boldsymbol{v})) = p.$$

点 $p \in \mathbb{P}(E)$ におけるファイバーが $L_p \cong \mathbb{C}$ そのものなので，これを**トートロジカル** (tautological) **な直線束**と呼びます．

C郎：トートロジー (tautology) には同語反復という訳が辞書にありますね．

♪：はい，馬から落馬する，みたいな表現のことを言います．直線を表している点にその直線をそのままくっつけるので，印象は近いとは思います．でも，日本語にするのは難しい．「同語反復束」というと，重いですよね．

B太：「そのまま束」でいいんじゃないですか？

♪：意味としては悪くないですね．

A子：じゃあ，この講義ではそれでいきましょう．

♪：そうしようか？

集合としては，点 p ごとに L_p を考えて，それを全部束ねたものなので，

$$\mathscr{O}_{\mathbb{P}(E)}(-1) = \bigsqcup_{p \in \mathbb{P}(E)} L_p$$

と書いてもいいでしょう．同様に，点 p に L_p の双対空間 $L_p^* = \mathrm{Hom}_{\mathbb{C}}(L_p, \mathbb{C})$ がくっついているもの

$$\mathscr{O}_{\mathbb{P}(E)}(1) := \bigsqcup_{p \in \mathbb{P}(E)} L_p^*$$

を考えます．射影多様体の研究においてとくに重要な直線束です．

C郎：$\mathscr{O}_{\mathbb{P}(E)}(1)$ には名前はあるのですか？

♪：セール[*1]のねじれ層 (twisting sheaf) という呼び方はありますけど，実際にそう呼ばれているのはあまり聞いたことがないですね．超平面束ともいいます．「オーワン」といえば世界中で通じますよ．

射影空間を考える際に斉次座標 $x_1, \ldots, x_n$ を用いてきたわけですが，これらは $\mathbb{P}(E)$ 上の関数ではありませんでした．では何なのか？ 直線束 $\mathscr{O}_{\mathbb{P}}(1)$ の「切断」と捉えるのが自然です．

$\pi: \mathscr{L} \to X$ を直線束とするとき，X の開集合 U に対して，写像 $s: U \longrightarrow \mathscr{L}$ であって $\pi \circ s = \mathrm{id}_U$ をみたすものを U 上の $\mathscr{L}$ の**切断**といいます．X 上の切断を**大域切断**といいます．たとえば各点 $p \in U$ に対して，ファイバー $\pi^{-1}(p) \cong \mathbb{C}$ の零を対応させる写像は，U 上の切断であり**零切断**と呼ばれま

[*1] [52] でこの記号が使われています．

す．

B太：直線の束をばさっと切るという意味ですね．
♪：そうだと思います．刀か鎌で藁の束を切るのを想像してしまいます．

以下 $\mathscr{O}_{\mathbb{P}(E)}(1)$ を簡単に $\mathscr{O}_\mathbb{P}(1)$ と書くことにします．$\mathscr{O}_\mathbb{P}(1)$ の切断は次のように自然に得られます．$x_1,\ldots,x_n$ の 1 次式 $f = a_1 x_1 + \cdots + a_n x_n$ を考えます．これは $E = \mathbb{C}^n$ 上の 1 次関数，つまり E^* の元ですね．各 $p \in \mathbb{P}(E)$ に対して f の L_p への制限 $f|_{L_p} : L_p \to \mathbb{C}$ は L_p^* の元ですから，$\mathbb{P}(E)$ 全体の上の $\mathscr{O}_\mathbb{P}(1)$ の切断が得られます．

♪：次にみるように，このようにして得られる切断は「連続な」切断，あるいはもっと強く「正則」な切断です．
A子：そういえば，どうして「そのまま直線束」の方がマイナスの方，つまり $\mathscr{O}_\mathbb{P}(-1)$ なんでしょうか？
♪：「そのまま直線束」の方を素直に $\mathscr{O}_\mathbb{P}(1)$ にしないのかということですね．次にみるように，$\mathscr{O}_\mathbb{P}(1)$ は座標関数との密接な関係もあるので基本的だと考えるのでしょう．これと関係して「正」の意味合いを持つ「非常に豊富[*2]」（very ample）な直線束という概念があります．$\mathscr{O}_\mathbb{P}(1)$ は非常に豊富で $\mathscr{O}_\mathbb{P}(-1)$ はそうではありません．
B太：何が豊富なのですか？
♪：切断がたくさんあるという意味ですが「非常に豊富」というひとつの用語です．

貼り合わせによる $\mathscr{O}_\mathbb{P}(1)$ の構成

$\mathscr{O}_\mathbb{P}(1)$ の構造をさらにくわしくみてみましょう．いま $p = \mathbb{C}\boldsymbol{v} \in \mathscr{U}_a$ とするとき，対応する U_a の元（スクリーン上の点）は $\boldsymbol{v}/v_a$ です（v_a は $\boldsymbol{v}$ の第 a 成分）．これを $\mathbb{C}\boldsymbol{v} \cong \mathbb{C}$ の基底に選ぶことにします．$\boldsymbol{v}/v_a$ の双対基底を $1 \in$

[*2] [36, II, §5] 参照．

$\mathbb{C}$ と対応させることで，線型同型

$$\varphi_a : (\mathbb{C}\boldsymbol{v})^* \xrightarrow{\cong} \mathbb{C}$$

ができます．つまり $f \in (\mathbb{C}\boldsymbol{v})^*$ に対して $\varphi_a(f) = f(\boldsymbol{v}/v_a) \in \mathbb{C}$ を対応させるのです．これでファイバー $\pi^{-1}(p)$ に座標が与えられました．

$p = \mathbb{C}\boldsymbol{v} \in \mathscr{U}_a \cap \mathscr{U}_b$, $f \in (\mathbb{C}\boldsymbol{v})^*$ とするとき，$\eta_a = \varphi_a(f)$ と $\eta_b = \varphi_b(f)$ の関係を調べましょう．$\eta_a = f(\boldsymbol{v}/v_a)$, $\eta_b = f(\boldsymbol{v}/v_b)$ ですから，

$$\eta_a = f\left(\frac{\boldsymbol{v}}{v_a}\right) = f\left(\frac{v_b}{v_a} \cdot \frac{\boldsymbol{v}}{v_b}\right) = \frac{v_b}{v_a} \cdot f\left(\frac{\boldsymbol{v}}{v_b}\right) = \frac{v_b}{v_a} \cdot \eta_b \tag{6.1}$$

が成り立ちます．η_a と η_b は $\mathbb{C}\boldsymbol{v}$ という点の上のファイバー $(\mathbb{C}\boldsymbol{v})^*$ において同一の元 $f|_{\mathbb{C}\boldsymbol{v}}$ を表していますが，(6.1) のようにその座標の値はねじれています．逆に $\eta_a, \eta_b \in \mathbb{C}$ は，関係 (6.1) をみたすとき，ファイバー $(\mathbb{C}\boldsymbol{v})^*$ において同じ元を表していると理解できます．

ここまで $p = \mathbb{C}\boldsymbol{v}$ を固定して考えていましたが，v_b/v_a は $\mathscr{U}_a \cap \mathscr{U}_b$ 上で定義された正則関数 x_b/x_a の値であるとみることができます．この関数はいたるところ値が零にならない（$GL_1(\mathbb{C}) = \mathbb{C}^\times$ に値をとる）ということに注意しましょう．

以上のことから，$\mathscr{U}_a \times \mathbb{C} \ni (\mathbb{C}\boldsymbol{v}, \eta_a)$ と $\mathscr{U}_b \times \mathbb{C} \ni (\mathbb{C}\boldsymbol{v}, \eta_b)$ に対して，$\mathbb{C}\boldsymbol{v} \in \mathscr{U}_a \cap \mathscr{U}_b$ かつ，

$$\eta_a = \left(\frac{v_b}{v_a}\right) \cdot \eta_b$$

が成り立つときに「貼り合わせる」，つまり同一視することで得られる多様体として $\mathscr{O}_\mathbb{P}(1)$ を定義することができます．

B太：ぼくは貼り合わせて多様体を作るっていう考え方が苦手で，よく理解できなかったんですけど，これならば無理に貼り合わせたのではなくて，もともと1つのものを違う座標でみているだけなので納得がいきます．

♪：直線束というのはコワイものでないとわかってくれたみたいですね．

一般に，各 a ごとに関数 $\eta_a : \mathscr{U}_a \to \mathbb{C}$ があり，各 a, b について，

$$\eta_a(p) = \left(\frac{x_b}{x_a}\right)(p) \cdot \eta_b(p) \quad (p \in \mathscr{U}_a \cap \mathscr{U}_b)$$

が成立するとき，大域切断 $s: \mathbb{P}(E) \to \mathscr{O}_{\mathbb{P}}(1)$ が得られます．η_a がすべて正則関数であるとき**正則な大域切断**であるといいます．

定理 6.1 $\mathscr{O}_{\mathbb{P}(E)}(1)$ の正則な大域切断全体の空間は $E^* = \mathrm{Hom}_{\mathbb{C}}(E, \mathbb{C})$ と自然に同一視される．

問 6.1 $n = 2$ の場合に定理 6.1 を示せ．

高次のねじれ直線束 $\mathscr{O}_{\mathbb{P}}(k)$ $(k \geq 1)$

高次の斉次多項式もやはり直線束の切断を与えていると解釈できます．k 次の斉次多項式 $f(x_1, \ldots, x_n) \in \mathbb{Z}[x_1, \ldots, x_n]_k = \mathrm{Sym}^k E^*$ は $E = \mathbb{C}^n$ 上の関数であって，

$$f(\boldsymbol{v} \cdot c) = c^k f(\boldsymbol{v}) \quad (\boldsymbol{v} \in \mathbb{C}^n,\ c \in \mathbb{C}^\times)$$

をみたすものです（A.5 節参照）．開集合 $\mathscr{U}_a$ の上でどうみえるか考えましょう．

開集合 $\mathscr{U}_a$ では $\mathbb{C}\boldsymbol{v} \in \mathscr{U}_a$ を $\boldsymbol{v}/v_a \in U_a(\subset E)$ と同一視すると，値 $f(\boldsymbol{v}/v_a) \in \mathbb{C}$ が定まり，

$$\left(\mathbb{C}\boldsymbol{v}, f\left(\frac{\boldsymbol{v}}{v_a}\right)\right) \in \mathscr{U}_a \times \mathbb{C}$$

を考えられます．しかし，これを $\mathbb{P}(E)$ 全体に自然に伸ばして関数とみなすことはできないのです．それは $\mathbb{C}\boldsymbol{v} \in \mathscr{U}_a \cap \mathscr{U}_b$ のとき，

$$f\left(\frac{\boldsymbol{v}}{v_a}\right) = f\left(\frac{v_b}{v_a} \cdot \frac{\boldsymbol{v}}{v_b}\right) = \left(\frac{v_b}{v_a}\right)^k \cdot f\left(\frac{\boldsymbol{v}}{v_b}\right)$$

という関係で値がねじれていくからです．

それならば，これが $\mathbb{P}(E)$ 上の切断に延びるような直線束を作ればよいわけです．$(\mathbb{C}\boldsymbol{v}, \eta_a) \in \mathscr{U}_a \times \mathbb{C}$ と $(\mathbb{C}\boldsymbol{v}, \eta_b) \in \mathscr{U}_b \times \mathbb{C}$ を，

$$\eta_a = \left(\frac{v_b}{v_a}\right)^k \cdot \eta_b$$

という関係で貼り合わせる，つまりこの関係で結び付いているときに同じであると考えるのです．先ほどと同様，$(x_b/x_a)^k$ は $\mathscr{U}_a \cap \mathscr{U}_b$ 上で正則で零にならない関数です．こうして得られる直線束を $\mathscr{O}_\mathbb{P}(k)$ で表します．

貼り合わせによる直線束の定義

これまでの構成法を一般化して，直線束を作る方法を説明しておきましょう．

定義 6.2 開被覆 $X = \bigcup_a U_a$ と，$U_a \cap U_b \neq \emptyset$ をみたすすべての a, b に対して，$U_a \cap U_b$ 上で零にならない正則関数 g_{ab} が与えられており，

- $g_{aa} = 1$,
- $U_a \cap U_b \cap U_c$ において $g_{ab} g_{bc} = g_{ac}$,
- $U_a \cap U_b$ において $g_{ab}^{-1} = g_{ba}$

が成り立つとき $\{g_{ab}\}$ を**変換関数系**であるという．

変換関数系 $\{g_{ab}\}$ が与えられたとするとき，局所的な自明束の交わらない和 $\bigsqcup_a (U_a \times \mathbb{C})$ を考えて，$p \in U_a \cap U_b \neq \emptyset$ に対して，$(p, \boldsymbol{v}_a) \in (U_a, \mathbb{C})$ と $(p, \boldsymbol{v}_b) \in (U_b, \mathbb{C})$ が $\boldsymbol{v}_a = g_{ab}(p) \boldsymbol{v}_b$ をみたすときに，$(p, \boldsymbol{v}_a) \sim (p, \boldsymbol{v}_b)$ と定義します．これは同値関係になりますので，商集合

$$\mathscr{L} = \bigsqcup_a (U_a \times \mathbb{C}) / \sim$$

を作ることができます．$(p, \boldsymbol{v}_a)$ が定める同値類に対して $p \in X$ を対応させることで，直線束 $\pi : \mathscr{L} \to X$ が定まります．構成の仕方から $\pi^{-1}(U_a)$ は $U_a \times \mathbb{C}$ と同一視できます．

例 6.3 k を整数とするとき，$\mathbb{P}(E) = \bigcup_{a=1}^n \mathscr{U}_a$ 上の変換関数を $g_{ab} = (x_b/x_a)^k$ により定めることができます．これからできる直線束は $k \geq 0$ のときは先に構成した $\mathscr{O}_\mathbb{P}(k)$ です．k が負の場合でも $\mathscr{O}_\mathbb{P}(k)$ という記号で表します．$k = -1$ のときは，はじめに考えた $\mathscr{O}_\mathbb{P}(-1)$ と同じものであることが (6.1) によりわかります．

一般に直線束 $\mathscr{L} \to X$ に対して，開集合 $U \subset X$ 上の正則な切断の全体を $\Gamma(U, \mathscr{L})$ で表します．X 全体の上の正則切断を**正則な大域切断** (global section) と呼びます．たとえば，$k \geq 0$ のとき，$\mathbb{P}(E)$ 全体で定義された $\mathscr{O}_{\mathbb{P}}(k)$ の正則な切断，すなわち正則な大域切断の空間は，$x_1, \ldots, x_n$ の k 次斉次式からなる空間と同一視できます．つまり，

$$\Gamma(\mathbb{P}(E), \mathscr{O}_{\mathbb{P}}(k)) = \mathrm{Sym}^k E^*$$

が成り立ちます．

開被覆 $X = \bigcup_a U_a$ と変換関数系 $\{g_{ab}\}$ により直線束 $\pi : \mathscr{L} \to X$ が与えられているとき，同一視 $\pi^{-1}(U_a) \cong U_a \times \mathbb{C}$ を通して，$\Gamma(U_a, \mathscr{L})$ は U_i 上の正則関数の空間 $\mathscr{O}_X(U_a)$ と同一視することができます．

6.2　正則切断と直線束のチャーン類

♪：これからチャーン類の話を始めるんですけど，一般論を展開すると大がかりになってしまうので，グラスマン多様体上の直線束，そしてあとで出てくるベクトル束の場合を念頭において具体例を計算することを目標にします．計算しながらだんだん慣れてほしいのです．

A子：よい参考書はありますか？

♪：代数幾何の立場からは [30], [32] があります．複素幾何の立場では [35] やチャーン自身の本 [9]，また [21] もあります．微分幾何的な方法（いわゆるチャーン-ヴェイユ理論）や公理的に導入する方法などもあります（[6] など）．自分に合ったものをみつけてください．

非特異代数多様体 X の上に直線束 $\mathscr{L}$ があるとします．$\mathscr{L}$ の正則な大域切断 s に対して，

$$Z(s) := \{ p \in X \mid s(p) = 0 \}$$

を**零軌跡** (zero locus, zero scheme) と呼びます．s は関数ではないので $p \in X$ での値は決まりませんが，p において零であるかどうかは定まります．

$\pi^{-1}(U) \cong U \times \mathbb{C}$ となる開集合 U 上では切断 s は U 上の正則関数によって表されますので,そのとき $Z(s) \cap U$ は対応する正則関数の零点集合です.

♪:零軌跡 $Z(s)$ の既約成分がすべて余次元 1 を持つと仮定します.

C 郎:そのような大域切断 s が必ずあるんですか?

♪:ない場合もあるんです.たとえば $\mathbb{P}^1$ 上の $\mathcal{O}_{\mathbb{P}^1}(-1)$ には 0 以外の大域正則切断がありません(問 6.3).そういう場合は後回し[*3]ね.

C 郎:わかりました.

♪:さて,ええと,一般の交叉環はまだ説明していなかったけどね…….

B 太:「グラスマン多様体の場合を考えてください」ですよね?

♪:はは,そうだね.一般に,非特異な代数多様体 X に対して,交叉環という次数付き可換環 $A^*(X) = \bigoplus_{i=0}^{\dim X} A^i(X)$ が定まります(補講 C 参照).射影空間やグラスマン多様体について考えたときと同じように,余次元 i の既約な部分多様体 V に対して,$A^i(X)$ の元 $[V]$ が定まります.

* * *

簡単のため,さらに零軌跡 $Z(s)$ が既約であると仮定します.このとき,交叉環において $Z(s)$ に対応する元 $[Z(s)] \in A^1(X)$ が定まります.この元は s の選び方によらないことが示せます.これを $\mathscr{L}$ の**チャーン類** (Chern class) と呼び $c_1(\mathscr{L})$ で表します[*4].もしも $\mathscr{L}$ に零点がまったくない大域切断 s が存在すれば $Z(s) = \emptyset$ ですので,そのときは $c_1(\mathscr{L}) = 0$ です.

C 郎:交叉環やスキームのこと,すこし勉強をはじめました.代数的サイクルのなす加法群を,ある同値関係で割って作るというところまでです.

♪:そう? それならもう少しだけ補足しておこうか.一般には $Z(s)$ をスキーム[*5]とみることにより,$Z(s)$ の各既約成分(B.1 節参照)に対応する

[*3] 7.2 節,とくに研究課題 7.2 を参照してください.
[*4] 厳密な議論は [30] の第 3 章および第 14 章を参照してください.
[*5] スキーム (scheme) については B.5 節を参照してください.$\pi^{-1}(U) \cong U \times \mathbb{C}$ となる開集合 U 上では切断 s は $\mathcal{O}_X(U)$ の元 f と同一視できます.簡単のため U が

元に適切な正の整数を掛けた形式的な和として $[Z(s)]$ は定義されます．とくに既約成分がスキームとして被約ならば，その係数は 1 です．

例 6.4 $X = \mathbb{P}(E)$ として $\mathscr{O}_\mathbb{P}(1)$ を考えます．交叉環の記述 $A^*(\mathbb{P}(E)) = \mathbb{Z}[z]/(z^n)$ を思い出しましょう．0 でない 1 次式 $f = \sum_{i=1}^n a_i x_i$ が与える $\mathscr{O}_\mathbb{P}(1)$ の切断を s とします．零点の集合

$$Z(s) = \{\mathbb{C}\boldsymbol{v} \in \mathbb{P}(E) \mid \sum_{i=1}^n a_i v_i = 0\}$$

は $\mathbb{P}(E)$ の超平面ですから，その類 $[Z(s)] = z$ がこの場合のチャーン類 $c_1(\mathscr{O}_\mathbb{P}(1))$ です．同様に，既約な k 次式 $f \in \mathrm{Sym}^k E^*$ ($k \geq 0$) が与える $\mathscr{O}_\mathbb{P}(k)$ の切断 s の零軌跡 $Z(s)$ は $\mathbb{P}(E)$ 内の既約な k 次超曲面ですから，

$$[Z(s)] = kz = c_1(\mathscr{O}_\mathbb{P}(k))$$

と表されます．

2 つの直線束 $\mathscr{L}_1, \mathscr{L}_2$ のテンソル積 $\mathscr{L}_1 \otimes \mathscr{L}_2$ を定義することができます．$p \in X$ 上のファイバーを $(\mathscr{L}_1)_p \otimes_\mathbb{C} (\mathscr{L}_2)_p$ とするのです．チャーン類については，

$$c_1(\mathscr{L}_1 \otimes \mathscr{L}_2) = c_1(\mathscr{L}_1) + c_1(\mathscr{L}_2) \tag{6.2}$$

が成り立ちます．もしも s_1, s_2 がそれぞれ $\mathscr{L}_1, \mathscr{L}_2$ の切断ならば "積" $s_1 s_2$ が $\mathscr{L}_1 \otimes \mathscr{L}_2$ の切断として意味を持ち，$Z(s_1 s_2) = Z(s_1) \cup Z(s_2)$ が成り立つことから理解できるでしょう．

たとえば $\mathscr{O}_\mathbb{P}(2) = \mathscr{O}_\mathbb{P}(1) \otimes \mathscr{O}_\mathbb{P}(1)$ です．r 個の直線束のテンソル積 $\mathscr{L}_1 \otimes \cdots \otimes \mathscr{L}_r$ なども同様に定義できます．たとえば $\mathscr{O}_\mathbb{P}(k) = \mathscr{O}_\mathbb{P}(1) \otimes \cdots \otimes \mathscr{O}_\mathbb{P}(1) = \mathscr{O}_\mathbb{P}(1)^{\otimes k}$ ($k \geq 1$) とみることができます．これは，

アフィン開集合であると仮定しましょう．f が生成する $A = \mathscr{O}_X(U)$ のイデアル $I = (f)$ は U の閉部分スキーム $\mathrm{Spec}(A/I)$ を定めます．スキームとしての $Z(s)$ はこれらを貼り合わせて得られます．ただし，この講義で扱う主な例ではこの一般化は必要ありません．

$$c_1(\mathscr{O}_\mathbb{P}(k)) = kc_1(\mathscr{O}_\mathbb{P}(1)) = kz$$

とつじつまがあっているでしょう.

問 6.2 $\mathscr{O}_\mathbb{P}(-1)$ は,$\bigsqcup_a \mathscr{U}_a \times \mathbb{C}$ を $\mathbb{C}v \in \mathscr{U}_a \cap \mathscr{U}_b$ において $\eta_a = (v_b/v_a)^{-1}\eta_b$ により貼り合わせて得られることを示せ.

問 6.3 $\mathbb{P}^1$ 上の $\mathscr{O}_{\mathbb{P}^1}(-1)$ には零以外の正則な大域切断が存在しないことを示せ.

このように大域切断が零しかない場合でも,チャーン類は定義されます.たとえば,$\mathbb{P} = \mathbb{P}^m$ 上の $\mathscr{O}_\mathbb{P}(1) \otimes \mathscr{O}_\mathbb{P}(-1)$ は自明束 $\mathscr{O}_\mathbb{P}$ と同型なので,$c_1(\mathscr{O}_\mathbb{P}) = 0$ が成り立ちます.$c_1(\mathscr{O}_\mathbb{P}(-1))$ も定義されて (6.2) が成り立つとすると,

$$c_1(\mathscr{O}_\mathbb{P}(-1)) = -z$$

がしたがいます.このような考え方でチャーン類を整合的に定義できます(研究課題 7.2 参照).

第7講
グラスマン多様体上のベクトル束

前講で調べた射影空間上の直線束とそのチャーン類を，グラスマン多様体上のベクトル束とそのチャーン類に一般化しましょう．

X を非特異な代数多様体とします．代数多様体 $\mathscr{E}$ と正則な全射 $\pi : \mathscr{E} \to X$ であって，各点 $p \in X$ 上のファイバー $\mathscr{E}_p = \pi^{-1}(p)$ が一定次元 r のベクトル空間であるものを，X 上の階数 r の**ベクトル束**と呼びます．

7.1　ベクトル束とチャーン類

普遍部分束 $\mathscr{S}$ ——あるいはそのまま束

まず射影空間上の直線束 $\mathscr{O}_{\mathbb{P}}(-1)$ の類似から考えます．射影空間のときと同様に，点 $p \in \mathscr{G}_d(\mathbb{C}^n)$ と，それに対応する d 次元空間 $V = V_p \subset \mathbb{C}^n$ という記号の使い分けをします．$p \in \mathscr{G}_d(\mathbb{C}^n)$ におけるファイバーが V_p 自身であるという $\mathscr{S}$ が定義できます．

B太：そのまま束ですね．

♪：そうです．グラスマン多様体の上のそのまま束です．**普遍部分束**とも呼びます．普遍と呼ぶココロは分類写像の話をするときに説明します．

ベクトル空間の短完全系列

を考えます．これを束にしてベクトル束の短完全系列

$$0 \longrightarrow \mathscr{S} \longrightarrow \mathscr{O}_{\mathscr{G}}^n \longrightarrow \mathscr{Q} \longrightarrow 0 \tag{7.1}$$

ができます．ここで $\mathscr{O}_{\mathscr{G}_d(\mathbb{C}^n)}$ を略して $\mathscr{O}_{\mathscr{G}}$ と書きました．$\mathscr{O}_{\mathscr{G}}^n$ は $\mathscr{O}_{\mathscr{G}}$ の n 個の直和です．$\mathscr{Q}$ の $V \in \mathscr{G}_d(\mathbb{C}^n)$ におけるファイバーは $\mathbb{C}^n/V$ です．$\mathscr{S}$ は sub-bundle（部分束）の，$\mathscr{Q}$ は quotient bundle（商束）の頭文字をとった記号です．$\mathscr{Q}$ を**普遍商束**と呼びます．

♪：$d=1$ のときは，$\mathscr{S}$ は $\mathbb{P}(E) = \mathscr{G}_1(E)$ 上の直線束 $\mathscr{O}_{\mathbb{P}}(-1)$ と同じものです．E 上の座標 $x_1,\ldots,x_n$ の 1 次式は $\mathscr{S}$ の双対束 $\mathscr{S}^{\vee}$ の大域切断を与えます．射影空間のときと同じなのでわかるでしょう．

C郎：はい．点 $V \in \mathscr{G}_d(\mathbb{C}^n)$ において，

$$V \hookrightarrow \mathbb{C}^n \xrightarrow{\sum_i a_i x_i} \mathbb{C}$$

は V^* の元ですから．

普遍部分束 $\mathscr{S}$ を貼り合わせにより記述します．第 I 部で用いた記号を思い出しておきましょう．$I \in \binom{[n]}{d}$ とするとき次の可換図式があります．

$$\begin{array}{ccc} U_I & \xrightarrow{\cong} & \mathscr{U}_I \\ \cap & & \cap \\ \downarrow & & \downarrow \\ \mathscr{V}_d(\mathbb{C}^n) & \xrightarrow{\pi} & \mathscr{G}_d(\mathbb{C}^n) \end{array}$$

$V \in \mathscr{U}_I$ とするとき，$\pi(\xi) = V$ をみたす $\xi \in \mathscr{V}_d(\mathbb{C}^n)$ をとりましょう．ξ_I を ξ から I を添え字に持つ行を取り出して作った d 次正方行列とすると，$V \in \mathscr{U}_I$ という仮定から ξ_I は正則行列，つまり $GL_d(\mathbb{C})$ の元です．これを用いて基底変換し $\xi\xi_I^{-1} \in U_I$ とできます．$\mathscr{S}$ の定義から，点 $V \in \mathscr{G}_d(\mathbb{C}^n)$ におけるファイバーは $V \cong \mathbb{C}^d$ 自身ですが，その基底として $\xi\xi_I^{-1}$ の d 個の列ベクトル

を選ぶことができます．ファイバーに座標を与える線型同型

$$\psi_I : \mathbb{C}^d \ni \eta_I \mapsto \xi \xi_I^{-1} \cdot \eta_I \in V$$

が得られたわけです．

命題 7.1 $g_{IJ} = \xi_I \xi_J^{-1}$ とおく．次が成り立つ．
(1) g_{IJ} は $\mathscr{U}_I \cap \mathscr{U}_J$ から $GL_d(\mathbb{C})$ への正則写像である．
(2) $p = V_p \in \mathscr{G}_d(\mathbb{C}^n)$ が $\mathscr{U}_I \cap \mathscr{U}_J$ に属すとする．座標ベクトル $\eta_I, \eta_J \in \mathbb{C}^d$ が，それぞれ同型 ψ_I, ψ_J を通してファイバー $\pi^{-1}(p) = V_p$ の同一の元を表すことは，

$$\eta_I = g_{IJ} \cdot \eta_J \tag{7.2}$$

が成り立つことと同値である．

証明 (1) $\mathscr{U}_I \cap \mathscr{U}_J$ の各点で g_{IJ} は定義から $GL_d(\mathbb{C})$ に属します．行列 $g_{IJ} = \xi_I \xi_J^{-1}$ の成分は，$\det(\xi_J)$ を分母とし，分子が ξ の成分に関する d 次の斉次式の比ですので $\mathscr{U}_I \cap \mathscr{U}_J$ 上の正則関数です．

(2) $\xi \in U_I \cap U_J$ のときファイバーの座標ベクトル η_I と η_J が同一視されるべきなのは，$\psi_I(\eta_I) = \psi_J(\eta_J)$，すなわち $(\xi \xi_I^{-1}) \eta_I = (\xi \xi_J^{-1}) \eta_J$ が成り立つときです．これは (7.2) が成り立つことと同値です． □

ベクトル束の構成

命題 7.1 をみて，局所的な自明束を貼り合わせてベクトル束を作る方法を定式化しましょう．X を非特異な代数多様体とします（慣れていない人は，射影空間やグラスマン多様体を考えてください）．U を X の開集合とするとき U 上の正則関数のなす環を $\mathscr{O}_X(U)$ で表します．これは自明な直線束 $\mathscr{O}_X$ の U 上の正則切断の空間 $\Gamma(U, \mathscr{O}_X)$ と同じものです．

定義 7.2 r を正の整数とする．開被覆 $X = \bigcup_a U_a$ と $U_a \cap U_b \neq \varnothing$ をみたすすべての a, b に対して，正則写像 $g_{ab} : U_a \cap U_b \to GL_r(\mathbb{C})$ が与えられており，
(1) $g_{aa} = 1_r$ （1_r は $GL_r(\mathbb{C})$ の単位元），
(2) $U_a \cap U_b \cap U_c$ において $g_{ab} g_{bc} = g_{ac}$,

(3) $U_a \cap U_b$ において $g_{ab}^{-1} = g_{ba}$

が成り立つとき, $\{g_{ab}\}$ を**変換関数系**であるという.

開被覆 $X = \bigcup_a U_a$ と変換関数系 $\{g_{ab}\}$ が与えられたとします. 局所的な自明束の交わらない和 $\bigsqcup_a (U_a \times \mathbb{C}^r)$ を考えます. $p \in U_a \cap U_b \neq \emptyset$ に対して $(p, \boldsymbol{v}_a) \in (U_a, \mathbb{C}^r)$ と $(p, \boldsymbol{v}_b) \in (U_b, \mathbb{C}^r)$ が $\boldsymbol{v}_a = g_{ab}(p)\boldsymbol{v}_b$ をみたすときに $(p, \boldsymbol{v}_a) \sim (p, \boldsymbol{v}_b)$ と定義します. これは同値関係になり, 商集合

$$\mathscr{E} = \left(\bigsqcup_a (U_a \times \mathbb{C}^r) \right) / \sim$$

を作ることができます. $(p, \boldsymbol{v}_a)$ が定める同値類に対して $p \in X$ を対応させることで, 射影 $\pi : \mathscr{E} \to X$ が定まります. これを変換関数系 $\{g_{ab}\}$ から得られる**ベクトル束**と呼びます. r をベクトル束の**階数** (rank) と呼びます. 構成の仕方から $\pi^{-1}(U_a)$ は $U_a \times \mathbb{C}^r$ と同一視できます. このような同一視を1つ選ぶことを**局所自明化**を与えるといいます.

♪ : ベクトル束の定義をまだ正式にしていませんでした. このようにして変換関数系から構成されるもの, というのが1つの定義の仕方です.
B太 : 最初から変換関数系の定義を聞いても意味がつかみにくいので, $\mathscr{S}$ のように存在感のある例から抽象化するのはぼくにはわかりやすいです.
C郎 : ぼくは最初からきっちり定義してもらう方が勉強しやすいです.
♪ : 人によって理解のスタイルは違いますよね. ただね, 数学を研究する際は, 定義が定まらないものを相手にして試行錯誤をする過程も大切ですから, そういう練習だと思ってください.

* * *

各 i ごとに正則写像 $\eta_a : U_a \to \mathbb{C}^r$ が与えられていて,

$$\eta_a(p) = g_{ab}(p)\eta_b(p) \quad (p \in U_a \cap U_b)$$

が成り立つとき, $\mathscr{E}$ の正則な大域切断が1つ定まります. η_b は U_b 上の $\mathbb{C}^r$ 値

関数ですから, 行列 g_{ab} を左から掛けられます. $\mathscr{E}$ の正則な大域切断全体の空間を $\Gamma(X, \mathscr{E})$ で表します.

$\mathscr{E}, \mathscr{F}$ を X 上のベクトル束とするとき, 正則写像 $f : \mathscr{E} \to \mathscr{F}$ が各ファイバー $\mathscr{E}_p$ を $\mathscr{F}_p$ に写し, $f|_{\mathscr{E}_p} : \mathscr{E}_p \to \mathscr{F}_p$ が線型写像であるとき, **ベクトル束の射**であるといいます.

s を $\{\eta_a : U_a \to \mathbb{C}^r\}$ で与えられる $\mathscr{E}$ の正則な大域切断とするとき, 自明束 $\mathscr{O}_X$ の $(U_a, 1)$ という切断を (U_a, η_a) に対応させることにより, つまり $p \in U_i$ におけるファイバーの元 $1 \in \mathbb{C}$ に対して $\eta_i(p) \in \mathbb{C}^r$ を対応させることにより, ベクトル束の射 $u : \mathscr{O}_X \to \mathscr{E}$ が定まります. 逆にベクトル束の射 $u : \mathscr{O}_X \to \mathscr{E}$ から $\mathscr{E}$ の大域切断が得られます. 同様に, $\mathscr{E}$ の大域切断を m 個与えることは, ベクトル束の射 $u : \mathscr{O}_X^m \to \mathscr{E}$ を与えることと同じことです.

ベクトル束 $\mathscr{E} \to X$ に対して, $\mathscr{E}_p$ の双対空間 $\mathscr{E}_p^*$ をファイバーとするベクトル束 $\mathscr{E}^\vee$ が自然に構成できることは想像がつくと思います.

問 7.1 変換関数系 $\{{}^t g_{ab}^{-1}\}$ により双対束 $\mathscr{E}^\vee$ が得られることを示せ.

ベクトル束の退化軌跡とチャーン類

階数 r のベクトル束 $\mathscr{E}$ に対してチャーン類 $c_i(\mathscr{E}) \in A^i(X)$ $(0 \leq i \leq r)$ が定義されます. チャーン類には定義の仕方が何通りもあって, どの定義もある側面を表しています. ここでは, 定義を与えるのではなく, 切断の退化軌跡としての解釈 (6.2 節と同様な方法) をまず紹介します.

$\mathscr{E}$ を X 上の階数 r のベクトル束とします. $1 \leq i \leq r$ として, $\mathscr{E}$ の大域切断 $s_1, \ldots, s_{r-i+1}$ をとります. このとき,

$$D(s_1, \ldots, s_{r-i+1}) := \{p \in X \mid s_1(p), \ldots, s_{r-i+1}(p) \text{ が 1 次従属}\}$$

を $(s_1, \ldots, s_{r-i+1})$ の**退化軌跡** (degeneracy locus)[*1]と呼びます. 言い換える

[*1] アフィン開集合 U における局所自明化をとると, 切断 $s_1, \ldots, s_{r-i+1}$ は $\mathscr{O}_X(U)^r$ の元 $f_1, \ldots, f_{r-i+1}$ (U 上の $\mathbb{C}^r$ 値正則関数) に対応しています. $A = \mathscr{O}(U)$ を成分とする $(r, r-i+1)$ 型行列 $(f_1, \ldots, f_{r-i+1})$ の $(r-i+1)$ 次のすべての小行列式が生成する A のイデアルが $U = \mathrm{Spec}(A)$ の閉部分スキームを定義します. スキームと

と，対応する自明束からのベクトル束の射

$$\phi : \mathscr{O}_X^{r-i+1} \to \mathscr{E}$$

が退化するところ，つまりファイバーにおける写像 ϕ_p の階数が $r-i$ 以下になる $p \in X$ のなす集合です．とくに，$i=r$ のときは，考える切断は 1 つであり，$s_1(p)$ が 1 次従属であることは零になることですから $D(s_1) = Z(s_1)$ です．退化軌跡の既約成分の余次元が i であると仮定すると，それらの和が $A^i(X)$ に定める類 $[D(s_1,\ldots,s_{r-i+1})]$ は切断の選び方によらないことが示せます．次の定理（[30, Example 14.4.2]）が成り立ちます．

定理 7.3 以上の仮定のもとに $A^i(X)$ において，

$$c_i(\mathscr{E}) = [D(s_1,\ldots,s_{r-i+1})]$$

が成り立つ．

この定理をチャーン類 $c_i(\mathscr{E})$ の実際的な定義として用いることができます（研究課題 7.2 参照）．

普遍商束 $\mathscr{Q}$ のチャーン類を計算してみましょう．

例 7.4 $\mathscr{G}_2(\mathbb{C}^4)$ の上の普遍商束 $\mathscr{Q}$ の階数は 2 です．$c_2(\mathscr{Q})$ から考えましょう．$V \in \mathscr{G}_2(\mathbb{C}^4)$ とするとき，固定された旗 $F^\bullet$ を用いて，線型写像

$$\mathbb{C} \cong F^3 \hookrightarrow \mathbb{C}^4 \twoheadrightarrow \mathbb{C}^4/V$$

を考えます．これはベクトル束の射 $\phi : \mathscr{O}_{\mathscr{G}} \to \mathscr{Q}$ を与えます．対応する $\mathscr{Q}$ の大域切断 s が零になるための V に対する条件は $F^3 \subset V$ です．つまり，$Z(s) = \Omega_2(F^\bullet)$ ですから，

$$c_2(\mathscr{Q}) = [Z(s)] = [\Omega_2(F^\bullet)] = \sigma_2$$

が得られます．シューベルトの記号では g_p です（F^3 が $p_0 \in \mathbb{P}^3$ に対応しま

―――――――――
しての退化軌跡はこれらを張り合わせて定義されます．

す).

　$c_1(\mathcal{Q})$ について考えましょう．

$$\mathbb{C}^2 \cong F^2 \hookrightarrow \mathbb{C}^4 \twoheadrightarrow \mathbb{C}^4/V$$

がベクトル束の射 $\phi: \mathcal{O}_{\mathcal{G}}^2 \to \mathcal{Q}$ を与えます．これにより2つの大域切断 s_1, s_2 が与えられます．退化軌跡 $D(s_1, s_2)$ は点 $V \in \mathcal{G}_2(\mathbb{C}^4)$ であって，ファイバーにおいてこの射 ϕ が与える線型写像の階数が1以下である点の集まりです．その条件は $F^2 \cap V \neq \{\mathbf{0}\}$ と同値ですから，$D(s_1, s_2) = \Omega_1(F^\bullet)$ です．よって，

$$c_1(\mathcal{Q}) = [D(s_1, s_2)] = [\Omega_1(F^\bullet)] = \sigma_1$$

がわかりました．シューベルトの記号では g です（F^2 が ℓ_0 に対応します）．

　一般には以下の結果が成立します．

定理 7.5　$\mathcal{Q}$ を $\mathcal{G}_d(\mathbb{C}^n)$ 上の普遍商束とする．このとき，次が成り立つ：

$$c_i(\mathcal{Q}) = \sigma_i \quad (1 \leq i \leq n-d).$$

証明　$\dim(F^{i+d-1}) = (n-d) - i + 1$ に注意します．$\mathcal{Q}$ の階数は $n-d$ ですから，

$$\phi_p: F^{i+d-1} \hookrightarrow \mathbb{C}^n \twoheadrightarrow \mathbb{C}^n/V_p$$

から $\phi: \mathcal{O}_{\mathcal{G}}^{(n-d)-i+1} \longrightarrow \mathcal{Q}$ ができて，ほしい個数の切断が得られます．ϕ_p の階数が落ちる条件は $\mathrm{Ker}(\phi) = F^{i-1+d} \cap V_p \neq \{\mathbf{0}\}$ と同値ですが，これは，$V_p \in \Omega_i(F^\bullet)$ の条件です．したがって，

$$c_i(\mathcal{Q}) = [\Omega_i(F^\bullet)] = \sigma_i$$

が得られます． □

今度は $\mathscr{S}^\vee$ のチャーン類を計算しましょう.

例 7.6 $\mathscr{G}_2(\mathbb{C}^4)$ 上の $\mathscr{S}^\vee$ について調べましょう. $c_2(\mathscr{S}^\vee)$ を求めるために座標関数 $x_1 \in (\mathbb{C}^4)^*$ で決まる切断を s とします. $V \in \mathscr{G}_2(\mathbb{C}^4)$ が $Z(s)$ に属すことは x_1 を V に制限したときに零であるということですから, $V \subset F^1$ ($x_1 = 0$ で定義される超平面) ということです. すなわち $Z(s) = \Omega_{1^2}(F^\bullet)$ です. よって $c_2(\mathscr{S}^\vee) = \sigma_{1^2}$ がわかります. シューベルトの記号では g_e です (F^1 が e_0 に対応します).

次に $c_1(\mathscr{S}^\vee)$ を求めるために x_1, x_2 で決まる切断を s_1, s_2 とします. $V \in \mathscr{G}_2(\mathbb{C}^4)$ において s_i は $V \to \mathbb{C}^4 \xrightarrow{x_i} \mathbb{C}$ で決まる V^* の元です. 胞体 $\mathscr{U}_{34}$ でこの線型写像を行列表示してみましょう. $V \in \mathscr{U}_{34}$ の基底を,

$$\xi = \begin{pmatrix} v_{11} & v_{12} \\ v_{21} & v_{22} \\ 1 & 0 \\ 0 & 1 \end{pmatrix}$$

の列ベクトル $\boldsymbol{v}_1, \boldsymbol{v}_2$ ととれます. $s_1, s_2 \in \mathrm{Hom}_\mathbb{C}(V, \mathbb{C}) = V^*$ の表現行列がそれぞれ (v_{11}, v_{12}), (v_{21}, v_{22}) です. このベクトルが 1 次従属になるのは $v_{11}v_{22} - v_{12}v_{21} = \det \xi_{\{1,2\}} = 0$ という条件ですから, $V \in \Omega_1 \cap \mathscr{U}_{34}$ です. 他の胞体上で自明化しても $\det \xi_{\{1,2\}} = 0$ が退化軌跡を定める条件であることがわかります. したがって $c_1(\mathscr{S}^\vee) = \sigma_1 = g$ が得られます.

より一般に, 次が成り立ちます.

定理 7.7 $\mathscr{S}$ を $\mathscr{G}_d(E)$ 上の普遍部分束とする. このとき, 次が成り立つ:

$$c_i(\mathscr{S}^\vee) = \sigma_{1^i} \quad (1 \leq i \leq d).$$

証明 $p \in \mathscr{G}_d(\mathbb{C}^n)$ として V_p を対応する d 次元空間とします. 線型写像

$$\phi_p : V_p \hookrightarrow \mathbb{C}^n \to \mathbb{C}^n/F^{1+d-i}$$

とその双対

$$
{}^t\phi_p : (\mathbb{C}^n/F^{d-i+1})^* \longrightarrow V_p^*
$$

を考えます．これからベクトル束の射 $\mathscr{O}_{\mathscr{G}}^{d-i+1} \to \mathscr{S}^\vee$ が得られます．$\mathrm{rank}({}^t\phi_p)$ = $\mathrm{rank}(\phi_p)$ ですから，$\mathrm{rank}({}^t\phi_p) \leq d-i$ という条件は $\dim \mathrm{Ker}(\phi_p) \geq i$ と同値です．$\mathrm{Ker}(\phi_p) = F^{1+d-i} \cap V_p$ なので，この条件は $p \in \Omega_{1^i}(F^\bullet)$ と同値です．したがって $c_i(\mathscr{S}^\vee) = [\Omega_{1^i}(F^\bullet)] = \sigma_{1^i}$ が得られます． □

ホイットニーの関係式と分裂原理

階数 r のベクトル束 $\mathscr{E}$ に対してチャーン類の和 $c(\mathscr{E}) = \sum_{i=0}^r c_i(\mathscr{E})$ を**全チャーン類** (total Chern class) と呼びます．ただし，$c_0(\mathscr{E}) = 1$ と定めます．

定理 7.8（**ホイットニーの関係式**）　ベクトル束の短完全系列

$$
0 \longrightarrow \mathscr{E} \longrightarrow \mathscr{F} \longrightarrow \mathscr{G} \longrightarrow 0
$$

があるとき，$c(\mathscr{F}) = c(\mathscr{E}) \cdot c(\mathscr{G})$ が成り立つ．

ここではホイットニーの関係式を使う計算に慣れましょう．

命題 7.9　$\mathscr{E}$ を階数 r のベクトル束とし，部分束からなる旗

$$
0 = \mathscr{E}_0 \subset \mathscr{E}_1 \subset \mathscr{E}_2 \subset \cdots \subset \mathscr{E}_r = \mathscr{E}, \quad \mathrm{rank}(\mathscr{E}_i) = i \tag{7.3}
$$

が与えられたとする．$\mathscr{L}_i = \mathscr{E}_i/\mathscr{E}_{i-1}$ ($1 \leq i \leq r$) とおくとき，

$$
c(\mathscr{E}) = (1 + c_1(\mathscr{L}_i)) \cdots (1 + c_1(\mathscr{L}_r))
$$

が成り立つ．したがって $\mathscr{E}$ のチャーン類は $a_i = c_1(\mathscr{L}_i)$ の基本対称式として，

$$
c_i(\mathscr{E}) = e_i(a_1, \ldots, a_r) \tag{7.4}
$$

と表すことができる．

証明　階数 r に関する帰納法を用います．$r = 1$ のときは明らかです．$r \geq 2$ として階数が $r-1$ のときは成り立つとしましょう．短完全系列

$$0 \longrightarrow \mathscr{E}_{r-1} \longrightarrow \mathscr{E} \longrightarrow \mathscr{E}/\mathscr{E}_{r-1} \longrightarrow 0$$

に対するホイットニーの関係式 $c(\mathscr{E}) = c(\mathscr{E}_{r-1})c(\mathscr{E}/\mathscr{E}_{r-1})$ と帰納法の仮定 $c(\mathscr{E}_{r-1}) = (1 + c_1(\mathscr{L}_1))\cdots(1 + c_1(\mathscr{L}_{r-1}))$ および $c(\mathscr{E}/\mathscr{E}_{r-1}) = 1 + c_1(\mathscr{L}_r)$ により,

$$c(\mathscr{E}) = (1 + c_1(\mathscr{L}_1))\cdots(1 + c_1(\mathscr{L}_r))$$

となるので, i 次の部分を比較して (7.4) が得られます. □

B太:ベクトル束 $\mathscr{E}$ が直線束の直和 $\mathscr{L}_1 \oplus \cdots \oplus \mathscr{L}_r$ になっている場合と同じ結果ですね.

♪:そうですね. 実はどんなベクトル束でも, それが直線束の直和だと考えて計算して得られたチャーン類の等式は正しいことがわかっています. これを**分裂原理** (splitting principle) と呼んでいます. 分裂原理の使い方を次の命題やそのあとの例 7.11 で覚えてください.

命題 7.10 $c_i(\mathscr{E}^\vee) = (-1)^i c_i(\mathscr{E})$ が成り立つ.

証明 分裂原理により, $\mathscr{E}$ が直線束の直和 $\mathscr{E} = \mathscr{L}_1 \oplus \cdots \oplus \mathscr{L}_r$ であるとしてかまいません. このとき $\mathscr{E}^\vee = \mathscr{L}_1^\vee \oplus \cdots \oplus \mathscr{L}_r^\vee$ ですから $a_i = c_1(\mathscr{L}_i)$ とおくと, $c_1(\mathscr{L}_i^\vee) = -c_1(\mathscr{L}_i) = -a_i$ を用いて,

$$c(\mathscr{E}^\vee) = c(\mathscr{L}_1^\vee)\cdots c(\mathscr{L}_r^\vee) = (1 - a_1)\cdots(1 - a_r)$$

が得られます. i 次の部分を比較すれば $c_i(\mathscr{E}^\vee) = (-1)^i e_i(a_1, \ldots, a_r) = (-1)^i c_i(\mathscr{E})$ となります. □

ベクトル束 $\mathscr{E} \to X$ の点 $p \in X$ におけるファイバーを $\mathscr{E}_p$ とするとき, k 次の対称テンソル空間 $\mathrm{Sym}^k \mathscr{E}_p$ $(k \geq 0)$ をファイバーとするベクトル束 $\mathrm{Sym}^k \mathscr{E}$ が作れます. $r = \mathrm{rank}\,\mathscr{E}$ とすると, $\mathrm{Sym}^k \mathscr{E}$ は階数が $\binom{r+k-1}{k}$ です.

例 7.11 $\mathscr{E}$ を階数 2 のベクトル束とします. $c_i(\mathrm{Sym}^2 \mathscr{E})$ を $\mathscr{E}$ のチャーン類を

用いて表しましょう．分裂原理により $\mathscr{E} = \mathscr{L}_1 \oplus \mathscr{L}_2$, $c_1(\mathscr{L}_1) = x$, $c_1(\mathscr{L}_2) = y$ として計算してかまいません．このとき $\mathrm{Sym}^2 \mathscr{E} = \mathscr{L}_1^{\otimes 2} \oplus (\mathscr{L}_1 \otimes \mathscr{L}_2) \oplus \mathscr{L}_2^{\otimes 2}$ ですので，ホイットニーの関係式より，

$$c(\mathrm{Sym}^2 \mathscr{E}) = (1+2x)(1+x+y)(1+2y)$$

が成り立ちます．$c_1(\mathscr{E}) = x + y$, $c_2(\mathscr{E}) = xy$ を用いて書くことにより，

$$c_1(\mathrm{Sym}^2 \mathscr{E}) = 3x + 3y = 3c_1(\mathscr{E}),$$
$$c_2(\mathrm{Sym}^2 \mathscr{E}) = 2x^2 + 8xy + 2y^2 = 2c_1(\mathscr{E})^2 + 4c_2(\mathscr{E}),$$
$$c_3(\mathrm{Sym}^2 \mathscr{E}) = 4xy(x+y) = 4c_1(\mathscr{E})c_2(\mathscr{E})$$

が得られます．

7.2　3次曲面の上には27本の直線がある

♪：やっと約束の問題です．

例 7.12　$\mathbb{P}^3$ 内の3次曲面の上にはちょうど27本の直線があります．

3次曲面 $X \subset \mathbb{P}^3$ とは4変数の3次斉次式 $f \in \mathrm{Sym}^3(\mathbb{C}^4)^*$ の零点集合です．$\mathbb{P}^3$ 内の直線全体のなすグラスマン多様体 $\mathscr{G}_2(\mathbb{C}^4)$ の部分集合

$$\{\ell \in \mathscr{G}_2(\mathbb{C}^4) \mid \ell \subset X\} \tag{7.5}$$

の点の個数を求めたいのです．

各点 $V \in \mathscr{G}_2(\mathbb{C}^4)$ において f は $f|_V \in \mathrm{Sym}^3(V^*)$ を与えます．したがって f はベクトル束 $\mathrm{Sym}^3(\mathscr{S}^\vee)$ の切断 s をなしています．直線 $\ell = \mathbb{P}(V) \subset \mathbb{P}^3$ が X 上にあるのは $f|_V = 0$ が成り立つことなので，集合 (7.5) は s の零軌跡 $Z(s)$ に他なりません．$\mathrm{Sym}^3(\mathscr{S}^\vee)$ は階数が4ですから，

$$[Z(s)] = c_4(\mathrm{Sym}^3(\mathscr{S}^\vee))$$

が求まればいいわけです．

分裂原理により $\mathscr{S}^\vee = \mathscr{L}_1 \oplus \mathscr{L}_2$ と直線束の直和になっているとして $c_1(\mathscr{L}_1) = z_1$, $c_1(\mathscr{L}_2) = z_2$ として計算してかまいません．このとき，

$$\mathrm{Sym}^3(\mathscr{S}^\vee) = \mathscr{L}_1^{\otimes 3} \oplus (\mathscr{L}_1^{\otimes 2} \otimes \mathscr{L}_2) \oplus (\mathscr{L}_1 \otimes \mathscr{L}_2^{\otimes 2}) \oplus \mathscr{L}_2^{\otimes 3}$$

ですから全チャーン類は，

$$c\left(\mathrm{Sym}^3(\mathscr{S}^\vee)\right) = (1+3z_1)(1+2z_1+z_2)(1+z_1+2z_2)(1+3z_2)$$

と書けます．ここで4次の斉次部分をとりだして $9z_1 z_2 (2z_1+z_2)(z_1+2z_2)$ が得られます．これをシューベルト類 $c_1(\mathscr{S}^\vee) = z_1+z_2 = \sigma_1$, $c_2(\mathscr{S}^\vee) = z_1 z_2 = \sigma_{1^2}$ （例 7.6, 定理 7.7）を使って書き換えましょう．$(2z_1+z_2)(z_1+2z_2)$ のところは，

$$(2z_1+z_2)(z_1+2z_2) = 2(z_1+z_2)^2 + z_1 z_2 = 2\sigma_1^2 + \sigma_{1^2}$$

なので，

$$c_4(\mathrm{Sym}^3(\mathscr{S}^\vee)) = 9\sigma_{1^2}(2\sigma_1^2 + \sigma_{1^2}) = 18\sigma_{1^2}\sigma_1^2 + 9\sigma_{1^2}^2$$

が得られます．このあとは，

$$\sigma_{1^2}\sigma_1^2 = \sigma_{1^2}(\sigma_{1^2} + \sigma_2) = \sigma_{2^2}, \quad \sigma_{1^2}^2 = \sigma_{2^2}$$

というなつかしい（4本の直線の問題のときに用いた）計算結果を用いて $c_4(\mathrm{Sym}^3(\mathscr{S}^\vee)) = 27 \cdot \sigma_{2^2}$ が得られます．したがって答えは 27 本です．

問 7.2 $n \geq 3$ として $m = 2n-5$ とするとき，$\mathbb{P}^{n-1}$ の m 次超曲面の上にある直線の本数が有限であることを示せ．

ここで考えてみたいのは次の問題です．

例 7.13 $\mathbb{P}^4$ 内の2つの2次超曲面の交わりの上には何本の直線があるでしょう？

2次超曲面 $X \subset \mathbb{P}^4$ を定める2次式は，$\mathscr{G}_2(\mathbb{C}^5)$ 上の階数3のベクトル束 $\mathrm{Sym}^2(\mathscr{S}^\vee)$ の切断 s を与えます．その零軌跡 $Z(s)$ を Y とおくとき，$Y =$

$\{\ell \in \mathscr{G}_2(\mathbb{C}^5) \mid \ell \subset X\}$ が成り立ちます．X が十分一般であるとき Y の余次元は 3 であることが示せます（省略）．Y の類 $[Y] \in A^3(\mathscr{G}_2(\mathbb{C}^5))$ は

$$[Y] = c_3(\mathrm{Sym}^2(\mathscr{S}^\vee)) = 2z_1(z_1+z_2)2z_2 = 4\sigma_{1^2}\sigma_1 = 4\sigma_{2,1}$$

と分裂原理とピエリ規則を用いて計算できます．これより，双対定理を用いて

$$\int_{\mathscr{G}_2(\mathbb{C}^5)} [Y]^2 = 4^2 \int_{\mathscr{G}_2(\mathbb{C}^5)} \sigma_{2,1}^2 = 16$$

ですから答えは 16 本です．

♪：他の方法で答えを確かめてみたくないですか？
A 子：はい，でもどうやって……．
♪：ちょっとこれをみてほしいんです（図 7.1）．これは一葉双曲面と呼ばれる曲面です．籐でできたこういう形の椅子があるでしょう．

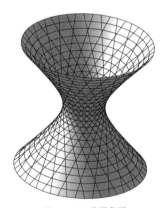

図 **7.1** 一葉双曲面

B 太：金沢駅前に大きなのがありますよ．
A 子：神戸ポートタワーもそうですよね．
♪：この曲面は**二重線織面**と呼ばれる性質を持っています．つまり，各点を，曲面に含まれる 2 本の直線が通っています．実数体 $\mathbb{R}$ 上の曲面としては，双曲放物面というものも二重線織面です．$\mathbb{R}$ 上では 2 次曲面が二重線織面

になるのはこの2つの場合だけです．さて，いま私たちは複素数体上の多様体を考えていますが，次が知られています．

命題 7.14 $\mathbb{P}^3(\mathbb{C})$ 内の非特異2次曲面は二重線織面である．

証明 $\mathbb{P}^3$ 内の非特異2次曲面 X は射影変換によってすべて同型であることが知られています．したがって，たとえば X として $x_1 x_4 - x_2 x_3 = 0$ という方程式で定まるものを選ぶことができます．この曲面はセグレ埋め込み $\mathbb{P}^1 \times \mathbb{P}^1 \to \mathbb{P}^3$ （例 1.16）の像と一致することが示せます．$p \in \mathbb{P}^1$ とするとき $\mathbb{P}^1 \times \{p\}$ の像 L_p は $\mathbb{P}^3$ 内の直線であることがわかります．このとき $X = \bigsqcup_{p \in \mathbb{P}^1} L_p$ となるので X は線織面です．同様に $\{p\} \times \mathbb{P}^1$ の像 L'_p によって $X = \bigsqcup_{p \in \mathbb{P}^1} L'_p$ と表すこともできます．$(p, q) \in \mathbb{P}^1 \times \mathbb{P}^1$ に対応する X の点を通るちょうど2本の直線 L_p と L'_q があることがわかります． □

♪：この事実を使うともっと素朴に $[Y]$ を求められます．$[Y]$ は3次なのでシューベルト類の線型結合 $a\sigma_3 + b\sigma_{2,1}$ のはずです．$a = 0$ であることはすぐにわかりますよ．双対類を考えてください．

C郎：σ_3 の双対類は自分自身です．$\Omega_3(p_0)$ を決める条件は $p_0 \in \ell$ ですね．2次超曲面が p_0 を通らない場合，この条件は決してみたされないから，一般の p_0 に対して $Y \cap \Omega_3(p_0)$ は空集合です．だから $a = 0$ です．

♪：そう．$\sigma_{2,1}$ も自己双対的です．係数 b はどうなりますか？

A子：$\Omega_{2,1}(\ell_0, h_0)$ を定める条件は $\ell_0 \cap \ell \neq \emptyset$, $\ell \subset h_0$ ですね．

B太：$h_0 \cap X$ は $h_0 \cong \mathbb{P}^3$ 内の2次曲面ですね．ℓ はこの2次曲面に含まれている．

C郎：一方 $\ell_0 \cap X$ は2点だね．

A子：そうね．X は2次だもの．

C郎：ℓ はその2点のどちらか一方を通らないといけない．

♪：さっきの命題を思い出してください．

B太：なるほど．各2点を通る2次曲面内の直線が2本ずつあるから $b = 4$ が得られる．だから $[Y] = 4\sigma_{2,1}$ ですね！

研究課題 7.1 $\mathscr{E}$ をベクトル束，$\mathscr{L}$ を直線束とすると次が成り立つことを示せ：

$$c_i(\mathscr{E} \otimes \mathscr{L}) = \sum_{k=0}^{i} \binom{r-i+k}{k} c_{i-k}(\mathscr{E}) c_1(\mathscr{L})^k. \tag{7.6}$$

研究課題 7.2 $\mathscr{E}$ を階数 r のベクトル束とする．

(1) 直線束 $\mathscr{L}$ を適当に選ぶとき，$\mathscr{E} \otimes \mathscr{L}$ の大域切断 $s_1, \ldots, s_{r-i+1}$ であって $D(s_1, \ldots, s_{r-i+1})$ の既約成分の次元が i であるものが存在することを示せ．

(2) (7.6) を使って $c_i(\mathscr{E})$ を $\mathscr{E} \otimes \mathscr{L}$ のチャーン類を用いて書き表せ．

研究課題 7.3 $\mathscr{G}_d(\mathbb{C}^n)$ 上のベクトル束の短完全系列 (7.1) を用いて，

$$c_k(\mathscr{Q}) = \det(c_{1+j-i}(\mathscr{S}^\vee))_{k \times k}$$

を導け．

研究課題 7.4 $\mathbb{P}^4$ において，

$$x_1 + x_2 + x_3 + x_4 + x_5 = x_1^3 + x_2^3 + x_3^3 + x_4^3 + x_5^3 = 0$$

により定まる射影多様体 X をクレブッシュの曲面と呼ぶ．$x_1+x_2+x_3+x_4+x_5 = 0$ で定まる超平面は $\mathbb{P}^3$ と同型なので X はその中の 3 次曲面であるとみなせる．

(1) X が座標の置換により S_5 の作用を持つことを示せ．

(2) $x_1 + x_2 = x_3 + x_4 = x_5 = 0$ とその S_5 による置換で得られる X 上の直線が 15 本あることを確かめよ．

(3) $\zeta = \exp(2\pi i/5)$ として u_1, u_2, u_3, u_4, u_5 を $1, \zeta, \zeta^2, \zeta^3, \zeta^4$ の任意の置換とする．$\mathbb{P}^4(\mathbb{C})$ において $p = (u_1, u_2, u_3, u_4, u_5)$ とその複素共役 $\bar{p} = (\bar{u}_1, \bar{u}_2, \bar{u}_3, \bar{u}_4, \bar{u}_5)$ を結ぶ直線が X 上にあることを確かめよ．このようにして X 上の直線が 12 本得られることを示せ．

(4) $\tau = (1+\sqrt{5})/2$（黄金比）とするとき，(3) の 12 本の直線は $\mathbb{P}^4(\mathbb{R})$ に

おいて $x_i + \tau x_j + x_k = \tau x_i + x_j + x_k = -\tau(x_i + x_j) + x_5 = 0$ $(1 \leq i < j \leq 4, \{k,l\} = \{1,2,3,4\} - \{i,j\})$ で与えられることを示せ.

研究課題 7.5 $\mathbb{P}^4$ 内の 5 次超曲面上にある直線は 2875 本であることを示せ.

C 郎：この問題はカラビ-ヤウ多様体とかミラー対称性とかいう話と関係するんですよね.

♪：よく知っているね. $\mathbb{P}^4$ 内の 5 次超曲面 X は 3 次元のカラビ-ヤウ多様体と呼ばれるものの代表例です. X 内の d 次の有理直線 ($\mathbb{P}^1$) の本数を n_d とすると上の研究課題 7.5 より $n_1 = 2875$ です. $n_2 = 609250$ などの値が知られています. 1991 年に, 弦理論におけるミラー対称性という考え方を用いて物理学者キャンデラス, ドゥ・ラ・オッサ, グリーン, パークスがすべての n_d の値を求める方法を提出しました. ミラー対称性の数学的に厳密な枠組みはまだ完成していませんが, キャンデラスらの公式そのものは 1996 年にギベンタールによって証明されました. 解説として [51] を挙げておきます. また, 数 n_d の値をボットの局所化の原理を用いて計算する試みが [39] でなされています.

7.3 射影束とチャーン類

ここで, チャーン類の性質やギシン写像 (Gysin map) に関する基本事項を追加しておきます. 旗多様体のチャウ環（コホモロジー環）を記述するために必要な事柄です.

チャーン類の自然性

$\pi : \mathscr{E} \to X$ をベクトル束とします. $f : Y \to X$ を代数多様体の正則写像とするとき, **引き戻し**と呼ばれる Y 上のベクトル束 $f^*\mathscr{E}$ が定義できます. $f^*\mathscr{E}$ の $y \in Y$ におけるファイバー $(f^*\mathscr{E})_y$ は $\mathscr{E}_{f(y)}$ です. 以下の可換図式が存在します：

非特異な射影多様体の間の正則写像 $f: Y \to X$ に対して，交叉環の間の**引き戻し** (pullback) と呼ばれる次数付き環の準同型写像 $f^*: A^*(X) \to A^*(Y)$ が定義できます．交叉環の引き戻しとベクトル束の引き戻しには次の関係があります．

命題 7.15（チャーン類の自然性）　次が成り立つ:
$$c_i(f^*\mathscr{E}) = f^*(c_i(\mathscr{E})).$$

♪：チャーン類を使った議論の中でこの"自然性"は基本的です．
A子：言葉通り，自然そうだってことはなんとなくわかりますが……．
♪：$c_i(\mathscr{E})$ は本来 $A^*(X)$ の中にあるものですが，$A^*(Y)$ の中の $f^*(c_i(\mathscr{E}))$ を単に $c_i(\mathscr{E})$ と書いてしまうこともあります．
B太：あまりにも自然すぎて忘れてしまうってことですか？
♪：まあね．忘れてはいないけど，判断できるときは f^* を省略する方が記号がすっきりするし本質がみえやすくなることも多いのです．

ギシン写像と射影公式

命題 7.16（**ギシン写像**と**射影公式**）　$f: X \to Y$ を非特異な射影多様体の間の正則写像とする．$A^i(X)$ を $A^{i+\dim(Y)-\dim(X)}(Y)$ に写す加法群の準同型 f_* が定義されて，

$$f_*(f^*(\alpha) \cdot \beta) = \alpha \cdot f_*(\beta) \quad (\alpha \in A^*(Y), \, \beta \in A^*(X)) \tag{7.7}$$

が成り立つ．

証明 この講義では交叉環がコホモロジー環と自然に同型になる多様体を主に扱います（C.8 節参照）ので，コホモロジー環において対応する構成を説明します．$\dim(X) = n$, $\dim(Y) = m$ とするとき f_* の定義は，

$$f_* : H^{2i}(X) \cong H_{2n-2i}(X) \xrightarrow{f_*} H_{2n-2i}(Y) \cong H^{2i+2m-2n}(Y)$$

により与えられます．ポアンカレ双対写像による同型とホモロジー群における押し出しを用いています．言い換えると $\alpha \in H^{2i}(X)$ に対し，

$$f_*(\alpha) \cap [Y] = f_*(\alpha \cap [X])$$

です（右辺の f_* はホモロジー群の押し出し）．(7.7) はホモロジー群の押し出し射に関する射影公式を用いて次のように確かめられます：

$$f_*(f^*(\alpha) \cdot \beta) \cap [Y] = f_*((f^*(\alpha) \cup \beta) \cap [X]) = f_*(f^*(\alpha) \cap (\beta \cap [X]))$$
$$= \alpha \cap f_*(\beta \cap [X]) = (\alpha \cdot f_*(\beta)) \cap [Y].$$

$\square$

f_* はギシン写像と呼ばれます．f^* を通して $A^*(X)$ を $A^*(Y)$ 加群とみるとき，射影公式はギシン写像が $A^*(Y)$ 加群としての準同型であることを意味しています．なお，チャウ群（C.3 節参照）上では一般に固有射に対して押し出し射が定義されます（C.4 節）．

V を X の k 次元の既約部分多様体とすると，$f(V)$ は既約な代数多様体で次元が高々 k であることが知られています．とくに $f(V)$ が k 次元であって，$f(V)$ の空でない開集合 U が存在して f によって $f^{-1}(U)$ が U の上に同型に写されるとき，f は $f(V)$ の上に**双有理的** (birational) であるといいます．

命題 7.17 上記の設定で，f が $f(V)$ の上に双有理的であるときは $f_*([V]) = [f(V)]$ である．また，$\dim(f(V)) < k$ のときは $f_*[V] = 0$ である．

証明 チャウ群における押し出し射は，

$$f_*([V]) = \begin{cases} d \cdot [f(V)] & (\dim f(V) = \dim V) \\ 0 & (\dim f(V) < \dim V) \end{cases}$$

と定義されます．$\dim V = \dim f(V)$ のとき，関数体 $R(V)$ は $R(f(V))$ の有限次拡大体であり，d はその拡大次数です．f が双有理射であることは $d = 1$，すなわち $R(V) = R(f(V))$ と同値です．よって命題が成り立ちます．□

射影束とグロタンディーク[*2]の構成法

X を非特異な射影代数多様体とし，$\pi : \mathcal{E} \to X$ を階数 r のベクトル束とします．$x \in X$ ごとに $\mathcal{E}_x$ の射影化 $\mathbb{P}(\mathcal{E}_x) \cong \mathbb{P}^{r-1}$ が考えられます．これらを束ねて射影束と呼ばれるファイバー束 $\pi : \mathbb{P}(\mathcal{E}) \to X$ が構成できます．$\mathbb{P}(\mathcal{E})$ とチャーン類の基本的な関係があります．これはグロタンディークによるものでチャーン類の定義のひとつとも考えられます．

$\mathbb{P}(\mathcal{E})$ 上には直線束 $\mathcal{O}_{\mathbb{P}(\mathcal{E})}(1)$ が定義されます．$\mathbb{P}(\mathcal{E})$ の点は $x \in X$ と $\mathcal{E}_x \cong \mathbb{C}^r$ に含まれる直線 $L \in \mathbb{P}(\mathcal{E}_x)$ の組 (x, L) ですが，この点の上のファイバーが L の双対空間 L^* であるとして定義される直線束です．X が 1 点集合 $\{\text{pt}\}$ のときは，$\mathcal{E}$ は r 次元ベクトル空間 E であって $\mathbb{P}(\mathcal{E}) \cong \mathbb{P}^{r-1}$ ですから，$\mathcal{O}_{\mathbb{P}(\mathcal{E})}(1)$ は 6.1 節で定義したものと同じです[*3]．

命題 7.18 $\xi := c_1(\mathcal{O}_{\mathbb{P}(\mathcal{E})}(1))$ とおくとき，任意の $\alpha \in A^*(\mathbb{P}(\mathcal{E}))$ に対して，

[*2] Alexander Grothendieck (1928-2014).

[*3] ファイバーにおいて $\mathcal{E}_x^* \to L^*$ という全射がありますので，その $\text{Ker}(\mathcal{E}_x^* \to L^*)$ をファイバーに持つベクトル束 $\mathcal{H}$ と短完全系列

$$0 \longrightarrow \mathcal{H} \longrightarrow \pi^* \mathcal{E}^\vee \longrightarrow \mathcal{O}_{\mathbb{P}(\mathcal{E})}(1) \longrightarrow 0$$

が存在します．これと双対的な

$$0 \longrightarrow \mathcal{O}_{\mathbb{P}}(-1) \longrightarrow \pi^* E \longrightarrow \mathcal{Q} \longrightarrow 0$$

という短完全系列もあります．$\mathcal{O}_{\mathbb{P}(\mathcal{E})}(-1)$ は (x, L) でのファイバーが L で，$\mathcal{O}_{\mathbb{P}(\mathcal{E})}(1)^\vee = \mathcal{O}_{\mathbb{P}(\mathcal{E})}(-1)$ であることは射影空間の場合と同様です．$\mathcal{Q}$ はこの短完全系列により定義されると考えてもかまいません．

$$\alpha = \sum_{i=0}^{r-1} \alpha_i \cdot \xi^i$$

をみたす $\alpha_i \in A^*(X)$ $(0 \leq i \leq r-1)$ が一意的に存在する．

証明 交叉環とコホモロジー環が同一視できると仮定して，コホモロジー環の場合の概略を述べます．ξ を $\mathbb{P}(\mathscr{E}_x)$ に制限すると超平面の類 $h_x \in A^*(\mathbb{P}(\mathscr{E}_x))$ $\cong \mathbb{Z}[z]/(z^r)$ になりますので，$1, h_x, h_x^2, \ldots, h_x^{r-1}$ が $H^*(\mathbb{P}(\mathscr{E}_x))$ の $\mathbb{Z}$ 上の基底になります．ルレイ-ハーシュの定理（たとえば [10, §4.3, B] 参照）によると，$H^*(\mathbb{P}(\mathscr{E}))$ は $H^*(X)$ 上の自由加群であって $1, \xi, \xi^2, \ldots, \xi^{r-1}$ が基底になることがしたがいます．命題はこの事実を言い換えたものです． □

定理 7.19 X を非特異な射影代数多様体とし，$\pi : \mathbb{P}(\mathscr{E}) \to X$ を階数 r のベクトル束 $\mathscr{E}$ の射影束とする．$\xi := c_1(\mathscr{O}_{\mathbb{P}(\mathscr{E})}(1))$ とおくとき，$\pi_*(\xi^{r-1}) = 1$ が成り立つ．

証明 点 $x \in X$ を1つとり，ファイバーの埋め込み写像を $i : \pi^{-1}(x) \hookrightarrow \mathbb{P}(\mathscr{E})$ と表します．$i^*(\xi)$ はファイバー $\pi^{-1}(x) = \mathbb{P}(\mathscr{E}_x)$ への制限ですが，これは直線束 $\mathscr{O}_{\mathbb{P}(\mathscr{E}_x)}(1)$ の類です．したがって $i^*(\xi^{r-1})$ は $\mathbb{P}(\mathscr{E}_x)$ の1点の類です．i に関して射影公式を用いると，

$$\xi^{r-1} \cdot [\mathbb{P}(\mathscr{E}_x)] = \xi^{r-1} \cdot i_*(1) = i_*\left(i^*(\xi^{r-1}) \cdot 1\right) = [\mathrm{pt}] \tag{7.8}$$

が得られます．さて $A^0(X) = \mathbb{Z}$ であることから，ある整数 n を用いて $\pi_*(\xi^{r-1}) = n$ と書けます．π に関する射影公式を用いると，

$$\xi^{r-1} \cdot [\mathbb{P}(\mathscr{E}_x)] = \xi^{r-1} \cdot \pi^*([x])$$
$$= \pi_*(\pi^*\xi^{r-1} \cdot [x]) = \pi_*(n[x]) = n \cdot [\mathrm{pt}]$$

となるので，(7.8) と見比べると $n = 1$ が得られます． □

定理 7.20 $A^*(\mathbb{P}(\mathscr{E}))$ において，

$$\xi^r + c_1(\mathscr{E}) \cdot \xi^{r-1} + c_2(\mathscr{E}) \cdot \xi^{r-2} + \cdots + c_r(\mathscr{E}) = 0 \tag{7.9}$$

が成り立つ．$c_i(\mathscr{E})$ $(1 \leq i \leq r)$ はこの等式により一意的に定まる．

証明 ξ の定義より $c(\mathscr{O}_{\mathbb{P}(\mathscr{E})}(-1)) = 1 - \xi$ です．$\xi^r = 0$ なので $1 - \xi$ には逆元 $1 + \xi + \xi^2 + \cdots + \xi^{r-1}$ が存在します．短完全系列

$$0 \longrightarrow \mathscr{O}_{\mathbb{P}}(-1) \longrightarrow \pi^*\mathscr{E} \longrightarrow \mathcal{Q} \longrightarrow 0$$

に関するホイットニーの関係式 $c(\mathcal{Q})c(\mathscr{O}_{\mathbb{P}(\mathscr{E})}(-1)) = c(\mathscr{E})$ から，

$$c(\mathcal{Q}) = c(\mathscr{E})/c(\mathscr{O}_{\mathbb{P}(\mathscr{E})}(-1)) = \left(\sum_{i=0}^{r} c_i(\mathscr{E})\right)(1 + \xi + \xi^2 + \cdots + \xi^r)$$

を用いて $c_r(\mathcal{Q}) = 0$ ($\mathcal{Q}$ の階数は $r-1$) を書き換えると，(7.9) が得られます．一意性は命題 7.18 より成立します． □

なお $\mathscr{E}$ が直線束の場合は $\mathbb{P}(\mathscr{E}) = X$，$\pi$ は恒等写像で $\mathscr{O}_{\mathbb{P}}(-1) = \mathscr{E}$ ですから，$\xi + c_1(\mathscr{E}) = 0$ という等式は $\xi = c_1(\mathscr{O}_{\mathbb{P}}(1)) = -c_1(\mathscr{E})$ とつじつまが合います．

系 7.21 $A^*(\mathbb{P}(\mathscr{E}))$ は $A^*(X)$ 代数として，

$$A^*(X)[\xi]/(\xi^r + c_1(\mathscr{E}) \cdot \xi^{r-1} + c_2(\mathscr{E}) \cdot \xi^{r-2} + \cdots + c_r(\mathscr{E}))$$

と同型である．

証明 定理 7.20 と命題 7.18 からしたがいます． □

問 7.3 $\xi^r + c_1(\mathscr{E})\xi^{r-1} + c_2(\mathscr{E})\xi^{r-2} + \cdots + c_r(\mathscr{E}) = 0$ に π_* を施すと $\pi_*(\xi^r) + c_1(\mathscr{E}) = 0$ が得られる．ξ を掛けて π_* を施すと $\pi_*(\xi^{r+1}) + c_1(\mathscr{E})\pi_*(\xi^r) + c_2(\mathscr{E}) = 0$ が得られる．このようにして得られる関係式を用いて，$\pi_*(\xi^{r-1+i})$ ($i \geq 0$) を $c_1(\mathscr{E}), \ldots, c_r(\mathscr{E})$ の多項式として表せ．

分類写像と分類空間

正則な大域切断の空間 $\Gamma(X, \mathscr{E})$ の線型部分空間 W に対して，写像 $X \times W \to \mathscr{E} : (x, s) \mapsto s(x)$ が全射であるとき，$\mathscr{E}$ は W により**生成される**といいま

す．$W = \Gamma(X, \mathscr{E})$ ととれるとき，$\mathscr{E}$ は**大域切断によって生成される**といいます．

定理 7.22（分類写像） 階数 d のベクトル束 $\mathscr{E}$ が有限次元の線型部分空間 $W \subset \Gamma(X, \mathscr{E})$ により生成されているとき，写像 $f : X \to \mathscr{G}_d(W^*)$ であって $f^* \mathscr{S}^\vee = \mathscr{E}$ をみたすものが存在する．

証明 $X \times W \to \mathscr{E}$ の双対として得られる写像 $\mathscr{E}^\vee \to X \times W^*$ は単射です．つまり $\mathscr{E}^\vee$ が W^* をファイバーとする自明束の部分束だとみなせるわけです．これは $\mathscr{E}_x^*$ が W^* の d 次元部分空間であることを意味しますので，$x \in X$ に対して $\mathscr{E}_x^* \in \mathscr{G}_d(W^*)$ を対応させることにより，$f : X \to \mathscr{G}_d(W^*)$ が定まります．f の定義から $f^* \mathscr{S}^\vee = \mathscr{E}$ は明らかです．$x \in X$ 上のファイバーが $\mathscr{E}_x^{**} = \mathscr{E}_x$ だからです． □

例 7.23 $X = \mathscr{G}_d(E)$ 上の階数 d のベクトル束 $\mathscr{S}^\vee$ は大域切断によって生成されます．定理 6.1 と同様に $\Gamma(\mathscr{G}_d(E), \mathscr{S}^\vee) \cong E^*$ が成り立ちます．$x = V \in X$ に対して $(\mathscr{S}_x^\vee)^* = V \subset E$ ですから，この場合 f を恒等写像とすればよいのです．

♪：この定理のようにベクトル束 $\mathscr{E}$ が有限次元の線型部分空間 $W \subset \Gamma(X, \mathscr{E})$ により生成されているとするとき，チャーン類の自然性（定理 7.7）と合わせれば，

$$c_i(\mathscr{E}) = c_i(f^* \mathscr{S}^\vee) = f^*(c_i(\mathscr{S}^\vee)) = f^*(\sigma_{1^i})$$

が得られます．このことはチャーン類がグラスマン多様体 $\mathscr{G}_d(W^*)$ のシューベルト類の引き戻しとして定義することができることを意味しています（$\mathscr{E}$ が大域切断の部分空間 W により生成されるという条件付きですが）．さらに $\sigma_{1^i} \in A^*(\mathscr{G}_d(W^*))$ は，

$$\sigma_{1^i} \in A^*(\mathscr{G}_d(\mathbb{C}^\infty))$$

の像と考えられますので，W の選び方にもよらない普遍的なシューベルト

類の引き戻しなのです．

B 太：チャーン類はグラスマン多様体からやってくるんですね．

♪：そうです．ちなみに写像 f は**分類写像** (classifying map) と呼ばれます．それと関連して $\mathscr{G}_d(\mathbb{C}^\infty)$ は**分類空間** (classifying space) と呼ばれます．

A 子：分類とはどういう意味ですか？

♪：ベクトル束を分類する写像という意味ですね．連続な複素ベクトル束という設定で同様のことを考えるとき，位相多様体 X 上の連続な複素ベクトル束の同型類の集合は，X から $\mathscr{G}_d(\mathbb{C}^\infty)$ への連続写像のホモトピー類全体の集合と一対一に対応するということが知られています[*4]．

[*4] [21, Chap. 14, Theorem 14.6] などをみてください．

第 III 部
旗多様体とシューベルト多項式

　旗多様体は，いわばすべてのグラスマン多様体たちの上にある普遍的な多様体です．記述が複雑になる一方で，旗多様体から眺めることではじめてわかる平明な構造もあります．とくにシューベルト多項式が現れる様（さま）は圧巻です．

　　　　　　　　「よくああ無造作（むぞうさ）に鑿（のみ）を使って，思うような眉（まみえ）や鼻ができるものだな」と自分はあんまり感心したから独言（ひとりごと）のように言った．するとさっきの若い男が，
　　　　　　　　「なに，あれは眉や鼻を鑿で作るんじゃない．あの通りの眉や鼻が木の中に埋（う）まっているのを，鑿と槌（つち）の力で掘り出すまでだ．まるで土の中から石を掘り出すようなものだからけっして間違うはずはない」と云った．
　　　　　　　　　　　　　　　　　　　　夏目漱石『夢十夜』

第8講
旗多様体

　グラスマン多様体のシューベルト条件を定めるために「旗」を用いてきました．旗全体の集合もまた興味深い幾何学的対象であり，旗多様体と呼ばれます．今回から旗多様体のシューベルト・カルキュラスを紹介します．

8.1 旗多様体

　$E = \mathbb{C}^n$ として，次のような旗全体の集合を $\mathscr{F}\ell(E)$ と表すことにします：

$$V_\bullet : \{0\} \subset V_1 \subset V_2 \subset \cdots \subset V_d \subset \cdots \subset V_n = E, \quad \dim V_i = i.$$

グラスマン多様体のシューベルト多様体を決めるために用いた旗 $F^\bullet$ は余次元を添え字にしていましたが，ここでは次元を添え字にします．与えられた旗 $V_\bullet$ に対して，V_1 の基底 $\boldsymbol{v}_1$ を選び，$V_2 = \langle \boldsymbol{v}_1, \boldsymbol{v}_2 \rangle$ となるように $\boldsymbol{v}_2$ を選び，以下同様に続けると $\mathbb{C}^n$ の基底 $\{\boldsymbol{v}_1, \ldots, \boldsymbol{v}_n\}$ であって，

$$V_i := \langle \boldsymbol{v}_1, \ldots, \boldsymbol{v}_i \rangle \quad (1 \leq i \leq n)$$

となるものが作れます．このような E の基底（順序を込めた意味で）を，簡単に**旗 $V_\bullet$ の基底**と呼ぶことにします．以上のことから，順序付き基底全体の集合 $\mathscr{V}_n(E)$ から旗多様体への全射

$$\pi : \mathscr{V}_n(E) \ni (\boldsymbol{v}_1, \cdots, \boldsymbol{v}_n) \mapsto (V_i := \langle \boldsymbol{v}_1, \ldots, \boldsymbol{v}_i \rangle)_{i=1}^n \in \mathscr{F}\ell(E)$$

があることがわかりました．なお，$\mathscr{Fl}_n(E)$ は $GL_n(\mathbb{C})$ に他なりません．以下，グラスマン多様体の場合に行った議論の類似をたどって旗多様体の構造を調べましょう．

例 8.1 旗多様体 $\mathscr{Fl}(\mathbb{C}^2)$ は射影直線 $\mathbb{P}^1$ です．$\mathscr{Fl}(\mathbb{C}^3)$ は文字通り「旗」のなす集合です．

等質空間としての実現

$GL_n(\mathbb{C})$ の $E = \mathbb{C}^n$ への作用から $\mathscr{Fl}(E)$ への作用が誘導されます．$V_\bullet \in \mathscr{Fl}(E)$, $g \in GL_n(\mathbb{C})$ ならば $gV_\bullet = (gV_1 \subset \cdots \subset gV_n)$ とするわけです．

♪：この作用が推移的であることはわかりますか？
A子：なにか基準になる点があるほうが考えやすいですよね．ええと……．
♪：では，基点の役割をする旗として，
$$V_i^{\mathrm{id}} := \langle e_1, \ldots, e_i \rangle \ (1 \leq i \leq n)$$
で定まるものをとり，$V_\bullet^{\mathrm{id}}$ と書きましょう．id は恒等置換[*1]のつもりです．
C郎：任意の旗 $V_\bullet$ に対して $V_\bullet = gV_\bullet^{\mathrm{id}}$ をみたす $g \in GL_n(\mathbb{C})$ をみつけるんですね．
B太：旗 $V_\bullet$ の基底をひとつ選んで $(v_1, \ldots, v_n)$ とするでしょ．これは $g = (v_1, \ldots, v_n)$ という $GL_n(\mathbb{C})$ の元と思うこともできる．このとき $gV_\bullet^{\mathrm{id}}$ というのは，そのまま $V_i = \langle ge_1, \ldots, ge_i \rangle = \langle v_1, \ldots, v_i \rangle$ で決まる旗のことだよ．
A子：じゃあ，結局 π が全射であるというさっきの話ね．

* * *

以下 $\mathscr{Fl}(\mathbb{C}^n)$ を省略して $\mathscr{Fl}(n)$ と書くこともあります．また，旗 $V_\bullet^{\mathrm{id}}$ を点として考えるときは $e_{\mathrm{id}} \in \mathscr{Fl}(n)$ と書くことにします．上三角な可逆行列全体からなる $GL_n(\mathbb{C})$ の部分群を B としていたことを思い出しましょう．

[*1] 置換 $w \in S_n$ に対して，旗 $V_\bullet^w$ をあとで定義します．

命題 8.2 $e_\mathrm{id} \in \mathscr{F}\ell(n)$ の固定化部分群 $\mathrm{Stab}(e_\mathrm{id}) = \{g \in GL_n(\mathbb{C}) \mid g \cdot e_\mathrm{id} = e_\mathrm{id}\}$ は B と一致する．よって以下の同一視ができる：

$$GL_n(\mathbb{C})/B \cong \mathscr{F}\ell(n) \quad (gB \mapsto g \cdot e_\mathrm{id}).$$

証明 旗 $V_\bullet$ に対して $g \cdot V_\bullet = V_\bullet$ というのは，$g(V_i) = V_i$ $(1 \le i \le n)$ ということです．$g \in \mathrm{Stab}(e_\mathrm{id})$ ならば $g \cdot e_i \in \langle e_1, \ldots, e_i \rangle$ ですから，

$$\begin{aligned}
g \cdot e_1 &= a_{11} e_1 \\
g \cdot e_2 &= a_{12} e_1 + a_{22} e_2 \\
\vdots\ &=\ \vdots \\
g \cdot e_n &= a_{1n} e_1 + \cdots + a_{nn} e_n
\end{aligned} \qquad (8.1)$$

と書けます $(a_{ij} \in \mathbb{C},\, a_{ii} \ne 0)$．つまり $g = (a_{ij}) \in B$ です．逆に，B に属す任意の行列 g は (8.1) をみたしますから e_id を固定します．

後半の主張は空間が群の推移的な作用を持つときはいつでも成り立つことです．推移的の意味から，任意の $V_\bullet \in \mathscr{F}\ell(n)$ に対して $g \cdot e_\mathrm{id} = V_\bullet$ となる $g \in GL_n(\mathbb{C})$ があります．$g_1 \cdot e_\mathrm{id} = g_2 \cdot e_\mathrm{id}$ であることは $g_2^{-1} g_1 \in \mathrm{Stab}(e_\mathrm{id}) = B$ ということであり，これはさらに $g_1 B = g_2 B$ と同値です．こうして $GL_n(\mathbb{C})/B$ の元と $\mathscr{F}\ell(n)$ の元は一対一に対応します． □

♪：B の元を基底変換の行列だとみておくと，あとで理解の助けになるでしょう．命題 8.2 を言い換えると，2 つの順序付き基底 $\xi, \xi' \in \mathscr{V}_n(\mathbb{C}^n) = GL_n(\mathbb{C})$ が同一の旗を与えるのは $\xi' = \xi \cdot b$ となる $b \in B$ が存在するとき，そのときに限るということです．

C郎：そうですね．ここでは B の元 b は右から掛けているから $\mathbb{C}^n$ の基底変換とみなせますね．$\mathbb{C}^n$ の基底を変えても旗が変わらない，そういう基底変換を考えているんですね．

♪：そうです．B の元による基底変換を掃き出し法の言葉で理解できますか？右から可逆な行列を掛けることなので，列基本変形の合成により実現できま

す.

B 太：列の基本変形の繰り返しで B の元を作るならば，列のスカラー倍は許すけれど列の交換は許さずに，左から右に向かってだけ掃き出すんですね．$\boldsymbol{v}_j \mapsto \boldsymbol{v}_j + c\,\boldsymbol{v}_i\ (i<j)$ のように．

開被覆

基点 e_{id} を一般化して，n 次の置換 $w \in S_n$ に対して $e_w = V_\bullet^w \in \mathscr{Fl}(n)$ を，

$$V_i^w = \langle \boldsymbol{e}_{w(1)}, \ldots, \boldsymbol{e}_{w(i)} \rangle \quad (1 \leq i \leq n) \tag{8.2}$$

と定めます．一方，$\mathbb{C}^n$ の余次元 i の部分空間 F_w^i を，

$$x_{w(1)} = \cdots = x_{w(i)} = 0 \quad (1 \leq i \leq n)$$

により定め，得られる旗を $F_w^\bullet$ と書きましょう．$F_w^\bullet$ と $V_\bullet^w = e_w$ は一般の位置関係にあります．

例 8.3 たとえば $w = 34251^{*2}$ のとき $F_w^\bullet$ は，

$$\mathbb{C}^5 \supset \begin{pmatrix} * \\ * \\ 0 \\ * \\ * \end{pmatrix} \supset \begin{pmatrix} * \\ * \\ 0 \\ 0 \\ * \end{pmatrix} \supset \begin{pmatrix} * \\ 0 \\ 0 \\ 0 \\ * \end{pmatrix} \supset \begin{pmatrix} * \\ 0 \\ 0 \\ 0 \\ 0 \end{pmatrix} \supset \{\boldsymbol{0}\}$$

という姿をしています．

$F_w^\bullet$ に対して一般の位置関係にある旗全体のなす集合

$$\mathscr{U}_w := \{V_\bullet \in \mathscr{Fl}(n) \mid F_w^i \cap V_i = \{0\}\ (1 \leq i \leq n)\} \tag{8.3}$$

[*2] 置換を $w = \begin{pmatrix} 1 & 2 & 3 & 4 & 5 \\ 3 & 4 & 2 & 5 & 1 \end{pmatrix}$ のように表すのが通例ですが，ここでは $w = 34251$ のように表します (one-line notation).

を考えましょう．上で述べたように $e_w \in \mathscr{U}_w$ です．

♪：$\mathscr{U}_w$ はアフィン空間と同型な開集合であることがわかります．そのモデル U_w を $\mathscr{V}_n(\mathbb{C}^n)$ の中に作りましょう．たとえば $w = 34251$ のとき，$\mathscr{V}_n(\mathbb{C}^n)$ の部分集合 U_w として次のような行列の集合を考えます：

$$U_w : \begin{pmatrix} * & * & * & * & 1 \\ * & * & 1 & 0 & 0 \\ 1 & 0 & 0 & 0 & 0 \\ * & 1 & 0 & 0 & 0 \\ * & * & * & 1 & 0 \end{pmatrix}$$

一般の場合，$\xi \in \mathscr{V}_n(\mathbb{C}^n)$ が U_w に属すことを，

$$\xi_{w(j),j} = 1 \ (1 \leq j \leq n),\ \xi_{ik} = 0 \ (1 \leq i \leq n,\ k > w^{-1}(i))$$

と定めます．こういう式を覚える必要はありません．1 の配置は**置換行列** E_w，つまり $(E_w)_{ij} = \delta_{w(i),j}$ で決まる行列と同じで，1 の右側の成分はすべて零ということです．与えられた $V_\bullet \in \mathscr{U}_w$ に対して，その基底 $\xi = (\boldsymbol{v}_1, \ldots, \boldsymbol{v}_n)$ が U_w の元として一意的にとれるので，例をみて考えてください．

A 子：1 列目のベクトル $\boldsymbol{v}_1$ は射影空間 $\mathbb{P}^{n-1}$ の開胞体に対するのと同じ考えで形を決められます．$x_3 = 0$ で定まる超平面 F_w^1 に含まれないベクトル $\boldsymbol{v}_1$ は第 3 成分を 1 に正規化できますから．

C 郎：$\mathbb{C}\boldsymbol{v}_1$ をモジュロにすれば，$V_2 = \langle \boldsymbol{v}_1, \boldsymbol{v}_2 \rangle$ をみたす $\boldsymbol{v}_2$ はスカラー倍を除いて一意的ですよね．$\boldsymbol{v}_2$ を選ぶとき，$\boldsymbol{v}_1$ を使って掃き出して $\boldsymbol{v}_2$ の第 3 行成分が 0 になるようにできます．

B 太：$F_w^2 \cap V_2 = \{\boldsymbol{0}\}$ なので，そのような $\boldsymbol{v}_2$ は第 4 行成分が 0 ではないはずです．だから正規化して，

$$\boldsymbol{v}_2 = \begin{pmatrix} * \\ * \\ 0 \\ 1 \\ * \end{pmatrix}$$

という形に選べる．

♪：そうですね．ある列の定数倍をそれよりも右にある列に加えるという変形を使いながら，そんなふうに U_w に属する基底を一意的に決められます．

♪：ところで U_w の次元はわかりますか？

A子：行を並べ替えると三角型になるから $*$ が数えやすくなります．$1 + 2 + \cdots + (n-1) = \frac{n(n-1)}{2}$ 次元です．

命題 8.4 π によって U_w と $\mathscr{U}_w$ は一対一に対応する．また，$\mathscr{U}_w \subset \mathscr{F}\ell(n)$ は $\frac{n(n-1)}{2}$ 次元の開胞体であって，次が成り立つ：

$$\mathscr{F}\ell(n) = \bigcup_{w \in S_n} \mathscr{U}_w.$$

証明 $\pi|_{U_w}$ が単射であることをみましょう．そのためには，積による写像

$$U_w \times B \to GL_n(\mathbb{C}) \quad ((u, b) \mapsto ub)$$

が単射であることを示せば十分です．このことは，まず $w = \mathrm{id}$ として，行列の計算をすれば確かめられます．一般の置換 $w \in S_n$ に対しては，$U_w = E_w U_{\mathrm{id}}$ に注意すると $w = \mathrm{id}$ の場合に帰着します．ここで E_w は $w \in S_n$ に対応する置換行列です．任意の旗 $V_\bullet$ がある $\mathscr{U}_w$ に含まれることは，後ほど証明する系 8.11 からわかります． □

8.2 旗多様体のシューベルト胞体

U_w の元であって，各列において「要の1」よりも上の成分はすべて0とい

う条件で定まる部分集合 U_w^- を考えます．さきほどの $w = 34251$ に対しては，

$$U_w^- : \begin{pmatrix} \boxed{0} & \boxed{0} & \boxed{0} & \boxed{0} & 1 \\ \boxed{0} & \boxed{0} & 1 & 0 & 0 \\ 1 & 0 & 0 & 0 & 0 \\ * & 1 & 0 & 0 & 0 \\ * & * & * & 1 & 0 \end{pmatrix}$$

という姿の行列の集合です．アフィン空間 $U_w \cong \mathbb{C}^{n(n-1)/2}$ と比較して，新しく増えた 0 を $\boxed{0}$ と書きました．

♪：さて，この例では $\boxed{0}$ が 6 個ですが，置換 w をみたときに $\boxed{0}$ が何個あるかどうやって数えますか？

B 太：右と下の両方に 1 があるのが $\boxed{0}$ の場所ですよね．i 列の $\boxed{0}$ を数えるとして，まず i 列の $w(i)$ 行に 1 がありますよね．i 列よりも右の列，たとえば j 列にこの 1 よりも上にある 1 があるとき，つまり $w(i) > w(j)$ となるときに $(w(j), i)$ 成分が $\boxed{0}$ になります．

A 子：ということは 1 列ならば $w(1) = 3$ よりも右にあってそれよりも小さい $w(3) = 1, w(5) = 2$ の数を数えて 2 個，2 列ならば，ええと……．

♪：そう．そうして，各列の値を全部足してください．

A 子：$2 + 2 + 1 + 1 + 0 = 6$ です．

♪：そうです．一般に，置換 $w \in S_n$ に対して，

$$i < j, \quad w(i) > w(j)$$

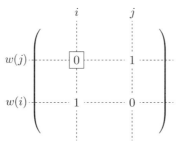

をみたす組 (i,j) を置換 w の**転倒**といいます．w の転倒の総数を $\ell(w)$ で表し w の**転倒数**と呼びます．

定義 8.5 $w \in S_n$ に対して $\Omega_w^\circ = \pi(U_w^-)$ と定義する．これを**シューベルト胞体**と呼ぶ．

命題 8.6 Ω_w° は $\mathscr{U}_w$ の余次元 $\ell(w)$ のアフィン部分空間である．

証明 π によって U_w は $\mathscr{U}_w$ の上に同型に写されます（命題 8.4）．U_w^- はそのとき Ω_w° の上に同型に写されます．U_w^- は U_w の余次元 $\ell(w)$ のアフィン部分空間ですから命題が成り立ちます． □

グラスマン多様体のときに考えた $d_V(i)$ を次のように拡張しましょう．

定義 8.7 $F^\bullet$ を標準旗とし，$V_\bullet \in \mathscr{Fl}(n)$ に対して，
$$d_{V_\bullet}(i,j) := \dim(F^{i-1} \cap V_j) \quad (1 \le i, j \le n) \tag{8.4}$$
と定義する．

♪：たとえば先ほどの $w = 34251$ に対する U_w^- に対応する旗 $V_\bullet$ について $d_{V_\bullet}(i,j)$ を表にしてみてください．

C 郎：1 列から j 列までの列ベクトルが V_j を張る．行列の形が簡単なので，それらのうちで F^{i-1} に含まれるものの個数を求めればいいですね．

B 太：結局は (i,j) という箱を含めて左下の長方形の中に 1 がいくつあるか数えればいい．

A 子：そうね．じゃあ，こんなふうですね．

1	2	3	4	5
1	2	3	4	4
1	2	2	3	3
0	1	1	2	2
0	0	0	1	1

♪：はい．次にここで，各列ごとにみてグラスマンのときと同じやり方で段差

の位置を示す●を置いてみてください．上から下にみて，段差のある直前のところに●を置きます．

B太：ええと，こうなります．

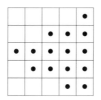

♪：そうですね．j ごとに $d_{V_\bullet}(i,j) = \dim(F^{i-1} \cap V_j)$ $(1 \leq i \leq n)$ は $V_j \in \mathscr{G}_j(\mathbb{C}^n)$ が属すシューベルト胞体を決める数列でした．それには j 個の段差があります．このようにして，元が1つずつ増える $\{1,2,\ldots,n\}$ の部分集合の列 $\mathscr{D}(V_1) \subset \cdots \subset \mathscr{D}(V_n)$ （いわば集合の旗）が決まることがわかります．$j-1$ 列から j 列で新しく増える●は $(w(j), j)$ にあることに注意しましょう．つまり $\mathscr{D}(V_j)$ と $\mathscr{D}(V_{j-1})$ の差は $\{w(j)\}$ です．

$$* \quad * \quad *$$

可逆な下三角行列全体がなす $GL_n(\mathbb{C})$ の部分群を B_- としていたのを思い出してください．

命題 8.8 任意の $g \in B_-$ に対して，

$$d_{V_\bullet}(i,j) = d_{gV_\bullet}(i,j) \quad (1 \leq i,j \leq n)$$

が成り立つ．

証明 $g \in B_-$ ならば $gF^{i-1} = F^{i-1}$ ですから，

$$V_j \cap F^{i-1} \cong g(V_j \cap F^{i-1}) = gV_j \cap gF^{i-1} = gV_j \cap F^{i-1}$$

がわかります．したがって $d_{V_\bullet}(i,j) = d_{gV_\bullet}(i,j)$ が成り立ちます． □

$w \in S_n$ に対して $n \times n$ の正方形のマス目 $(w(j), j)$ $(1 \leq j \leq n)$ に●をおいて得られる図を w の**置換ダイアグラム**と呼びましょう．$w = 34251$ ならば以

下のような図です：

●を1で，その他を0で置き換えて得られる行列は w に対応する置換行列 E_w に他なりません．

先ほど出てきた「(i,j) という箱を含めて左下の長方形の中に●がいくつあるか」という関数を定義しておきましょう．

定義 8.9（次元関数）　$w \in S_n$, $1 \leq i, j \leq n$ に対して，
$$d_w(i,j) = \#\{s \leq j \mid w(s) \geq i\} \tag{8.5}$$
と定める．

置換ダイアグラムを眺めれば，
$$d_{V_\bullet^w}(i,j) = d_w(i,j) \tag{8.6}$$
が成り立つことは理解しやすいでしょう．

定理 8.10　$V_\bullet \in \mathscr{Fl}(n)$ に対して次は同値である：
(1) $d_{V_\bullet} = d_w$.
(2) $V_\bullet \in \Omega_w^\circ$.
(3) $V_\bullet \in B_- e_w$.

証明　(1) $\Longrightarrow$ (2)：掃き出し法の応用です．$d_{V_\bullet} = d_w$ ならば旗 $V_\bullet$ の基底 $\xi = (\boldsymbol{v}_1, \ldots, \boldsymbol{v}_n)$ であって U_w^- に属するものを，$\boldsymbol{v}_1$ から順に構成していけます．具体的には，

$$\boldsymbol{v}_j = \boldsymbol{e}_{w(j)} + \sum_{k>w(j),\ k\notin\{w(1),\ldots,w(j-1)\}} \xi_{kj}\boldsymbol{e}_k$$

という形です．実際，i の数列とみるとき $d_{V_\bullet}(i,j) = d_w(i,j)$ は $i = w(j)$ の直後に段差を持つので，

$$(F^{w(j)-1} \cap V_j)/(F^{w(j)} \cap V_j)$$

は 1 次元です．このことから $\boldsymbol{v}_j$ の展開に $\boldsymbol{e}_{w(j)}$ が係数 1 で現れるように $\boldsymbol{v}_j \in F^{w(j)-1} \cap V_j$ を選べます．先に与えた $\boldsymbol{v}_1, \ldots, \boldsymbol{v}_{j-1}$ を用いて掃き出すと，$\boldsymbol{v}_j$ の展開に $\boldsymbol{e}_{w(1)}, \ldots, \boldsymbol{e}_{w(j-1)}$ が現れないようにできます．

(2) $\Longrightarrow$ (3): $V_\bullet \in \Omega_w^\circ$ とすると，ある $\xi = (\boldsymbol{v}_1, \ldots, \boldsymbol{v}_n) \in U_w^-$ により $\pi(\xi) = V_\bullet$ と表せます．ここで $g = (\boldsymbol{v}_{w^{-1}(1)}, \ldots, \boldsymbol{v}_{w^{-1}(n)})$ とおくと $g \in B_-$ であって $g(\boldsymbol{e}_{w(i)}) = \boldsymbol{v}_i$ が成り立ちます．したがって $g(V_\bullet^w) = V_\bullet$ です．つまり $V_\bullet \in B_- e_w$ です．

(3) $\Longrightarrow$ (1): $V_\bullet \in B_- e_w$ とします．つまり $V_\bullet = g(V_\bullet^w)$ となる $g \in B_-$ があるとします．すると命題 8.8 と (8.6) より $d_{V_\bullet} = d_{g(V_\bullet^w)} = d_{V_\bullet^w} = d_w$ がしたがいます． □

この結果は $\mathscr{Fl}(n)$ の B_- 軌道への分割を与えたとみることもできます．

系 8.11 $\mathscr{Fl}(n) = \bigsqcup_{w \in S_w} \Omega_w^\circ$ が成り立つ．

証明 各 j ごとに $V_j \in \mathscr{G}_j(E)$ に対して定まる $\mathscr{D}(V_j)$ を考え，$\mathscr{D}(V_j) \subset \mathscr{D}(V_{j+1})$ を示しましょう．$i \in \mathscr{D}(V_j)$ とすると $\dim(F^i \cap V_j) = \dim(F^{i-1} \cap V_j) - 1$ が成り立ちます．$V_{j+1} = V_j + \mathbb{C}\boldsymbol{v}$ とするとき，$\boldsymbol{v} \in F^{i-1}$ ならば $\dim(F^i \cap V_{j+1}) = \dim(F^i \cap V_j) + 1$，および $\dim(F^{i-1} \cap V_{j+1}) = \dim(F^{i-1} \cap V_j) + 1$ が成り立ち，$\boldsymbol{v} \notin F^{i-1}$ ならば $\dim(F^i \cap V_{j+1}) = \dim(F^i \cap V_j)$，および $\dim(F^{i-1} \cap V_{j+1}) = \dim(F^{i-1} \cap V_j)$ が成り立つので，いずれにしても $\dim(F^i \cap V_{j+1}) = \dim(F^{i-1} \cap V_{j+1}) - 1$ となり $i \in \mathscr{D}(V_{j+1})$ です．

したがって $1 \leq j \leq n-1$ に対して $\mathscr{D}(V_{j+1})$ は $\mathscr{D}(V_j)$ に 1 つの元を追加して得られるから，$\mathscr{D}(V_j) = \{w(1), \ldots, w(j)\}$ となる置換 $w \in S_n$ が定まります．

このとき $d_{V_\bullet} = d_w$ が成り立つことがわかるので，定理 8.10 より $V_\bullet \in \Omega_w^\circ$ です．また，$w \neq v$ ならば d_w と d_v は異なる関数ですから $\Omega_w^\circ \cap \Omega_v^\circ = \emptyset$ が成り立ちます． □

8.3 シューベルト多様体とブリュア順序

定義 8.12（シューベルト多様体）　任意の置換 $w \in S_n$ に対して，

$$\Omega_w = \{V_\bullet \in \mathscr{F}\ell(n) \mid \dim(F^{i-1} \cap V_j) \geq d_w(i,j) \quad (1 \leq i,j \leq n)\} \tag{8.7}$$

と定義する．これを**シューベルト多様体**と呼ぶ．

　シューベルト多様体 Ω_w はシューベルト胞体 Ω_w° の閉包であることを後で示します（命題 8.24）．

定義 8.13（ブリュア順序）　$w, v \in S_n$ とする．任意の i, j に対して $d_w(i,j) \leq d_v(i,j)$ が成り立つとき，$w \leq v$ と書く．また $w \leq v$ であって $w \neq v$ のとき $w < v$ と書く．これを**ブリュア順序**と呼ぶ．

　ブリュア順序は半順序関係です．つまり $w \leq w$ が成り立ち，$w \leq v$ かつ $v \leq w$ は $w = v$ と同値であり，$w \leq u$, $u \leq v$ ならば $w \leq v$ が成り立ちます．この記号を用いると，定理 8.10 から，

$$\Omega_w = \bigsqcup_{v \geq w} \Omega_v^\circ \tag{8.8}$$

と書くことができます．ブリュア順序をくわしく調べましょう．

定義 8.14　$w, v \in S_n$ とする．互換 t があって $w = vt$, $\ell(w) = \ell(v) - 1$ となるとき $w \lessdot v$ と定める．

命題 8.15　$v \in S_n$ とし，ペア (a,b) $(1 \leq a < b \leq n)$ が次をみたすとする：
  (i) $v(a) > v(b)$．
  (ii) $v(a) > v(c) > v(b)$ をみたす $a < c < b$ が存在しない．
このとき $t = (a,b)$ とすると $vt \lessdot v$ が成り立つ．逆に $w \lessdot v$ をみたす任意の置

換 w は，上記をみたすある互換 $t = (a, b)$ により，$w = vt$ として得られる．

証明は書きませんが，次の例をみれば内容は明瞭でしょう．

例 8.16 $v = 346512$ とします．互換 $t = (2, 6)$ は命題 8.15 の条件をみたし，$w = vt = 3\underline{2}651\underline{4}$ は $\ell(w) = \ell(v) - 1$ をみたします．v と w のダイアグラムはそれぞれ以下の通りです．

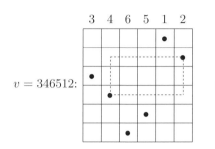
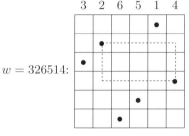

$v = 346512$: $w = 326514$:

破線で示した長方形の内部には ● がないというのが条件 (ii) です．v と w の転倒数の差が 1 であることを図から読み取ってください．

● の配置を考えると差 $d_v - d_w$ が以下のようになることがわかるでしょう．

0	0	0	0	0	0
0	0	0	0	0	0
0	1	1	1	1	0
0	1	1	1	1	0
0	0	0	0	0	0
0	0	0	0	0	0

注意 8.17 任意の $w \in S_n$ に対して $d_w(1, j) = j, d_w(i, n) = n - i + 1$ なので，第 1 行と第 n 列では $d_v - d_w$ の値は 0 です．

命題 8.18 $w \lessdot v$ とする．ペア (a, b) を命題 8.15 のように選ぶとき，$d_v - d_w$ は $(w(a), a)$ と $(w(b) + 1, b - 1)$ を隅とする長方形上で 1 であり，他は 0 である．

次の問の結果は後で用います.

問 8.1 $i < j$, $k < l$ とし,長方形 $R = [i, j-1] \times [k+1, l]$ を考える.

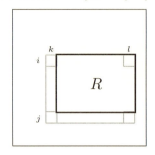

このとき w のダイアグラムにおいて R に含まれる $\bullet$ の個数が,

$$d_w(i, l) + d_w(j, k) - d_w(i, k) - d_w(j, l) \tag{8.9}$$

によって与えられることを示せ.

定理 8.19 $w, v \in S_n$ に対して $w \leq v$ が成り立つことと,列

$$w = w_0 \lessdot w_1 \lessdot \cdots \lessdot w_m = v$$

が存在することは必要十分である.

必要性は次の補題よりしたがいます(m に関する帰納法).十分性は明らかです.

補題 8.20 $w < v$ ならば $w \leq vt$, $vt \lessdot v$ をみたす互換 t がある.

証明 $\Delta(i, j) = d_v(i, j) - d_w(i, j)$ とおきます.(i_0, j_0) を $\Delta(i_0, j_0) > 0$ であって (i_0, j_0) を右上隅とする長方形において,(i_0, j_0) を除いて $\Delta(i, j) = 0$ であるように選びます.このとき v のダイアグラムにおいて (i_0, j_0) には $\bullet$ があります.すなわち $v(j_0) = i_0$ が成り立ちます.次に,(i_0, j_0) を左下隅とする長方形 R であってその上で $\Delta(i, j)$ が正であるような極大のものを選びましょう.R の左上隅の座標を (i_1, j_1) とします.すなわち $R = [i_1, i_0] \times [j_0, j_1]$ とします.v のダイアグラムにおいて,R に北東岸を追加した長方形領域 $\widetilde{R} =$

$[i_1 - 1, i_0] \times [j_0, j_1 + 1]$ の中に ● が存在することを示します．なお $\widetilde{R}$ は $n \times n$ の範囲におさまります（注意 8.17 を参照）．

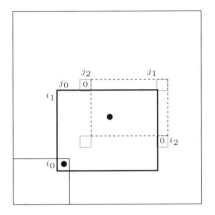

R の極大性から R の 1 つ上の行，および 1 つ右の列にはそれぞれ Δ の値が 0 になるマス目がありますので，1 つずつ選んでそれぞれの列番号と行番号を j_2, i_2 とします．つまり $\Delta(i_1 - 1, j_2) = \Delta(i_2, j_1 + 1) = 0$ です．また $(i_2, j_2) \in R$ なので $\Delta(i_2, j_2) > 0$ ですから，

$$\Delta(i_2, j_2) + \Delta(i_1 - 1, j_1 + 1) - \Delta(i_1 - 1, j_2) - \Delta(i_2, j_1 + 1) > 0$$

が成り立ちます．この値は，(8.9) によると，$R_0 = [i_1 - 1, i_2 - 1] \times [j_2 + 1, j_1 + 1]$ という長方形（図の破線）の中にある v のダイアグラムの ● の個数から w のダイアグラムの ● の個数を引いた値です．したがって，この長方形 R_0 の中に v のダイアグラムの ● が存在します．$R_0 \subset \widetilde{R}$ ですから $\widetilde{R}$ 内に v のダイアグラムの ● が存在することがわかります．

すなわち，$a = j_0$ とするとき，$j_0 < b \leq j_1 + 1$ であって $i_0 = v(a) > v(b) \geq i_1 - 1$ をみたすものがあります．そのような b のうちで命題 8.15 の条件 (ii) をみたすものが選べます．このとき $t = (a, b)$ が求めるものです．$vt \lessdot v$ が成り立つことは命題 8.15 からわかります．

最後に $w \leq vt$ を示します．命題 8.18 からわかるように，d_v から d_{vt} への変化が起きる領域は R に含まれる長方形であり値が高々 1 減るのみです．そ

の領域では $\Delta(i,j) > 0$ ですから d_v から値を 1 だけ減じても d_w 以上であることがわかります. □

命題 8.21 $w \lessdot v$ とする. 次が成り立つ.
(1) 非斉次座標 t を持つ射影直線であって, $t=0$ において e_w, $t \neq \infty$ のとき Ω_w° に含まれていて, $t = \infty$ において e_v になるものがある.
(2) $e_v \in \overline{\Omega_w^\circ}$.
(3) $\Omega_v^\circ \subset \overline{\Omega_w^\circ}$.

証明 (1) 次の例をみればわかると思います. (2), (3) は補題 2.10 と同様です. □

例 8.22 $v = 3421$, $w = 2431$, $t = (1,3)$ とすると $vt = w \lessdot v$ です. $\xi = (\boldsymbol{e}_2 + t\boldsymbol{e}_3, \boldsymbol{e}_4, \boldsymbol{e}_3, \boldsymbol{e}_1) \in \mathscr{V}_4(\mathbb{C}^4)$ が与える $\mathscr{F}\!\ell_4$ の点は, $t = 0$ では e_w であり, $t \neq 0$ ならば Ω_w° に属します. ここで,

$$\begin{pmatrix} 0 & 0 & 0 & 1 \\ 1 & 0 & 0 & 0 \\ t & 0 & 1 & 0 \\ 0 & 1 & 0 & 0 \end{pmatrix} \to \begin{pmatrix} 0 & 0 & 0 & 1 \\ 1/t & 0 & 0 & 0 \\ 1 & 0 & 1 & 0 \\ 0 & 1 & 0 & 0 \end{pmatrix} \to \begin{pmatrix} 0 & 0 & 0 & 1 \\ 1/t & 0 & -1/t & 0 \\ 1 & 0 & 0 & 0 \\ 0 & 1 & 0 & 0 \end{pmatrix}$$

$$\to \begin{pmatrix} 0 & 0 & 0 & 1 \\ 1/t & 0 & 1 & 0 \\ 1 & 0 & 0 & 0 \\ 0 & 1 & 0 & 0 \end{pmatrix}$$

と変形してみるとわかるように, $t = \infty$ においては e_v と一致します.

系 8.23 $w \leq v$ ならば $\Omega_v^\circ \subset \overline{\Omega_w^\circ}$ が成り立つ.

証明 列 $w = w_0 \lessdot w_1 \lessdot \cdots \lessdot w_m = v$ をとります(定理 8.19). m に関する帰納法を用います. $m = 1$ のときは命題 8.21 (3) より成り立ちます. $m \geq 2$ として $m-1$ のときに系が成り立つと仮定します. 帰納法の仮定より $\Omega_v^\circ \subset \overline{\Omega_{w_1}^\circ}$ が成り立ちます. また, 命題 8.21 (3) より $\Omega_{w_1}^\circ \subset \overline{\Omega_w^\circ}$, よって $\overline{\Omega_{w_1}^\circ} \subset \overline{\Omega_w^\circ}$ で

すので，$\Omega_v^\circ \subset \overline{\Omega_{w_1}^\circ} \subset \overline{\Omega_w^\circ}$ がしたがいます． □

命題 8.24 Ω_w はシューベルト胞体 Ω_w° の閉包である．

証明 Ω_w は閉集合なので $\Omega_w^\circ \subset \Omega_w$ から $\overline{\Omega_w^\circ} \subset \Omega_w$ がしたがいます．逆の包含関係は系 8.23 より成り立ちます． □

$1 \leq i \leq n-1$ に対して i と $i+1$ の互換 $(i, i+1)$ を $r_i \in S_n$ と書きます．S_n は群として $r_1, \ldots, r_{n-1}$ によって生成されます．$w \in S_n$ に対して，

$$w = r_{i_1} \cdots r_{i_r} \quad (1 \leq i_j \leq n-1)$$

という書き方のうちで r が最小であるものを w の**簡約表示**といいます．このとき $r = \ell(w)$ が成り立つことが知られています（[16, 補題 1.11 (3)] 参照）．このことから，転倒数 $\ell(w)$ を置換 w の**長さ**とも呼びます．

もう 1 つブリュア順序の基本的な性質を述べておきます．

命題 8.25 v, w を置換とし，$w = r_{i_1} \cdots r_{i_r}$ を簡約表示とする．$v \leq w$ であることと $(i_1, \ldots, i_r)$ の部分列 $(j_1, \ldots, j_s)$ があって $v = r_{j_1} \cdots r_{j_s}$ となることは同値である．

証明 この後の議論で用いることはないので省略します．[17, 定理 1.20] などを参照してください． □

ランク関数とシューベルト条件

シューベルト多様体を定める条件を違う形に書き換えておきます．そのために**ランク関数** r_w を定義しておくと便利です．$w \in S_n$ に対して，正方形 $[n] \times [n]$ 上の関数を，

$$r_w(i, j) = \#\{s \leq j \mid w(s) \leq i\} \tag{8.10}$$

と定めます．$r_w(i, j)$ は箱 (i, j) を含む左上の長方形に含まれる ● の個数です．たとえば下の図の場合，$(3, 5)$ という箱の左上に ● が 2 個あるので 2 という数字を箱に書き込んでいます．

次元関数との関係は,
$$r_w(i,j) = j - d_w(i+1, j) \tag{8.11}$$
により与えられます. ここで,
$$w \leq v \iff d_w \leq d_v \iff r_w \geq r_v \tag{8.12}$$
に注意しておきましょう. 線型写像 $V_j \hookrightarrow \mathbb{C}^n \to \mathbb{C}^n/F^i$ を考えると, その核空間は $F^i \cap V_j$ ですから, シューベルト多様体の定義は次のようにも書けます.

命題 8.26 任意の置換 $w \in S_n$ に対して,
$$\Omega_w = \{V_\bullet \in \mathcal{Fl}(n) \mid \operatorname{rank}(V_j \to \mathbb{C}^n/F^i) \leq r_w(i,j) \ (1 \leq i, j \leq n)\}. \tag{8.13}$$

旗 $V_\bullet \in \mathcal{Fl}(n)$ に対して $V_\bullet = \pi(\xi)$ となる $\xi \in \mathcal{V}_n(\mathbb{C}^n) = GL_n(\mathbb{C})$ をとります. ξ の左上の $i \times j$ 部分行列を $\xi_{i \times j}$ と書くとき $\xi_{i \times j}$ は線型写像 $V_j \hookrightarrow \mathbb{C}^n \to \mathbb{C}^n/F^i$ の表現行列になっています. よって条件 (8.13) は $\xi_{i \times j}$ の $(r_w(i,j)+1)$ 次の小行列式がすべて零であるということと同値です. 上の例では, グレーの長方形の 3 次の小行列式がすべて零という条件を表しています. なお, 基底を取り替えても各小行列式に 0 でない定数がかかるだけですから条件は基底の選び方によりません.

A 子：たくさんの小行列式を考えなくちゃいけないことになりますね.
♪：そうなんですよね. でも, 余分な条件をうまく減らして, 本質的に必要な条件を選び出すことができます. それには次のようなダイアグラムを用いま

す.

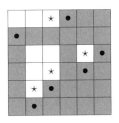

置換ダイアグラムの●からその下にある箱と右にある箱を取り除いて（グレーにした）残った箱を白箱で表しています.

B 太：シューベルト胞体を表す行列の集合 U_w を考えたときの $\boxed{0}$ の配置と同じですよね.

♪：そうです. $\boxed{0}$ つまり白箱が w の転倒と対応していることも思い出してください. このダイアグラムを**ロズ・ダイアグラム** (Rothe diagram)[*3]と呼び $D(w)$ で表します. 白箱からなる「島」の南東の隅に★を付けました. つまり, 箱 $(i,j) \in D(w)$ は右の箱 $(i, j+1)$ と下の箱 $(i+1, j)$ が $D(w)$ に属さないとき★を書き込みました. ここでは**星箱**[*4]と呼ぶことにします.

定理 8.27 旗 $V_\bullet \in \mathscr{F}\!\ell(n)$ を考える. 置換 $w \in S_n$ で決まるすべての星箱について (8.13) が成り立つならば $V_\bullet$ は Ω_w に属す.

♪：証明を考える前にちょっと星箱で遊んでみましょう. ★の位置だけを知って●の位置を復元できますか？
B 太：ゲームみたいですね.

問 8.2 ある置換 w に対する星箱の配置が以下のように与えられたとする.

[*3] ただし文献でよく用いられているのはこのダイアグラムを転置したものです.
[*4] [31] では essential boxes と呼ばれています.

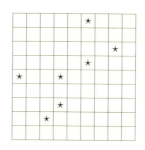

置換 w を求めよ.

定理よりも強い以下の補題が証明できます．行列 ξ の n^2 個の成分に対応する x_{ij} を考えて，多項式環 $\mathbb{C}[x_{ij} \mid 1 \leq i, j \leq n]$ を考えます．箱 (i,j) に対して，ξ の左上の i 行 j 列からなる部分行列 $\xi_{i \times j}$ からできる大きさ $r_w(i,j) + 1$ の小行列式は箱 (i,j) に「属す」ということにします．すべての箱を考えて，それらに属す小行列式全体が生成するイデアルを I_w とします．一方，星箱に属す小行列式の集合が生成するイデアルを J_w とするとき次が成り立ちます：

補題 8.28 $I_w = J_w$.

箱 B に属す小行列式のすべてが，別な箱 B' に属す小行列式が生成するイデアルに含まれるとき，B は B' に「従属する」と呼ぶことにします．従属という関係は推移的です．すなわち B が B' に従属し，B' が B'' に従属するならば B は B'' に従属することがわかります．$J_w \subset I_w$ は明らかです．$I_w \subset J_w$ を証明するために，任意の箱がある星箱に従属することを示しましょう．補題が証明できると，星箱に属す小行列式がすべて消えれば，任意の箱に属す小行列式も消えることがしたがうので定理が得られます．

♪：図をみながら補題の証明を考えましょう．$D(w)$ を陸地に見立てて，その元を「陸の箱」，それ以外を「海の箱」と呼ぶことにします．海の箱で真南に●があるものを ☒ で表しています．その意味は後で説明します．

8.3 シューベルト多様体とブリュア順序　179

0	0	0	0	0	0	1	1	1
0	1	1	1	1	1	2	2	2
0	1	1	1	1	1	2	2	3
0	1	1	1	1	1	2	3	4
0	1	1	1	2	2	3	4	5
1	2	2	2	3	3	4	5	6
1	2	2	2	3	4	5	6	7
1	2	2	3	4	5	6	7	8
1	2	3	4	5	6	7	8	9

（第 1 段）陸の箱が星箱に従属すること．

♪：まず，各島の上ではランク関数は一定値をとることがわかりますか？

C 郎：ええと たとえば，横に 2 つ陸の箱が並んでいるとして，そのどちらの上にも●がありませんから，ランク関数の値は同じですね．縦でも同じです．

♪：はい．さて，島の東岸にある陸の箱から考えます．いまそれを B としましょう．それが星箱ならば問題ないですね．B から南に行けば必ず星箱に行き着きます．B は，その星箱に従属します．どうしてでしょう？

C 郎：ランクが同じなんですよね．B で決まる部分行列はその下にある星箱で決まる部分行列に含まれますから，対応する小行列式の集合も含まれます．

♪：次に，東岸にない陸の箱を考えましょう．

B 太：ひらめきました！　東に進めば必ず東岸に行き着くんだけど，ランク関数の値は同じなのでさきほどと同じ理屈です．

♪：これで島の箱に属す小行列式はすべて星箱に属すことがわかりました．

（第 2 段）海の箱が陸の箱に従属すること．

♪：今度は海の箱 B であって，それよりも南に●がないものを考えます．

や ● で表している箱です．B は西の端，つまり 1 列目にはないものとして，そこから 1 つ西に進むとランク関数の値は 1 だけ減りますよね．

B 太：はい．B の列には ● が B 自身かそれよりも北にありますから，西に行くとそれを 1 つ数えなくなるからですね．

♪：このとき B がその西隣りの箱に従属することがわかりますか？

A 子：余因子展開すればいいのだと思います．

B 太：どういうこと？　ええと，たとえば $B = (5,5)$ だとどうなるの？

A 子：ランク関数の値は 2 なので $\xi_{5\times 5}$ の 3×3 の小行列式を考えるんだけど，それを右端の列で余因子展開するの．たとえばこんなふうに，

$$\begin{vmatrix} x_{23} & x_{24} & x_{25} \\ x_{33} & x_{34} & x_{35} \\ x_{43} & x_{44} & x_{45} \end{vmatrix} = x_{45} \begin{vmatrix} x_{23} & x_{24} \\ x_{33} & x_{34} \end{vmatrix} - x_{35} \begin{vmatrix} x_{23} & x_{24} \\ x_{43} & x_{44} \end{vmatrix} + x_{25} \begin{vmatrix} x_{33} & x_{34} \\ x_{43} & x_{44} \end{vmatrix}$$

ここで 2 次の小行列式はぜんぶ箱 $(5,4)$ に属すから OK じゃない？

♪：こんなふうに西に進めるところまで進んで行くと，島の東岸に着くか，西の端に来るか，× に着く．島の東岸に着く場合は，B がその東岸の箱に従属することがわかる．

C 郎：西の端にまで行くということは，西に陸地がなかったということです．そのとき西の端はランクの値が 1 です．$B = (i,j)$ とするとき，これから $r_w(i,j) = j$ がしたがいますから，そもそも箱 B に属す小行列式は存在しないことになる．

♪：そのとおり．最後に × についてですが，今度は北に進むとランク関数の値が 1 ずつ減り続けて，島の南岸か，1 行目に到達します．

B 太：島に着けば OK で，ええと．さっきと同様の理由で $r_w(i,j) = i$ になる．それなら，やっぱり小行列はないから考えなくてよかったわけですね．

第9講
旗多様体の交叉理論

双対定理からシンボル計算への流れはグラスマン多様体のときと同様です．

9.1 双対定理

置換 $w_0^{(n)} \in S_n$ を，
$$w_0^{(n)}(i) = n - i + 1 \quad (1 \le i \le n)$$
により定めます．$w_0^{(n)}$ は S_n において最大の転倒数（長さ）$\ell(w_0^{(n)}) = n(n-1)/2$ を持つただ 1 つの元であることから**最長元**と呼ばれます．

以下，誤解のおそれがないときは $w_0^{(n)}$ を単に w_0 と書きます．

$w_0 \in S_n$ を最長元として，$w \in S_n$ に対して $w^\vee := w_0 w$ とおきます．$(w(1), \ldots, w(n))$ の成分の値を $i \mapsto n - i + 1$ によって反転して得られるのが $w^\vee \in S_n$ です．

問 9.1 次を示せ．(1) $\ell(w^\vee) = n(n-1)/2 - \ell(w)$, (2) $w \le v \iff w^\vee \ge v^\vee$.

定義 9.1（双対シューベルト多様体） $w \in S_n$ に対して，
$$X_w = \overline{X_w^\circ} \subset \mathscr{F}\ell(n), \quad X_w^\circ := Be_w$$
と定義する．X_w を**双対シューベルト多様体**と呼ぶ．

命題 9.2 $F_{\mathrm{op}}^i = \langle e_1, \ldots, e_{n-i} \rangle$ とするとき，X_w は，

$$\dim(F_{\mathrm{op}}^{i-1} \cap V_j) \geq d_{w^\vee}(i,j) \quad (1 \leq i,j \leq n) \tag{9.1}$$

によって定義される $\ell(w)$ 次元の部分多様体である．すなわち $X_w = \Omega_{w^\vee}(F_{\mathrm{op}}^\bullet)$ である．

証明 $GL_n(\mathbb{C})$ の元 $\dot{w}_0$ を $\dot{w}_0(e_i) = e_{n-i+1}$ $(1 \leq i \leq n)$ により定めると，$\dot{w}_0$ は $\mathscr{F}\ell(n)$ の自己同型（記号 τ で表す）を引き起こします．$\dot{w}_0^2 = \mathrm{id}$ なので $\tau^2 = \mathrm{id}$ が成り立ちます．τ は Be_w を $B_- e_{w^\vee}$ の上に同型に写すことがわかります．したがって $Y_w = \bigsqcup_{v \leq w} Be_v$ とおくとき Y_w は τ によって $\bigsqcup_{v \leq w} B_- e_{v^\vee}$ $= \Omega_{w^\vee}$ の上に同型に写されます．次元関数 $d_{w^\vee}$ を用いて $\Omega_{w^\vee}$ の記述を翻訳すると，$Y_w = \tau \Omega_{w^\vee}$ が (9.1) で定まる集合であることがわかります．$Y_w = X_w = \overline{X_v^\circ}$ であることは命題 8.24 と同様です． $\square$

証明から次が得られました．

系 9.3 $X_w = \bigsqcup_{v \leq w} X_v^\circ$．

問 9.2 T を $GL_n(\mathbb{C})$ に属する対角行列がなす部分群とする．$\mathscr{F}\ell(n)$ の T 固定点全体の集合 $\mathscr{F}\ell(n)^T = \{p \in \mathscr{F}\ell(n) | tp = p (t \in T)\}$ は $\{e_w \mid w \in S_n\}$ と一致することを示せ．さらに $\Omega_w^T = \{e_v \mid v \geq w\}$，$X_w^T = \{e_u \mid u \leq w\}$ を示せ．

定理 9.4（交叉条件，双対定理） $w, v \in S_n$ とする．このとき，

$$\Omega_w \cap X_v \neq \emptyset \iff w \leq v$$

が成り立つ．また Ω_w と X_w は 1 点 e_w において横断的に交わる．

証明 $\Omega_w \cap X_v$ が空でないとしましょう．複素トーラス $T = B \cap B_-$ が $\Omega_w \cap X_v$ を保つことに注目します．一般に射影多様体に複素トーラス T が作用するとき必ず T 固定点が存在する（[32, §10.1]）ことが知られています．問 9.2 の結果より $\mathscr{F}\ell(n)$ の T 固定点全体の集合 $\mathscr{F}\ell(n)^T$ は $\{e_w \mid w \in S_n\}$ と一致しますので，ある e_u $(u \in S_n)$ が $\Omega_w \cap X_v$ に属します．このとき $w \leq u \leq v$ が成り立ちますので $w \leq v$ がしたがいます．逆に $w \leq v$ ならば $e_w \in \Omega_w \cap X_v$ で

すから，この交わりは空ではありません．

Ω_w° と X_w° が e_w において横断的に交わることがアフィン開集合 $\mathscr{U}_w$ において確かめられます．次のように行列の姿をみれば一目瞭然でしょう．

$$\Omega_w^\circ : \begin{pmatrix} 0 & 0 & 0 & 1 \\ 1 & 0 & 0 & 0 \\ * & 0 & 1 & 0 \\ * & 1 & 0 & 0 \end{pmatrix}, \quad X_w^\circ : \begin{pmatrix} * & * & * & 1 \\ 1 & 0 & 0 & 0 \\ 0 & * & 1 & 0 \\ 0 & 1 & 0 & 0 \end{pmatrix}.$$

$\Omega_w \cap X_w$ が e_w の1点だけからなることは以下のようにしてわかります．$(\Omega_w - \Omega_w^\circ)^T = \{e_v \mid v > w\}$ および $X_w^T = \{e_u \mid u \leq w\}$ が成り立つから $(\Omega_w - \Omega_w^\circ) \cap X_w$ は T 固定点を含みません．このことは $(\Omega_w - \Omega_w^\circ) \cap X_w = \varnothing$ を意味します．同様に $\Omega_w \cap (X_w - X_w^\circ) = \varnothing$ です． □

9.2 シューベルト類——旗多様体の場合

$k \geq 0$ に対して，長さ k の S_n の元 w ごとに定まるシンボル σ_w の形式的な和のなす加法群

$$A^k(\mathscr{Fl}(n)) = \bigoplus_{w \in S_n,\, \ell(w) = k} \mathbb{Z}\sigma_w$$

およびそれらの直和

$$A^*(\mathscr{Fl}(n)) = \bigoplus_{k=0}^{n(n-1)/2} A^k(\mathscr{Fl}(n))$$

を考えます．余次元 k の既約な多様体 $Y \subset \mathscr{Fl}(n)$ と長さ k の置換 $w \in S_n$ に対して，$g \in GL_n(\mathbb{C}^n)$ を十分に一般にとると，

$$\#(Y \cap gX_w)$$

は g によらない有限の一定値です．定理 3.9 と同様，クライマンの横断性定理（定理 C.2）によります．g をこのように理解して Y のシンボル

$$[Y] = \sum_{w \in S_n,\, \ell(w)=k} \#(Y \cap gX_w)\sigma_w \in A^k(\mathscr{F}\ell(n))$$

を定めます．

命題 9.5 $w \in S_n$ に対して次が成り立つ：

$$[\Omega_w] = \sigma_w, \quad [X_w] = \sigma_{w^\vee}.$$

証明 $v \in S_n$, $\ell(v) = \ell(w)$ とします．このとき $w \leq v$ が成り立つのは $w = v$ のときだけですから定理 9.4 より，

$$\#(\Omega_w \cap X_v) = \delta_{wv} \tag{9.2}$$

がしたがいます．よって $[\Omega_w] = \sigma_w$ が得られます．命題 9.2 より $[X_w] = [\Omega_{w^\vee}(F_{\mathrm{op}}^\bullet)] = \sigma_{w^\vee}$ です． □

置換 $w, v, u \in S_n$ であって $\ell(u) = \ell(w) + \ell(v)$ をみたすものに対して，

$$c_{wv}^u = \#(\Omega_w \cap g\Omega_v \cap X_u)$$

と定めます．ここで $g \in GL_n(\mathbb{C})$ は十分一般に選びます．このときこの値は g の選び方によらず[*1]定まります．

シューベルト類の積を，

$$\sigma_w \cdot \sigma_v = \sum_{u \in S_n,\, \ell(u)=\ell(w)+\ell(v)} c_{wv}^u \sigma_u \in A^k(\mathscr{F}\ell(n))$$

と定めます．

交叉形式

$X = \mathscr{F}\ell(n)$, $m = \dim \mathscr{F}\ell(n) = n(n-1)/2$ として，$(\alpha, \beta) \in A^i(X) \times$

[*1] クライマンの横断性定理によります．「個数保存の原理」の 1 つの形です．

$A^{m-i}(X)$ に対して,

$$\langle \alpha, \beta \rangle = \int_X \alpha \cdot \beta \in \mathbb{Z} \tag{9.3}$$

により定まる双線型形式を**交叉形式**と呼びます. $\int_X$ は $A^m(X) = A_0(X) \cong \mathbb{Z} \cdot [pt]$ の係数を拾う写像です. たとえば $\ell(w) = \ell(v)$ をみたす $w, v \in S_n$ に対して (9.2) より,

$$\langle \sigma_w, \sigma_{v^\vee} \rangle = \delta_{wv}$$

が成り立ちます. したがって, $\ell(u) = \ell(w) + \ell(v)$ をみたす置換 $w, v, u \in S_n$ に対して,

$$c_{wv}^u = \langle \sigma_w \sigma_v, \sigma_{u^\vee} \rangle$$

と書けます.

モンクの公式

特別な場合にシューベルト類の積を具体的に表す公式として, **モンクの公式** が知られています. $1 \leq i \leq n-1$ に対して,

$$\Omega_{r_i}(F^\bullet) = \{ V_\bullet \in \mathscr{F}\ell(n) \mid F^i \cap V_i \neq 0 \} \tag{9.4}$$

が成り立ちます.

問 9.3 (9.4) を示せ.

定理 9.6(モンクの公式) 任意の $w \in S_n$ と $i < n$ に対して,

$$\sigma_w \sigma_{r_i} = \sum_{a \leq i < b,\ \ell(wt_{ab}) = \ell(w)+1} \sigma_{wt_{ab}}$$

が成り立つ.

証明 $g \in GL_n(\mathbb{C})$ を一般に選んで, 交わり

$$\Omega_w \cap g\Omega_{r_i} \cap X_v$$

を調べましょう．この交わりが空でないとすると，定理 9.4 によって $w \leq v$ がしたがいます．さらに，余次元の関係から $w \lessdot v$ が成り立つことがわかります．命題 8.15 の (i), (ii) をみたす互換 $t = t_{ab}$ が存在して，$w = vt$ が成り立ちます．$a \leq i < b$ のとき上記の交わりが 1 点であり，そうでないとき空であることを示しましょう．

$W_\bullet \in \Omega_w \cap X_v$ とするとき，$j < a$ または $j \geq b$ ならば，

$$W_j = V_j^w$$

が成り立つことがわかります．一方，$a \leq j < b$ については，

$$\bigoplus_{1 \leq k \leq j,\, k \neq a} \mathbb{C}e_{w(k)} \subset W_j \subset \left(\bigoplus_{1 \leq k \leq j} \mathbb{C}e_{w(k)} \right) \oplus \mathbb{C}e_{w(b)} \tag{9.5}$$

が成り立つことが示せます（詳細は省きます）．

$W_\bullet \in g\Omega_{r_i}$ という条件は，W_i に対する

$$W_i \cap gF^i \neq 0$$

として表されます（(9.4) 参照）．$i < a$ または $i \geq b$ とします．上で述べたように $W_\bullet \in \Omega_w \cap X_v$ ならば $W_i = V_j^w$ です．一般の g に対して $V_j^w \cap gV_j^w = 0$ なので $\Omega_w \cap g\Omega_{r_i} \cap X_v = \varnothing$ です．

$a \leq i < b$ のとき，一般の $g \in GL_n(\mathbb{C})$ に対して，

$$\langle e_{w(1)}, \ldots, e_{w(i)}, e_{w(b)} \rangle \cap gF^i$$

は 1 次元ですので，その基底 $\boldsymbol{v}$ を選びます．このとき，

$$\boldsymbol{v} \notin \langle e_{w(1)}, \ldots, e_{w(a-1)}, e_{w(a+1)}, \ldots, e_{w(i)} \rangle$$

であるとしてかまいません（そのような g はなお十分に一般）．よってこのとき $W_\bullet \in \Omega_w \cap g\Omega_{r_i} \cap X_v$ ならば $W_i = \langle e_{w(1)}, \ldots, e_{w(a-1)}, e_{w(a+1)}, \ldots, e_{w(i)}, \boldsymbol{v} \rangle$ が成り立ちます．こうして W_i が決まると，(9.5) を用いて $W_{i-1}, W_{i-2}, \ldots, W_a$ は順に決まっていきます．また，$W_{i+1}, \ldots, W_{b-1}$ は，それぞれ W_i に

$\mathbb{C}e_{w(i+1)}, \ldots, \mathbb{C}e_{w(b-1)}$ を次々と加えたものになります．このようにして $W_\bullet$ は 1 通りに決まります．以上により $a \le i < b$ の場合は $\#(\Omega_w \cap g\,\Omega_{r_i} \cap X_v) = 1$ が成り立つことが示せました． □

9.3 旗多様体の交叉環

$\mathscr{F}\ell(n)$ 上の**普遍部分束** $\mathscr{V}_i$ $(1 \le i \le n)$ は，$V_\bullet$ におけるファイバーが V_i である階数 i のベクトル束です．ベクトル束の旗

$$0 \subset \mathscr{V}_1 \subset \cdots \subset \mathscr{V}_n = \mathbb{C}^n$$

ができます．直線束

$$\mathscr{L}_i := (\mathscr{V}_i/\mathscr{V}_{i-1})^\vee$$

はとても基本的な役割を果たします．

命題 9.7 $A^*(\mathscr{F}\ell(n))$ において次が成り立つ：

$$e_i(c_1(\mathscr{L}_1), \ldots, c_1(\mathscr{L}_n)) = 0 \quad (1 \le i \le n).$$

証明 旗 $V_\bullet$ の双対として得られる全射の列 $V_n^* \twoheadrightarrow \cdots \twoheadrightarrow V_2^* \twoheadrightarrow V_1^* \twoheadrightarrow V_0^* = 0$ から，商の形のベクトル束の旗 $\mathscr{V}_n^\vee \twoheadrightarrow \cdots \twoheadrightarrow \mathscr{V}_2^\vee \twoheadrightarrow \mathscr{V}_1^\vee \twoheadrightarrow \mathscr{V}_0^\vee = 0$ ができます．$\mathrm{Ker}(\mathscr{V}_i^\vee \to \mathscr{V}_{i-1}^\vee) = \mathscr{L}_i$ に注意すれば，ホイットニーの関係式から $c(\mathscr{V}_n^\vee) = \prod_{i=1}^n (1 + c_1(\mathscr{L}_i))$ が得られます．ところで $\mathscr{V}_n^\vee$ は点 $V_\bullet$ 上のファイバーが $V_n^* = (\mathbb{C}^n)^*$ で，点 $V_\bullet$ によらず一定なので，自明束 $\mathcal{O}_{\mathscr{F}\ell(n)}^n$ と同型（自己双対）ですから，$c_i(\mathscr{V}_n^\vee) = e_i(c_1(\mathscr{L}_1), \ldots, c_1(\mathscr{L}_n)) = 0$ $(1 \le i \le n)$ が成り立ちます． □

次の結果はボレルによります．

定理 9.8 旗多様体の交叉環 $A^*(\mathscr{F}\ell(n))$ は次数付き環として，

$$\mathscr{R}_n := \mathbb{Z}[z_1, \ldots, z_n]/\langle e_i(z_1, \ldots, z_n) \mid 1 \le i \le n\rangle$$

と同型である. この同型で z_i の像は $c_1(\mathscr{L}_i)$ に対応する.

証明 命題 9.7 から z_i を $c_1(\mathscr{L}_i)$ に写す次数付き環の準同型

$$\mathbb{Z}[z_1,\ldots,z_n]/\langle e_i(z_1,\ldots,z_n)|1\leq i\leq n\rangle \to H^*(\mathscr{F}\!\ell(n)) \tag{9.6}$$

が引き起こされます.

$\mathbb{P}(E)$ 上の直線束 $\mathscr{O}_{\mathbb{P}(E)}(-1)$ を $\mathscr{T}_1$ と表しましょう. $p \in \mathbb{P}(E)$ に対応する $E = \mathbb{C}^n$ の 1 次元部分空間を V_1 とするとき, p における $\mathscr{T}_1 = \mathscr{O}_{\mathbb{P}(E)}(-1)$ のファイバーは V_1 そのものです. $\mathbb{P}(E)$ 上のベクトル束 $E/\mathscr{T}_1$ の射影束 $\mathbb{P}(E/\mathscr{T}_1)$ を考えます. $\mathbb{P}(E/\mathscr{T}_1)$ の点は $p(= V_1) \in \mathbb{P}(E)$ と $\mathbb{P}(E/V_1)$ の元の組です. $\mathbb{P}(E/V_1)$ の元を与えることは,

$$V_1 \subset V_2 \subset E$$

をみたす 2 次元空間 V_2 を与えることと同じです. この点におけるファイバーが V_2 である $\mathbb{P}(E/V_1)$ 上の階数 2 のベクトル束 $\mathscr{T}_2$ が自然に定まります. このとき, 直線束 $\mathscr{O}_{\mathbb{P}(E/\mathscr{T}_1)}(-1)$ は $\mathscr{T}_2/\mathscr{T}_1$ と自然に同一視できます. さらに $\mathbb{P}(E/\mathscr{T}_2)$ 上には階数 3 のベクトル束 $\mathscr{T}_3$ ($\supset \mathscr{T}_2$) があって, 同一視 $\mathscr{O}_{\mathbb{P}(E/\mathscr{T}_2)}(-1) = \mathscr{T}_3/\mathscr{T}_2$ ができます. 同じ構成を続けると射影束の塔

$$\mathbb{P}(E/\mathscr{T}_{n-2}) \to \cdots \to \mathbb{P}(E/\mathscr{T}_2) \to \mathbb{P}(E/\mathscr{T}_1) \to \mathbb{P}(E)$$

が得られます. 自然な同一視 $\mathbb{P}(E/\mathscr{T}_{n-2}) = \mathscr{F}\!\ell(n)$ ができることに注意してください. また $\mathscr{T}_i$ の $\mathscr{F}\!\ell(n)$ への引き戻しは普遍ベクトル束 $\mathscr{V}_i$ と一致します. とくに $\mathbb{P}(E/\mathscr{T}_i)$ 上の $\mathscr{T}_{i+1}/\mathscr{T}_i$ の $\mathscr{F}\!\ell(n)$ への引き戻しは $\mathscr{V}_{i+1}/\mathscr{V}_i = \mathscr{L}_{i+1}^{\vee}$ であることに注意しましょう.

射影束 $\mathbb{P}(E/\mathscr{T}_i) \to \mathbb{P}(E/\mathscr{T}_{i-1})$ に定理 7.20 を適用すると,

$$A^*(\mathbb{P}(E/\mathscr{T}_i)) = \bigoplus_{j=0}^{n-i-1} A^*(\mathbb{P}(E/\mathscr{T}_{i-1})) \cdot c_1(\mathscr{O}(1)_{\mathbb{P}(E/\mathscr{T}_i)})^j \quad (1\leq i\leq n-2)$$

が得られます (ただし $\mathscr{T}_0 = 0$). $\mathscr{O}(1)_{\mathbb{P}(E/\mathscr{T}_i)}$ の $\mathscr{F}\!\ell(n)$ への引き戻しは $\mathscr{L}_{j+1}$ であることと, $A^*(\mathbb{P}(E)) = \bigoplus_{j=0}^{n-1} \mathbb{Z} \cdot c_1(\mathscr{O}_{\mathbb{P}(E)}(1))^j$ とあわせて,

$$A^*(\mathscr{Fl}(n)) = \bigoplus_{0 \leq i_j \leq n-j} \mathbb{Z} \cdot c_1(\mathscr{L}_1)^{i_1} c_1(\mathscr{L}_2)^{i_2} \cdots c_1(\mathscr{L}_{n-1})^{i_{n-1}} \tag{9.7}$$

が得られます．とくに環準同型 (9.6) は全射であることがわかりました．

単項式の集合

$$\{z_1^{i_1} z_2^{i_2} \cdots z_{n-1}^{i_{n-1}} \mid 0 \leq i_j \leq n - j \ (j = 1, \ldots, n-1)\}$$

の像が $\mathscr{R}_n$ を $\mathbb{Z}$ 加群として生成することを以下の補題 9.10 で示します．この生成系は，(9.7) により $\mathbb{Z}$ 上 1 次独立であることがわかります．つまり写像 (9.6) は自由 $\mathbb{Z}$ 加群としての同型であることがわかります． □

$\mathscr{R}_n$ のことを**余不変式環**（coinvariant ring）と呼びます．

定義 9.9 単項式

$$z_1^{i_1} z_2^{i_2} \cdots z_{n-1}^{i_{n-1}}, \quad 0 \leq i_j \leq n - j \ (j = 1, \ldots, n-1)$$

の $\mathbb{Z}$ 係数 1 次結合全体を $\mathscr{M}_n$ で表す．

補題 9.10 $\mathscr{M}_n$ は余不変式環 $\mathscr{R}_n = \mathbb{Z}[z_1, \ldots, z_n]/I_n$ の完全代表系をなす．ただし，$I_n = \langle e_i(z_1, \ldots, z_n) \mid 1 \leq i \leq n \rangle$ とする．

証明 $\mathscr{R}_n$ において $1 \equiv (1 + z_1) \cdots (1 + z_n) \mod I_n$ が成り立ちます．これより，任意の $1 \leq i \leq n$ に対して，

$$(1 + z_1)^{-1} \cdots (1 + z_i)^{-1} \equiv (1 + z_{i+1}) \cdots (1 + z_n) \mod I_n$$

がしたがいます．右辺は高々 $(n-i)$ 次なので両辺の $(n-i+1)$ 次を比較すれば，

$$h_{n-i+1}(z_1, \ldots, z_i) \equiv 0 \mod I_n \quad (1 \leq i \leq n)$$

が得られます．これと同じことですが，すこし書き換えて，

$$h_i(z_1, \ldots, z_{n-i+1}) \equiv 0 \mod I_n \quad (1 \leq i \leq n) \tag{9.8}$$

が成り立ちます. 多項式 $h_i(z_1, \ldots, z_{n-i+1})$ の z_{n-i+1}^i 以外の項はすべて $\mathscr{M}_n$ に属すことに注意しましょう.

$\mathbb{Z}[z_1, \ldots, z_n]$ の任意の元 $f(z)$ に対して, (9.8) を $i=1$ から順番に $i=n$ まで用いると, $f(z) \equiv g(z) \mod I_n$ をみたす $g(z) \in \mathscr{M}_n$ がとれることを示します. (9.8) において $i=1$ とした関係式を移項して得られる $z_n \equiv -(z_1 + \cdots + z_{n-1}) \mod I_n$ を用いると, z_n を含まない多項式 $f_1(z)$ であって $f(z) \equiv f_1(z) \mod I_n$ をみたすものがとれます. 次に $i=2$ とします. $h_2(z_1, \ldots, z_{n-1})$ の z_{n-1}^2 以外の項はすべて $\mathscr{M}_n$ に属しますので, $h_2(z_1, \ldots, z_{n-1}) \equiv 0 \mod I_n$ を繰り返し用いることで, z_{n-1} の冪が 2 乗以上の項を含まない多項式 $f_2(z)$ がとれて $f_1(z) \equiv f_2(z) \mod I_n$ となるようにできます. その際, 使う関係式に z_n は現れませんので, $f_1(z)$ から取り替えた $f_2(z)$ は自然に z_n を含まないようにできます. これを繰り返すことで, 多項式 $f_i(z)$ であって $1 \leq j \leq i$ をみたす j に対して, z_{n-j+1} の j 乗以上の項を含まず $f(z) \equiv f_i(z) \mod I_n$ をみたすものが得られます. そこで $g(z) = f_n(z)$ とすればよいのです.

あとは $\mathscr{M}_n$ に属す単項式の集合の余不変式環における像が $\mathbb{Z}$ 上 1 次独立であることを示せばよいのですが, (9.7) によりそのことがわかります. $\square$

C 郎：どうしてこんな証明を思いついたのか全然わかりません.

♪：確かに巧妙な計算ですね. 次の問題は代数的な補題 9.10 の証明の幾何学的な意味を理解するのに役立つでしょう.

問 9.4 $A^*(\mathscr{F}\!\ell(n))$ において以下を示せ. E は $\mathbb{C}^n$ をファイバーとする自明束である.

(1) $c(E/\mathscr{V}_i) = (1 + c_1(\mathscr{L}_1))^{-1} \cdots (1 + c_1(\mathscr{L}_i))^{-1}$ $(1 \leq i \leq n)$.

(2) $h_{n-i+1}(c_1(\mathscr{L}_1), \ldots, c_1(\mathscr{L}_i)) = 0$ $(1 \leq i \leq n)$. ヒント：$E/\mathscr{V}_i$ の階数は $n-i$ です.

(3) $h_{n-i+1}(c_1(\mathscr{L}_1), \ldots, c_1(\mathscr{L}_i))$ $(1 \leq i \leq n)$ が生成するイデアルは $e_i(c_1(\mathscr{L}_1), \ldots, c_1(\mathscr{L}_n))$ $(1 \leq i \leq n)$ が生成するイデアルと一致する.

グラスマン多様体への射影

旗 $V_\bullet$ に対して V_d を対応させることで写像 $\rho_d : \mathscr{F}\!l(E) \to \mathscr{G}_d(E)$ ができます．両多様体のシューベルト多様体の間の関係を調べましょう．

まず，旗多様体とグラスマン多様体のシューベルト多様体のラベル集合の間に自然な関係があることをみましょう．S_n の元で $\{1, \ldots, d\}$ を保つものは $\{d+1, \ldots, n\}$ も保ち，このような置換全体のなす部分群は，直積群 $S_d \times S_{n-d}$ と同型です．$\{d+1, \ldots, n\}$ の置換全体を S_{n-d} とみなして $S_d \times S_{n-d} \subset S_n$ と書きます．S_n の部分集合

$$S_n^{(d)} := \{w \in S_n \mid w(1) < \cdots < w(d),\ w(d+1) < \cdots < w(n)\}$$

を考え，この集合の元を d-**グラスマン置換**といいます．

命題 9.11 $S_n^{(d)}$ は左剰余集合 $S_n/(S_d \times S_{n-d})$ の完全代表系である．

証明 任意の S_n の元 v に対して，$(w_1, w_2) \in S_d \times S_{n-d}$ であって，

$$v(w_1(1)) < \cdots < v(w_1(d)), \quad v(w_2(d+1)) < \cdots < v(w_2(n))$$

をみたすものが一意的に存在します．このとき $w = v \cdot (w_1, w_2)$ は d-グラスマン置換です． □

S_n は $\binom{[n]}{d}$ に推移的に作用し，点 $\{1, \ldots, d\} \in \binom{[n]}{d}$ の固定化部分群は $S_d \times S_{n-d}$ ですから自然な全単射 $S_n/(S_d \times S_{n-d}) \cong \binom{[n]}{d}$ が存在します．命題 2.4 の全単射 $\mathscr{Y}_d(n) \cong \binom{[n]}{d}$ を思い出すと，命題 9.11 と合わせて全単射

$$\mathscr{Y}_d(n) \cong S_n^{(d)}$$

が得られました．ヤング図形 $\lambda \in \mathscr{Y}_d(n)$ に対応する $S_n^{(d)}$ の元を $w_\lambda^{(d)}$ と表すことにします．命題 2.4 から，

$$w_\lambda^{(d)}(i) = \lambda_{d-i+1} + i \quad (1 \leq i \leq d) \tag{9.9}$$

が成り立つことがわかります．

問 9.5 $\mu = (\mu_1, \ldots, \mu_{n-d}) = \tilde{\lambda}^\vee \in \mathscr{Y}_{n-d}(n)$ とおくとき，

$$\mu_{n-d-i+1} + i = w_\lambda^{(d)}(d+i) \quad (1 \leq i \leq n-d)$$

が成り立つことを示せ.

グラスマン置換のダイアグラムや星箱について調べるために例を眺めましょう. 右側が対応するヤング図形（白い箱を上に詰めた形を反時計周りに90°回転するとλになる）です.

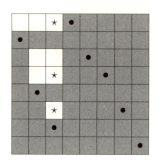

これは $d = 3$ の例ですが, 星箱はすべて d 列目にあって, d 列目よりも右の方はすべて「海」になっていることが観察できます. 1列目から d 列目までを (2.1) の U_I^- と見比べてください.

問 9.6 $w = w_\lambda^{(d)}$ とする. $I := \{w(1), \ldots, w(d)\} \in \binom{[n]}{d}$ とおくとき, I の段差の集合, つまり $\mathscr{D}(I) = \{i \in [n] \mid i \notin I, i+1 \in I\}$ を考える. w の星箱の集合は $\{(i, d) \mid i \in \mathscr{D}(I)\}$ と一致することを示せ.

命題 9.12 $\rho_d^{-1}(\Omega_\lambda) = \Omega_{w_\lambda^{(d)}}$ が成り立つ.

証明 $V_\bullet \in \mathscr{F}\!l(n)$ に対して $V_\bullet \in \rho_d^{-1}(\Omega_\lambda)$ という条件は,

$$\dim(F^{\lambda_i + d - i} \cap V_d) \geq i \quad (1 \leq i \leq d) \tag{9.10}$$

ですから, d 列目の箱 $B_i = (\lambda_i + d - i, d)$ $(1 \leq i \leq d)$ を考えます. 直接計算で,

$$d_w(B_i) = i$$

表 9.1 グラスマン多様体と旗多様体の比較・対応

多様体	$\mathscr{F}\!l(n)$	$\mathscr{G}_d(\mathbb{C}^n)$
点	$V_\bullet$	$V = V_d$
等質空間として	$GL_n(\mathbb{C})/B$	$GL_n(\mathbb{C})/P_d$
次元	$n(n-1)/2$	$d(n-d)$
シューベルト類のラベル	S_n	$\mathscr{Y}_d(n) \cong S_n^{(d)}$
T 固定点	e_w	e_λ
シューベルト胞体の閉包関係	ブリュア順序	ヤング図形の包含
シューベルト多様体の余次元	$\ell(w)$	$|\lambda|$
双対類のラベル	$w_0 w$	$\lambda^\vee$

を確認することができます(問 9.7).星箱が d 列目だけにあることと,星箱が $\{B_1, \ldots, B_d\}$ に含まれていること(問 9.6)から,条件 (9.10) が $\Omega_{w_\lambda}(d)$ を定める条件(定理 8.27 参照)と同値であることがわかります. □

問 9.7 $w = w_\lambda^{(d)}$ とするとき,
$$d_w(\lambda_i + d - i, d) = i$$
を示せ.

グラスマン多様体と旗多様体のそれぞれのシューベルト多様体どうしの関係は以下のように述べられます.

定理 9.13 射影 ρ_d による引き戻し $\rho_d^* : A^*(\mathscr{G}_d(n)) \longrightarrow A^*(\mathscr{F}\!l(n))$ により σ_λ は $\sigma_{w_\lambda^{(d)}}$ に写る.

証明 ρ_d は滑らかな正則写像であって,命題 C.7 を用いることができます.命題 9.12 によって $\rho_d^*[\Omega_\lambda] = [\rho_d^{-1}(\Omega_\lambda)] = [\Omega_{w_\lambda^{(d)}}]$ が得られます. □

S_n のブリュア順序を $S_n^{(d)}$ に制限し,$S_n^{(d)} \cong \mathscr{Y}_d(n)$ と同一視することによって $\mathscr{Y}_d(n)$ 上の順序とみなすと,ヤング図形の間の包含関係と一致します.つまり次が成り立ちます.

命題 9.14 次が成り立つ:
(1) $\ell(w_\lambda^{(d)}) = |\lambda|$,
(2) $w_\lambda^{(d)} \leq w_\mu^{(d)} \iff \lambda \subset \mu$.

以上の対応を表 9.1 にまとめておきます.

9.4 差分商作用素——引っ張り上げて落とす

旗多様体のシューベルト・カルキュラスで用いられる特徴的な道具として**差分商作用素**と呼ばれるものがあります. 余次元が 1 つ異なるシューベルト類を関係付けるものです.

i 次元の成分を除いた部分的な旗

$$V_1 \subset \cdots \subset V_{i-1} \subset V_{i+1} \subset \cdots \subset V_n = E, \quad \dim V_j = j \, (j \neq i)$$

全体のなす多様体を $\mathscr{F}\ell^{(i)}(E)$ によって表します. $j \neq i$ に対して, V_j をファイバーとするベクトル束 $\mathscr{V}_j$ が, E をファイバーとする自明束の部分束として定まるのは, $\mathscr{F}\ell(E)$ の場合と同様です. ベクトル束の旗

$$\mathscr{V}_1 \subset \cdots \subset \mathscr{V}_{i-1} \subset \mathscr{V}_{i+1} \subset \cdots \subset \mathscr{V}_n = E, \quad \mathrm{rank}(\mathscr{V}_j) = j \, (j \neq i)$$

が得られたわけです. V_i を忘れることでできる射影 $\varphi : \mathscr{F}\ell(E) \to \mathscr{F}\ell^{(i)}(E)$ は射影直線束

$$\mathbb{P}(\mathscr{V}_{i+1}/\mathscr{V}_{i-1}) \to \mathscr{F}\ell^{(i)}(E)$$

と同一視できます.

旗のペア $(V_\bullet, W_\bullet) \in \mathscr{F}\ell(E) \times \mathscr{F}\ell(E)$ で, $\varphi(V_\bullet) = \varphi(W_\bullet)$ をみたすものがなす多様体を $\mathscr{Z}_i$ と表します. これは, 一般にはファイバー積と呼ばれる多様体の構成の仕方で,

$$\mathscr{Z}_i := \mathscr{F}\ell(E) \times_{\mathscr{F}\ell^{(i)}(E)} \mathscr{F}\ell(E)$$

という記号で書かれます. 第 1 および第 2 成分への射影を $p_1, p_2 : \mathscr{Z}_i \longrightarrow$

$\mathscr{F}\!\ell(E)$ と書くとき，次の可換図式ができます:

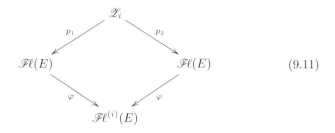

この図式を用いて右側の $\mathscr{F}\!\ell(E)$ に含まれるシューベルト多様体 Ω_w を p_2 で $\mathscr{L}_i$ に「引っ張り上げ」て p_1 で「落とす」という構成を行います．

命題 9.15 $\mathscr{F}\!\ell(E)$ 上の階数 2 のベクトル束 $\mathscr{A} := \mathscr{V}_{i+1}/\mathscr{V}_{i-1}$ を考える．

(1) $\mathscr{L}_i$ は p_1, p_2 によって 2 通りの方法で射影束 $\mathbb{P}(\mathscr{A}) \to \mathscr{F}\!\ell(E)$ と同一視できる．

(2) p_1 によって $\mathscr{L}_i$ を $\mathbb{P}(\mathscr{A})$ と同一視するとき，直線束 $\mathscr{O}_{\mathscr{L}_i}(1)$ は $p_2^*\mathscr{L}_i$ と同一視される．

証明 (1) p_2 から考えましょう．$\mathscr{F}\!\ell(E)$ の点 $x = W_\bullet$ を固定します．このとき，ファイバー $p_2^{-1}(x)$ は旗のペア $(V_\bullet, W_\bullet)$ であって，$\varphi(V_\bullet) = \varphi(W_\bullet)$，つまり $V_j = W_j$ $(j \neq i)$ をみたすもの全体です．動く余地がある V_i は $W_{i-1} \subset V_i \subset W_{i+1}$ をみたしますからファイバー $p_2^{-1}(x)$ は，

$$\mathbb{P}(W_{i+1}/W_{i-1}) = \mathbb{P}(\mathscr{A}_x) \cong \mathbb{P}^1$$

と同一視できます．このようにして $p_2 : \mathscr{L}_i \to \mathscr{F}\!\ell(E)$ は射影直線束 $\pi : \mathbb{P}(\mathscr{A}) \to \mathscr{F}\!\ell(E)$ と同一視できます．$(V_\bullet, W_\bullet) \in \mathscr{L}_i$ には，$x = W_\bullet \in \mathscr{F}\!\ell(E)$ と $V_i/W_{i-1} \in \mathbb{P}(W_{i+1}/W_{i-1}) = p_2^{-1}(x)$ が対応します．

p_1 の場合は $(V_\bullet, W_\bullet) \in \mathscr{L}_i$ に対して，$y = V_\bullet \in \mathscr{F}\!\ell(E)$ と $W_i/V_{i-1} \in \mathbb{P}(V_{i+1}/V_{i-1}) = p_1^{-1}(y)$ が対応します．

(2) p_1 によって $\mathscr{L}_i$ を $\mathbb{P}(\mathscr{A})$ と同一視するとき，直線束 $\mathscr{O}_{\mathscr{L}_i}(-1)$ はどのようなものでしょう．点 $(V_\bullet, W_\bullet) \in \mathscr{L}_i$ における $\mathscr{O}_{\mathscr{L}_i}(-1)$ のファイバーは $W_i/V_{i-1} = W_i/W_{i-1} \cong \mathbb{C}$ です．したがって $\mathscr{O}_{\mathscr{L}_i}(-1) = p_2^*(\mathscr{V}_i/\mathscr{V}_{i-1})$ と同一視で

きます．よってその双対束 $\mathcal{O}_{\mathscr{Z}_i}(1)$ は $p_2^*\mathscr{L}_i$ です． □

Δ を $\mathscr{Z}_i$ の対角部分集合 $\{(V_\bullet, W_\bullet) \in \mathscr{Z}_i \mid V_\bullet = W_\bullet\}$ とします．

補題 9.16 $w \in S_n$ とする．

(1) $\ell(wr_i) = \ell(w) - 1$ の場合は，
$$p_1 \text{ は同型 } p_2^{-1}(\Omega_w^\circ) - \Delta \xrightarrow{\cong} \Omega_{wr_i}^\circ \text{ を与える}.$$

(2) $\ell(wr_i) = \ell(w) + 1$ の場合は，
$$p_1 \text{ は } p_2^{-1}(\Omega_w^\circ) \text{ を } \Omega_w \text{ の中に写す}.$$

証明する前に，この結果をどのように使うのかを述べます．

定理 9.17 $A^*(\mathscr{F}\!\ell(E))$ 上の作用素 δ_i を，
$$\delta_i : A^*(\mathscr{F}\!\ell(E)) \xrightarrow{p_2^*} A^*(\mathscr{Z}_i) \xrightarrow{p_{1*}} A^*(\mathscr{F}\!\ell(E))$$
と定めるとき，次が成り立つ：
$$\delta_i \sigma_w = \begin{cases} \sigma_{wr_i} & (\ell(wr_i) = \ell(w) - 1) \\ 0 & (\ell(wr_i) = \ell(w) + 1) \end{cases}.$$

証明 p_2 は滑らかな正則写像であることから $p_2^*(\sigma_w) = p_2^*([\Omega_w]) = [p_2^{-1}(\Omega_w)]$ が成り立ちます（命題 C.7）．さらに p_{1*} を施した結果を知るためには命題 7.17 を使います．$\ell(wr_i) = \ell(w) - 1$ のとき，補題 9.16 (1) から $p_2^{-1}(\Omega_w)$ は p_1 によって Ω_{wr_i} の上に双有理に写されます．このことは $(p_{1*} \circ p_2^*)(\sigma_w) = p_{1*}([p_2^{-1}(\Omega_w)]) = [\Omega_{wr_i}]$ を意味します．$\ell(wr_i) = \ell(w) + 1$ のとき，補題 9.16 (2) から $p_2^{-1}(\Omega_w)$ を p_1 によって写すとき像の次元が下がる[*2]ことがわかりま

[*2] $p_2^{-1}(\Omega_w)$ は Ω_w よりも 1 次元高い多様体です．$p_2^{-1}(\Omega_w^\circ)$ のザリスキー開集合（補講 B 参照）$p_2^{-1}(\Omega_w^\circ) - \Delta$ の p_1 による像が Ω_w に含まれるということは，$p_2^{-1}(\Omega_w)$ を p_1 で写すときに次元が 1 以上下がることを意味します．

す．これは $p_{1*}([p_2^{-1}(\Omega_w)]) = 0$ を意味します． □

B 太：これは役に立ちそうですね！

A 子：先生，補題 9.16 の証明をお願いします．

♪：まず p_2 のファイバーをくわしくみましょう．$x = W_\bullet \in \mathscr{F}\!\ell(E)$ として $(V_\bullet, W_\bullet) \in p_2^{-1}(x)$ とします．$\boldsymbol{u}_1, \ldots, \boldsymbol{u}_n$ を旗 $W_\bullet$ の基底とするとき $\mathscr{A}_x = W_{i+1}/W_{i-1} \cong \mathbb{C}^2$ の基底を $\overline{\boldsymbol{u}_i}, \overline{\boldsymbol{u}_{i+1}} \in W_{i+1}/W_{i-1}$ と選べます．$\mathbb{P}(W_{i+1}/W_{i-1}) \cong \mathbb{P}^1$ のスクリーンとして図 9.1 のような直線を選びましょう．

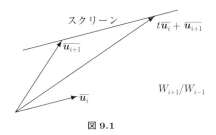

図 9.1

C 郎：$t \in \mathbb{C}$ がスクリーンの座標ですね．

♪：そう．そして，スクリーンに映らない点，つまり $t = \infty$ にあたるのが $[\overline{\boldsymbol{u}_i}] \in \mathbb{P}(W_{i+1}/W_{i-1})$ です．これは $V_\bullet = W_\bullet$ で決まる $\mathbb{P}(W_{i+1}/W_{i-1}) \cong p_2^{-1}(x)$ の点です．

B 太：ここまで具体的だと，行列の形をよくみて計算するとわかりそう．

♪：そうですね．たとえば $w = 41253 \in S_5$ としてみましょうか？

A 子：ええと $\Omega_w^\circ \cong U_w^-$ はこんな胞体ですよね：

$$U_w^- : \begin{pmatrix} 0 & 1 & 0 & 0 & 0 \\ 0 & * & 1 & 0 & 0 \\ 0 & * & * & 0 & 1 \\ 1 & 0 & 0 & 0 & 0 \\ * & * & * & 1 & 0 \end{pmatrix} = (\boldsymbol{u}_1, \boldsymbol{u}_2, \boldsymbol{u}_3, \boldsymbol{u}_4, \boldsymbol{u}_5)$$

$W_\bullet \in \Omega_w^\circ$ としてこういう基底 $(\boldsymbol{u}_1, \boldsymbol{u}_2, \boldsymbol{u}_3, \boldsymbol{u}_4, \boldsymbol{u}_5)$ を選んだとしましょう．

B太：$i=1$ としてみると $wr_1 = 14253$ で長さが減る場合だね．$(V_\bullet, W_\bullet) \in p_2^{-1}(\Omega_w^\circ) - \Delta$ とするでしょ．$V_\bullet$ の方の基底 $v_1, \ldots, v_5$ を選ぶとき，$v_3 = u_3, v_4 = v_4, v_5 = u_5$ でいいとして，v_1, v_2 をどうするかだね．

C郎：さっきのファイバーの座標 $t \in \mathbb{C}$ を使って，

$$(v_1, v_2) = (u_1, u_2) \begin{pmatrix} t & 1 \\ 1 & 0 \end{pmatrix} = (tu_1 + u_2, u_1)$$

とすると，$(V_\bullet, W_\bullet)$ に対応する基底から作った行列はこういう形になる：

$$\begin{pmatrix} 1 & 0 & 0 & 0 & 0 \\ a & 0 & 1 & 0 & 0 \\ b & 0 & * & 0 & 1 \\ t & 1 & 0 & 0 & 0 \\ c+td & d & * & 1 & 0 \end{pmatrix} \times \begin{pmatrix} 0 & 1 & 0 & 0 & 0 \\ 0 & a & 1 & 0 & 0 \\ 0 & b & * & 0 & 1 \\ 1 & 0 & 0 & 0 & 0 \\ d & c & * & 1 & 0 \end{pmatrix}$$

u_1, u_2 の成分は文字 a, b, c, d を使って書いたよ．

B太：なるほど，第1成分 $V_\bullet$ がぴったり $\Omega_{wr_i}^\circ \cong U_{wr_i}^-$ の形になっているね．a, b, c なんかの $W_\bullet$ のパラメーターの他に t を動かせば $p_2^{-1}(\Omega_w^\circ) - \Delta$ 全体が $\Omega_{wr_i}^\circ$ と一対一に対応しているのがわかる．

A子：次に $i=2$ の場合を計算してみましょうよ．$wr_2 = 42135$ で，今度は長さが増えるのね．$p_2^{-1}(W_\bullet) - \Delta$ は，

$$\begin{pmatrix} 0 & t & 1 & 0 & 0 \\ 0 & 1+ta & a & 0 & 0 \\ 0 & d+tb & b & 0 & 1 \\ 1 & 0 & 0 & 0 & 0 \\ * & e+tc & c & 1 & 0 \end{pmatrix} \times \begin{pmatrix} 0 & 1 & 0 & 0 & 0 \\ 0 & a & 1 & 0 & 0 \\ 0 & b & d & 0 & 1 \\ 1 & 0 & 0 & 0 & 0 \\ * & c & e & 1 & 0 \end{pmatrix}$$

という形をしている．まず $t=0$ ならば $V_\bullet \in \Omega_{wr_2}^\circ$ ね．

C郎：$t \neq 0$ とするとき，このままじゃあわかりにくいけれど，$V_\bullet$ の方に基底変換

$$\begin{pmatrix} 0 & 1 & 1 & 0 & 0 \\ 0 & t^{-1}+a & a & 0 & 0 \\ 0 & dt^{-1}+b & b & 0 & 1 \\ 1 & 0 & 0 & 0 & 0 \\ * & et^{-1}+c & c & 1 & 0 \end{pmatrix} \to \begin{pmatrix} 0 & 1 & 0 & 0 & 0 \\ 0 & t^{-1}+a & -t^{-1} & 0 & 0 \\ 0 & dt^{-1}+b & -dt^{-1} & 0 & 1 \\ 1 & 0 & 0 & 0 & 0 \\ * & et^{-1}+c & -et^{-1} & 1 & 0 \end{pmatrix}$$

$$\to \begin{pmatrix} 0 & 1 & 0 & 0 & 0 \\ 0 & t^{-1}+a & 1 & 0 & 0 \\ 0 & dt^{-1}+b & d & 0 & 1 \\ 1 & 0 & 0 & 0 & 0 \\ * & et^{-1}+c & e & 1 & 0 \end{pmatrix}$$

ができるね．右から B の元を掛けても旗は変わらないから．

B太：ほんと，これなら $V_\bullet$ は Ω_w° に属すことがわかる．

♪：そう，つまり，p_1 による $p_2^{-1}(\Omega_w^\circ) - \Delta$ の像は $\Omega_w^\circ \cup \Omega_{wr_i}^\circ \subset \Omega_w$ に含まれることがわかりました．$wr_i \geq w$ に注意してください．$t = \infty$ に対応する $p_2^{-1}(\Omega_w^\circ) \cap \Delta$ はもちろん p_1 により Ω_w° の中に写されます．結局 p_1 は $p_2^{-1}(\Omega_w^\circ)$ を Ω_w の中に写します．

差分商作用素

$1 \leq i \leq n-1$ とするとき，$f \in \mathbb{Z}[z_1, \ldots, z_n]$ に対して $r_i f$ を z_i と z_{i+1} を交換して得られる多項式

$$r_i f(z_1, \ldots, z_n) = f(z_1, \ldots, z_{i+1}, z_i, \ldots, z_n)$$

とします．$f - r_i f$ は $z_i - z_{i+1}$ で割り切れますので，

$$\partial_i f := \frac{f - r_i f}{z_i - z_{i+1}}$$

は多項式です．∂_i を**差分商作用素**と呼びます．

$f, g \in \mathbb{Z}[z_1, \ldots, z_n]$ に対して，

$$\partial_i(fg) = \partial_i f \cdot g + r_i f \cdot \partial_i g$$

が成り立つことは簡単に確かめられます．とくに f が対称多項式ならば $r_i f = f$, $\partial_i f = 0$ なので $\partial_i(fg) = f \cdot \partial_i g$ が成り立ちます．このことから ∂_i は I_n の元を I_n の元に移すことがわかります．よって ∂_i は $\mathscr{R}_n = \mathbb{Z}[z_1, \ldots, z_n]/I_n$ 上の作用素を定めますので，それを同じ記号 ∂_i で表します．

問 9.8 次を示せ．(1) $\partial_i^2 = 0$ ($1 \leq i \leq n-1$). (2) (差分商作用素の組ひも関係式) $\partial_i \partial_{i+1} \partial_i = \partial_{i+1} \partial_i \partial_{i+1}$ ($1 \leq i \leq n-2$).

定理 9.18 同一視 $A^*(\mathscr{F}\!l(E)) = \mathscr{R}_n$ のもとで $\delta_i = \partial_i$ が成り立つ．

証明 余不変式環 $\mathscr{R}_n$ の任意の元は，z_i, z_{i+1} を含まない多項式によって表せる α, β を用いて $\alpha z_i + \beta$ と書けます．変数を置換しても補題 9.10 は明らかに成り立つので z_i, z_{i+1} を最後の 2 つにすればよいからです．このとき，差分商作用素の定義からすぐわかるように $\partial_i(\alpha z_i + \beta) = \alpha$ です．

直線束 $\mathscr{L}_j$ ($j \neq i, i+1$) は $\mathscr{F}\!l^{(i)}(E)$ 上にあるので，これらのチャーン類の多項式として書かれている α, β は $A^*(\mathscr{F}\!l^{(i)}(E))$ の元の引き戻しになっています．このことと，図式 (9.11) の可換性から，

$$p_2^* \alpha = p_1^* \alpha, \quad p_2^* \beta = p_1^* \beta$$

が成り立ちます．さらに，このことと，p_1 についての射影公式を使うと，

$$\begin{aligned}\delta_i(\alpha z_i + \beta) &= p_{1*}(p_2^* \alpha \cdot p_2^* z_i + p_2^* \beta) \\ &= p_{1*}(p_1^* \alpha \cdot p_2^* z_i + p_1^* \beta) \\ &= \alpha \cdot p_{1*}(p_2^* z_i) + \beta \cdot p_{1*}(1)\end{aligned}$$

となります．射影直線束 $p_1 : \mathscr{L}_i \to \mathscr{F}\!l(E)$ の $\mathscr{O}(1)$ は $p_2^* \mathscr{L}_i$ だった（命題 9.15 (2)）ので，射影束のギシン写像に関する公式（定理 7.19）より，

$$p_{1*}(p_2^* z_i) = 1, \quad p_{1*}(1) = 0$$

です．これで $\delta_i(\alpha z_i + \beta) = \alpha$ が示せました．よって $\delta_i = \partial_i$ です． □

第10講
シューベルト多項式

　第5講でみたように，グラスマン多様体のシューベルト類はシューア多項式により表されます．旗多様体の場合にも，シューベルト類を表す「良い」多項式を探究しましょう．

10.1　シューベルト類の安定性

　グラスマン多様体の場合と同様に，n を大きくする極限を考察します．$E = \mathbb{C}^n$，$\tilde{E} = \mathbb{C}^{n+1}$ として，ベクトル空間の埋め込み $\iota : E \hookrightarrow \tilde{E}$，${}^t(c_1, \ldots, c_n) \mapsto {}^t(c_1, \ldots, c_n, 0)$ を考えます．$V_\bullet \in \mathscr{F}\!\ell(E)$ に対して $\tilde{E}$ の旗

$$\iota(V_\bullet) : 0 \subset \iota(V_1) \subset \cdots \subset \iota(V_n) \subset \tilde{E}$$

を対応させる写像 $\iota : \mathscr{F}\!\ell(E) \to \mathscr{F}\!\ell(\tilde{E})$ を考えます．また $w \in S_n$ に対して，$\tilde{w}(i) = w(i)$ $(1 \leq i \leq n)$，$\tilde{w}(n+1) = n+1$ により $\tilde{w} \in S_{n+1}$ を定めます．

命題 10.1　ι は閉埋め込みであり，像は $\mathscr{F}\!\ell(\tilde{E})$ の双対シューベルト多様体 $X_{\tilde{w}_0}$ と一致する．ただし w_0 は S_n の最長元である．

証明　$G = GL_{n+1}(\mathbb{C})$ のボレル部分群 B を用いて $\mathscr{F}\!\ell(\tilde{E}) = G/B$ とするとき，H を以下の行列

$$\begin{pmatrix} & & & * \\ & g & & \vdots \\ & & & * \\ \hline 0 & \cdots & 0 & c \end{pmatrix} \quad g \in GL_n(\mathbb{C}), \quad c \in \mathbb{C}^\times$$

からなる G の閉部分群とすると，H は B を含んでいて，ι の像は H/B と同一視できます．また，H/B は左からの B の作用で保たれます．H の行列の形から $e_{\tilde{w}} \in H/G$ ($w \in S_n$) および $e_v \notin H/G$ ($v \notin S_n$) がわかります．よって，

$$\iota(\mathscr{F}\!l(E)) = H/B = \bigsqcup_{w \in S_n} Be_{\tilde{w}} = \overline{Be_{\tilde{w}_0}} = X_{\tilde{w}_0}$$

がしたがいます． □

定理 10.2（シューベルト類の安定性）　$w \in S_n$ とする．次が成り立つ：
 (1) $\iota^{-1}(\Omega_{\tilde{w}}) = \Omega_w$．
 (2) $\iota^*(\sigma_{\tilde{w}}) = \sigma_w$．

証明　(1) $V_\bullet \in \mathscr{F}\!l(n)$ が $\iota^{-1}(\Omega_{\tilde{w}})$ に属すための条件は，命題 8.26 より，

$$\operatorname{rank}\left(\iota V_j \to \tilde{E}/\tilde{F}^i\right) \leq r_{\tilde{w}}(i,j) \quad (1 \leq i,j \leq n+1) \tag{10.1}$$

です．ここで，$\tilde{F}_\bullet$ は $\tilde{E}$ の標準旗です．(10.1) は i または j が $n+1$ である場合は自動的に成り立つ条件です．$1 \leq i,j \leq n$ に対して，自然な可換図式

$$\begin{array}{ccc} V_j & \xrightarrow{\cong}_{\iota} & \iota V_j \\ \downarrow & & \downarrow \\ E/F^i & \xrightarrow{\cong} & \tilde{E}/\tilde{F}^i \end{array}$$

が存在します．また $r_{\tilde{w}}(i,j) = r_w(i,j)$ ($1 \leq i,j \leq n$) ですので，(10.1) は $V_\bullet \in \Omega_w$ と同値です．

(2) $\iota : \mathscr{Fl}(E) \to \mathscr{Fl}(\tilde{E})$ が正則閉埋め込み[*1]と呼ばれる良い性質を持つことと，交わり $\Omega_{\tilde{w}} \cap X_{\tilde{w}_0} = \iota^{-1}(\Omega_{\tilde{w}}) = \Omega_w$ が横断的である（[25] 参照）ことから，$\iota^*([\Omega_{\tilde{w}}]) = [\iota^{-1}(\Omega_{\tilde{w}})]$ が示せます[*2]．したがって，

$$\iota^* \sigma_{\tilde{w}} = \iota^*([\Omega_{\tilde{w}}]) = [\iota^{-1}(\Omega_{\tilde{w}})] = [\Omega_w] = \sigma_w$$

が得られます． □

A 子：$\tilde{E}/\tilde{F}^i$ と E/F^i が同型になるのはなぜですか？
♪：自然な写像

$$E \xhookrightarrow{\iota} \tilde{E} \twoheadrightarrow \tilde{E}/\tilde{F}^i$$

は全射で，その核空間は $F^i \subset E = \mathbb{C}^n$ ですからね．
B 太：F^i も $\tilde{F}^i$ も $x_1 = \cdots = x_i = 0$ で定義されたものという意味では同じ，E/F^i も $\tilde{E}/\tilde{F}^i$ も最初の i 個の座標だけみるって考えれば同じ．
♪：はい，その理解でけっこうです．
C 郎：交叉理論の知識が足りないので，(2) の証明が消化しきれません．
B 太：ぼくは (1) の証明に納得したので油断してしまいましたが，確かに，(2) の証明は十分理解できていません．
♪：交叉形式 (9.3) と双対定理を用いて証明しておきましょう．$v \in S_n$ とします．するとこんなふうになりませんか？

[*1] 代数多様体の閉埋め込み $i : Y \hookrightarrow X$ が，余次元 d の正則閉埋め込み (regular embedding of codimension d) であるとは，Y の任意の点に対して，その点を含む X のあるアフィン開集合 U が存在して，U の座標環を A，I を $Y \cap U$ の定義イデアルとするとき，I が長さ d の正則列によって生成されることをいいます．正則列の概念については [15] を参照してください．
[*2] 正則閉埋め込みによる引き戻しの一般論については [30, 第 6 章] をみてください．

$$\langle \iota^*\sigma_{\tilde{w}}, [X_v]\rangle = \int_{\mathscr{F}\ell(E)} \iota^*\sigma_{\tilde{w}} \cdot [X_v]$$
$$= \int_{\mathscr{F}\ell(\tilde{E})} \iota_*(\iota^*\sigma_{\tilde{w}} \cdot [X_v])$$
$$= \int_{\mathscr{F}\ell(\tilde{E})} \sigma_{\tilde{w}} \cdot \iota_*[X_v]$$
$$= \int_{\mathscr{F}\ell(\tilde{E})} \sigma_{\tilde{w}} \cdot [\iota(X_v)]$$
$$= \int_{\mathscr{F}\ell(\tilde{E})} \sigma_{\tilde{w}} \cdot [X_{\tilde{v}}]$$
$$= \#(\Omega_{\tilde{w}} \cap X_{\tilde{v}}) = \delta_{wv}.$$

A 子：ええと，最初の等式は交叉形式の定義ですね．次は可換図式

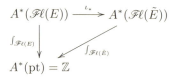

を使って，3つ目は射影公式で，4つ目は ι_* の記述（命題 7.17），それから $\iota(X_v) = X_{\tilde{v}}$ を使ったんですね．これは確かめられそうです．

C 郎：交叉形式は交点数と解釈できて，最後は $\mathscr{F}\ell(\tilde{E})$ の双対定理です．

♪：はい．よって $\mathscr{F}\ell(E)$ の双対定理から $\iota^*\sigma_{\tilde{w}} = \sigma_w$ がしたがいます．いろいろ復習できましたね．

B 太：わかりましたけど，かなり遠回りですね．

♪：大切な結果なので念には念を入れてみました．

＊　＊　＊

以下，すべての n について考えるために，記号を少し変えます．$\iota : \mathscr{F}\ell(E) \to \mathscr{F}\ell(\tilde{E})$ を $\iota_n : \mathscr{F}\ell(n) \to \mathscr{F}\ell(n+1)$ と書きます．また $w \in S_n$ と $\tilde{w} \in S_{n+1}$ を同一視して，$\tilde{w}$ を単に w と書き，$S_n \subset S_{n+1}$ とみます．そして $S_\infty = \bigcup_{n \geq 1} S_n$ とおきます．$A^*(\mathscr{F}\ell(n))$ のシューベルト多様体を $\Omega_w^{(n)}, X_w^{(n)}$ などのように，シューベルト類を $\sigma_w^{(n)}$ などと書きます．

命題 10.3 $w \in S_{n+1}$ とするとき，次が成り立つ：
$$\iota_n^*(\sigma_w^{(n+1)}) = \begin{cases} \sigma_w^{(n)} & (w \in S_n) \\ 0 & (w \notin S_n) \end{cases}.$$

証明 $w \in S_n$ ならば定理 10.2 (2) によって $\iota_n^*(\sigma_w^{(n+1)}) = \sigma_w^{(n)}$ です．$w \notin S_n$ のとき w_0 を S_n の最長元とすると交叉条件（定理 9.4）より $\Omega_w^{(n+1)} \cap X_{w_0}^{(n+1)} = \varnothing$ となるので，$\iota_n^* \sigma_w^{(n+1)} = [\iota_n^{-1}(\Omega_w^{(n+1)})] = 0$ です． □

$n \to \infty$ におけるシューベルト類を定式化するために，**射影極限**（あるいは逆極限）と呼ばれる構成を用います．加法群の族 M_n ($n \in \mathbb{N}$) と $n \leq m$ をみたす組 (n,m) に対して準同型 $f_{nm}: M_m \to M_n$ が与えられていて，$f_{nl} = f_{nm} \circ f_{ml}$ がすべての $n \leq m \leq l$ に対して成り立つとき，$((M_n)_n, (f_{nm})_{n \leq m})$ を**射影系**と呼びます．たとえば，準同型 $f_n: M_{n+1} \to M_n$ ($n \in \mathbb{N}$) が与えられているとき，これらの合成

$$f_{nm}: M_m \xrightarrow{f_{m-1}} M_{m-1} \longrightarrow \cdots \xrightarrow{f_n} M_n$$

により射影系が得られます．直積 $\prod_{n \in \mathbb{N}} M_n$ の部分加法群

$$\varprojlim_n M_n := \{(x_n)_n \in \prod_{n \in \mathbb{N}} M_n \mid f_{nm}(x_m) = x_n \quad (n \leq m)\}$$

を射影極限と呼びます．射影極限の元を定めるには，ある $k \in \mathbb{N}$ に対して，k より先の列 $x_n \in M_n$ ($n \geq k$) であって，$f_{nm}(x_m) = x_n$ ($k \leq n \leq m$) をみたすようなものを与えれば十分です．また，各 $n \in N$ に対して，射影極限 $\varprojlim_m M_m$ から M_n への自然な射影 p_n が，$p_n((x_m)_m) = x_n$ により定まります．

各 $r \geq 0$ に対して $\iota_n^* : A^r(\mathscr{F}\!l(n+1)) \to A^r(\mathscr{F}\!l(n))$ により射影系が得られ，$\varprojlim_n A^r(\mathscr{F}\!l(n))$ が定義できます．各 $w \in S_\infty$ に対して，シューベルト類の極限

$$\hat{\sigma}_w = (\sigma_w^{(n)})_{n \in \mathbb{N}} \in \varprojlim_n A^r(\mathscr{F}\!l(n)), \quad r = \ell(w)$$

が定まります（命題 10.3）．ここで，

206   第10講　シューベルト多項式

$$\varinjlim_{n} A^*(\mathscr{F}l(n)) := \bigoplus_{r=0}^{\infty} \varinjlim_{n} A^r(\mathscr{F}l(n))$$

とおき，その部分加法群

$$A^*(\mathscr{F}l(\infty)) := \bigoplus_{w \in S_\infty} \mathbb{Z}\hat{\sigma}_w \tag{10.2}$$

を定義します．$A^*(\mathscr{F}l(\infty))$ が可換環をなすことを次の節で証明します．

10.2　シューベルト多項式の導入

$z_{n+1} = 0$ を代入することにより定まる写像 $\mathbb{Z}[z_1, \ldots, z_{n+1}] \to \mathbb{Z}[z_1, \ldots, z_n]$ は，環準同型 $\varphi_n : \mathscr{R}_{n+1} \to \mathscr{R}_n$ を誘導します．

命題 10.4　同一視 $A^*(\mathscr{F}l(n)) = \mathscr{R}_n$ の下で射影 $\iota_n^* : A^*(\mathscr{F}l(n+1)) \to A^*(\mathscr{F}l(n))$ は φ_n と一致する．

証明　まず $1 \leq i \leq n$ とします．$\mathscr{F}l(n+1)$ 上の $\mathscr{L}_i$ を $\mathscr{L}_i^{(n+1)}$ などと書きましょう．$\iota_n^* \mathscr{L}_i^{(n+1)}$ の $V_\bullet \in \mathscr{F}l(n)$ におけるファイバー $\iota_n(V_i)/\iota_n(V_{i-1})$ は，V_i/V_{i-1} とカノニカル（A.3節参照）に同一視できます．よって $\iota_n^* \mathscr{L}_i^{(n+1)}$ は $\mathscr{L}_i^{(n)}$ と同一視できます．したがって，

$$\iota_n^*(z_i) = \iota_n^*(c_1(\mathscr{L}_i^{(n+1)})) = c_1(\iota_n^* \mathscr{L}_i^{(n+1)}) = c_1(\mathscr{L}_i^{(n)}) = z_i$$

となります．

次に z_{n+1} について考えます．点 $V_\bullet \in \mathscr{F}l(n)$ における $\iota_n^* \mathscr{L}_{n+1}$ のファイバーは $(\mathbb{C}^{n+1}/\iota(V_n))^*$ です．$\iota(V_n) = \langle e_1, \ldots, e_n \rangle \subset \mathbb{C}^{n+1}$ なので，これは自明束です．したがって，

$$\iota_n^*(z_{n+1}) = \iota_n^*(c_1(\mathscr{L}_{n+1})) = c_1(\iota_n^* \mathscr{L}_{n+1}) = 0$$

です．$A^*(\mathscr{F}l(n+1))$ は $z_1, \ldots, z_{n+1}$ で生成されますので，$\iota_n^* = \varphi_n$ が示せました．□

無限変数の多項式環

$$\mathbb{Z}[z] = \mathbb{Z}[z_1, z_2, \ldots, z_n, \ldots]$$

を考えます．使うことのできる変数は無限個ですが，個々の多項式は有限個の変数しか含まないことに注意してください．$f(z_1, z_2, \ldots) \in \mathbb{Z}[z]$ を r 次斉次元とすると，各 $n \in \mathbb{N}$ に対して $f^{(n)} = f(z_1, \ldots, z_n, 0, 0, \ldots) \in \mathbb{Z}[z_1, \ldots, z_n]$ とおくと，$f^{(n)} \mod I_n$ として $A^r(\mathscr{Fl}(n))$ の元が定まります．これらは $\varprojlim_n A^r(\mathscr{Fl}(n))$ の元を定めます．こうして，写像

$$\Psi : \mathbb{Z}[z] \longrightarrow \varprojlim A^*(\mathscr{Fl}(n))$$

が得られます．

定理 10.5 Ψ は $\mathbb{Z}[z]$ から $A^*(\mathscr{Fl}(\infty))$ の上への全単射である．

とくに $A^*(\mathscr{Fl}(\infty))$ に環の構造を入れることができます．この節ではこの定理を証明します．

補題 10.6 Ψ は単射である．

証明 $f \in \mathbb{Z}[z]$ を r 次斉次多項式として Ψ による像が 0 であるとすると，$f^{(n)} := f(z_1, \ldots, z_n, 0, 0, \ldots) \in I_n$ がすべての n について成り立ちます．$f \in \mathbb{Z}[z_1, \ldots, z_l]$ となる $l \geq 1$ をとり，$m = r + l$ とすると $f \in \mathscr{M}_m$ です．このとき $f = f^{(m)} \in \mathscr{M}_m \cap I_m = \{0\}$ なので $f = 0$ がしたがいます． $\square$

問 10.1 $1 \leq i \leq n-1$ に対し，$\partial_i(\mathscr{M}_n) \subset \mathscr{M}_n$ が成り立つことを示せ．

定理 10.5 を示すために鍵になる結果は次です．

補題 10.7 $f \in \mathscr{M}_n$ とする．ある自然数 k $(1 \leq k \leq n-1)$ に対し，

$$\partial_i f \in I_n \quad (k < i \leq n-1)$$

が成り立つとする．このとき f は $\mathbb{Z}[z_1, \ldots, z_k]$ に属す．

証明 k についての逆向きの帰納法を用いましょう．$\mathcal{M}_n \subset \mathbb{Z}[z_1,\ldots,z_{n-1}]$ だから $k=n-1$ のときは自明です．k の場合に主張が成立すると仮定し，$k-1$ のときを証明します．帰納法の仮定から $f \in \mathbb{Z}[z_1,\ldots,z_k] \cap \mathcal{M}_n$ ですが，実際には z_k が現れないことを示します．そのために，

$$f = \sum_{j=0}^{n-k} f_j \cdot z_k^j \quad (f_j \in \mathbb{Z}[z_1,\ldots,z_{k-1}] \cap \mathcal{M}_n)$$

と書きましょう．さて次が成り立ちます：

$$\partial_k f = \sum_{j=1}^{n-k} f_j \cdot \partial_k(z_k^j) = \sum_{j=1}^{n-k} f_j \cdot (z_k^{j-1} + z_k^{j-2} z_{k+1} + \cdots + z_{k+1}^{j-1}) \in I_n. \tag{10.3}$$

z_k および z_{k+1} の次数が $n-k-1$ 以下ですから，この多項式は $\mathcal{M}_n$ に属します（問 10.1 参照）．$I_n \cap \mathcal{M}_n = \{0\}$ なので，

$$\sum_{j=1}^{n-k} f_j \cdot (z_k^{j-1} + z_k^{j-2} z_{k+1} + \cdots + z_{k+1}^{j-1}) = 0$$

がしたがいます．(10.3) の右辺の和において，j が異なれば，展開した際に現れる単項式の集合は共通元を持ちませんから，$f_j = 0$ ($1 \le j \le n-k$) がしたがいます．したがって $f = f_0 \in \mathbb{Z}[z_1,\ldots,z_{k-1}]$ が成り立ちます． $\square$

$\varprojlim_n A^*(\mathcal{F}\ell(n))$ 上においても差分商作用素 ∂_i が定義できます．実際，$\gamma = (\gamma_n)_n \in \varprojlim_n A^*(\mathcal{F}\ell(n))$ とするとき，

$$(\partial_i \gamma)_m = \partial_i \gamma_m \in A^*(\mathcal{F}\ell(n)) \quad (m \ge i+1)$$

が成り立つような元 $\partial_i \gamma \in \varprojlim_n A^*(\mathcal{F}\ell(n))$ が一意的に定まります．

命題 10.8 $w \in S_\infty$ とするとき，次が成り立つ：

$$\partial_i \hat{\sigma}_w = \begin{cases} \hat{\sigma}_{wr_i} & (\ell(wr_i) = \ell(w) - 1) \\ 0 & (\ell(wr_i) = \ell(w) + 1) \end{cases}. \tag{10.4}$$

証明 定理 9.17, 定理 9.18, 命題 10.3 からしたがいます. □

補題 10.9 r 次斉次元 $\gamma \in \varprojlim_n A^r(\mathscr{Fl}(n))$ に対して, ある自然数 $k \geq 1$ が存在して,

$$\partial_i \gamma = 0 \quad (i > k)$$

が成り立つとする. このとき $\Psi(f) = \gamma$ をみたす r 次斉次多項式 $f \in \mathbb{Z}[z_1, \ldots, z_k]$ が一意的に存在する.

証明 $\gamma = (\gamma_n)_{n \in \mathbb{N}} \in \varprojlim_n A^r(\mathscr{Fl}(n))$ とします. 各 $\gamma_n \in A^*(\mathscr{Fl}(n)) \cong \mathscr{R}_n$ の代表 $f_n \in \mathscr{M}_n$ を一意的にとることができます (補題 9.10). f_n はすべて r 次斉次多項式です. 条件 $\partial_i \gamma = 0 \ (i > k)$ は, すべての $m \geq k + 1$ に対して,

$$\partial_i f_m \in I_m \quad (k < i \leq m - 1)$$

を意味しますので, 補題 10.7 より $f_{k+1}, f_{k+2}, \ldots$ はすべて $\mathbb{Z}[z_1, \ldots, z_k]$ に属します.

以下 $m \geq k + r$ とします. $\mathbb{Z}[z_1, \ldots, z_k]$ の r 次斉次部分を $\mathbb{Z}[z_1, \ldots, z_k]_r$ と書くとき,

$$\mathbb{Z}[z_1, \ldots, z_k]_r \cap \mathscr{M}_m = \mathbb{Z}[z_1, \ldots, z_k]_r \cap \mathscr{M}_{k+r} = \mathbb{Z}[z_1, \ldots, z_k]_r$$

が成り立つことがわかります. よって f_m は $\mathscr{M}_{k+r}$ に属します. さらに $f_{m+1} = f_m$ が成り立ちます. 実際, $f_{m+1} \in \mathbb{Z}[z_1, \ldots, z_k]$ なので $f_{m+1}^{(m)} = f_{m+1} \in \mathscr{M}_{k+r} \subset \mathscr{M}_m$ であり, $\varphi_m(\gamma_{m+1}) = \gamma_m$ の代表として f_{m+1} が選べますので, 代表の一意性より $f_{m+1} = f_m$ が成り立ちます. 結局 $m \geq k + r$ ならば f_m はすべて同一の多項式です. それを f と書くときこれが求めるものです. 一意性は補題 10.6 からしたがいます. □

補題 10.10 $w \in S_\infty$ とするとき $\hat{\sigma}_w$ は Ψ の像に含まれる．

証明 $w \in S_n \subset S_\infty$ とするとき，$i > n-1$ に対して，$\ell(wr_i) = \ell(w) + 1$ が成り立つので，命題 10.8 より $\partial_i \hat{\sigma}_w = 0$ です．したがって $\hat{\sigma}_w$ は補題 10.9 の条件をみたしますので，$\Psi(\mathbb{Z}[z_1, \ldots, z_{n-1}])$ に属します． □

定義 10.11（シューベルト多項式） 各 $w \in S_\infty$ に対し，
$$\Psi(\mathfrak{S}_w) = \hat{\sigma}_w$$
をみたす多項式 $\mathfrak{S}_w \in \mathbb{Z}[z]$ を**シューベルト多項式**という．

Ψ は単射（補題 10.6）なので $\mathfrak{S}_w$ は一意的に定まります．

命題 10.12 $w \in S_\infty$ とするとき，次が成り立つ：
$$\partial_i \mathfrak{S}_w = \begin{cases} \mathfrak{S}_{wr_i} & (\ell(wr_i) = \ell(w) - 1) \\ 0 & (\ell(wr_i) = \ell(w) + 1) \end{cases}. \tag{10.5}$$

証明 $\Psi \circ \partial_i = \partial_i \circ \Psi$ が成り立ちますので，命題 10.8 より (10.5) がしたがいます． □

命題 10.13 $w \in S_n$ に対して，簡約表示 $w = r_{i_1} \cdots r_{i_r}$ を 1 つ選ぶ．このとき，差分商作用素の合成
$$\partial_w = \partial_{i_1} \cdots \partial_{i_r}$$
は簡約表示の選び方にはよらずに w のみによって決まる．

証明 $w = r_{j_1} \cdots r_{j_r}$ をもう 1 つの簡約表示とするとき，組ひも関係式
$$r_i r_{i+1} r_i = r_{i+1} r_i r_{i+1} \ (1 \leq i \leq n-2), \ r_i r_j = r_j r_i \ (|i-j| \geq 2)$$
を用いて $r_{j_1} \cdots r_{j_r}$ を $r_{i_1} \cdots r_{i_r}$ に書き直すことができます．∂_i たちもまったく同様の組ひも関係式をみたします（問 9.8）ので，同じやり方で $\partial_{j_1} \cdots \partial_{j_r}$ を $\partial_{i_1} \cdots \partial_{i_r}$ に書き直すことができます． □

補題 10.14 $r_{i_1} \cdots r_{i_r}$ が簡約表示ではないとき，$\partial_{i_1} \cdots \partial_{i_r} = 0$ である．

証明 $v = r_{i_1} \cdots r_{i_{r-1}}$ が簡約表示であると仮定してかまいません．そうでなければ r に関する帰納法により $\partial_{i_1} \cdots \partial_{i_{r-1}} = 0$ となるので，$\partial_{i_1} \cdots \partial_{i_r} = 0$ がしたがいます．$w = r_{i_1} \cdots r_{i_r}$ とおきます．$\ell(wr_{i_r}) = \ell(w) \pm 1$ ですが，$\ell(wr_{i_r}) = \ell(v) = r - 1$, $\ell(w) \le r - 1$ であることから $\ell(wr_{i_r}) = \ell(w) + 1$ が成り立ちます．このとき $\partial_v = \partial_w \partial_{i_r}$ なので $\partial_{i_1} \cdots \partial_{i_r} = \partial_v \partial_{i_r} = \partial_w \partial_{i_r}^2 = 0$ です（問 9.8 参照）． □

補題 10.15 $u, v \in S_n$ とする．$\ell(uv) = \ell(u) + \ell(v)$ ならば $\partial_u \partial_v = \partial_{uv}$ が成り立ち，$\ell(uv) < \ell(u) + \ell(v)$ ならば $\partial_u \partial_v = 0$ が成り立つ．

証明 u, v の任意の簡約表示 $u = r_{i_1} \cdots r_{i_r}$, $v = r_{j_1} \cdots r_{j_s}$ をとります．$uv = r_{i_1} \cdots r_{i_r} r_{j_1} \cdots r_{j_s}$ は，簡約表示の定義によって，$\ell(uv) = \ell(u) + \ell(v)$ ならば簡約表示であり，$\ell(uv) < \ell(u) + \ell(v)$ ならば簡約表示ではありません．よって，$\ell(uv) = \ell(u) + \ell(v)$ の場合は $\partial_u \partial_v = \partial_{uv}$ が成り立ちます．$\ell(uv) < \ell(u) + \ell(v)$ ならば補題 10.14 から $\partial_u \partial_v = \partial_{i_1} \cdots \partial_{i_r} \partial_{j_1} \cdots \partial_{j_s} = 0$ です． □

問 10.2 $r_i \partial_w = \partial_w \iff \ell(r_i w) = \ell(w) - 1$ を示せ．

命題 10.16 $w \in S_\infty$ に対して，$w \in S_n$ となる $n \ge 1$ を任意にとる．$w_0 \in S_n$ を最長元とし，$w = w_0 r_{i_1} \cdots r_{i_k}$, $k = \ell(w_0) - \ell(w)$ となる列 $(i_1, \ldots, i_k)$ を選ぶ．このとき，多項式

$$F_w = \partial_{i_k} \cdots \partial_{i_1} z^{\delta(n)} \tag{10.6}$$

は n および $(i_1, \ldots, i_k)$ の選び方によらず w のみによって決まる．ただし，

$$\delta(n) = (n - 1, n - 2, \ldots, 1, 0) \tag{10.7}$$

とした．

証明 $w_0^2 = r_j^2 = e$ を用いると $w^{-1} w_0 = r_{i_k} \cdots r_{i_1}$ が得られます．これは $w^{-1} w_0$ の簡約表示なので，等式 (10.6) は，

$$F_w = \partial_{w^{-1}w_0} z^{\delta(n)} \tag{10.8}$$

と書けます．このことからまず，(10.6) の右辺が $(i_1, \ldots, i_k)$ のとりかたによらないことがわかります．

S_{n+1} の最長元を w_0' と書くことにして，$\partial_{w^{-1}w_0'} z^{\delta(n+1)} = \partial_{w^{-1}w_0} z^{\delta(n)}$ を示しましょう．$w_0' = w_0 r_n r_{n-1} \cdots r_1$ が成り立ちます．これから，$w = w_0' r_1 \cdots r_n r_{i_1} \cdots r_{i_k}$ となり，さらに，

$$\ell(w_0') - \ell(w) = \ell(w_0') - (\ell(w_0) - k) = n + k$$

が成り立つので，$\partial_{w^{-1}w_0'} = \partial_{i_k} \cdots \partial_{i_1} \partial_n \cdots \partial_1 = \partial_{w^{-1}w_0} \partial_n \cdots \partial_1$ です．簡単な計算でわかる $\partial_n \cdots \partial_1 z^{\delta(n+1)} = z^{\delta(n)}$ を用いて，

$$\partial_{w^{-1}w_0'} z^{\delta(n+1)} = \partial_{w^{-1}w_0} \partial_n \cdots \partial_1 z^{\delta(n+1)} = \partial_{w^{-1}w_0} z^{\delta(n)}$$

が得られます．よって F_w は n の選び方にもよりません． □

命題 10.17 $w \in S_\infty$ とするとき，次が成り立つ．

$$\partial_i F_w = \begin{cases} F_{wr_i} & (\ell(wr_i) = \ell(w) - 1) \\ 0 & (\ell(wr_i) = \ell(w) + 1) \end{cases}.$$

証明 $\ell(wr_i) = \ell(w) - 1$ とします．このとき $\ell(r_i w^{-1} w_0) = \ell(w_0) - \ell(r_i w^{-1}) = \ell(w_0) - \ell(wr_i) = \ell(w_0) - \ell(w) + 1 = \ell(r_i) + \ell(w^{-1}w_0)$ なので $\partial_i \partial_{w^{-1}w_0} = \partial_{r_i w^{-1}w_0}$ となります．よって補題 10.15 より，

$$\partial_i \partial_{w^{-1}w_0} = \partial_{r_i w^{-1}w_0} = \partial_{(wr_i)^{-1}w_0}$$

なのでこれを z^{δ_n} に施して $\partial_i F_w = F_{wr_i}$ が得られます．$\ell(wr_i) = \ell(w) + 1$ のときは補題 10.14 より $\partial_i \partial_{w^{-1}w_0} = 0$ なので，$\partial_i F_w = 0$ となります． □

命題 10.18 すべての $w \in S_\infty$ に対して $F_w = \mathfrak{S}_w$ が成り立つ．とくに $w_0 \in S_n$ を最長元とするとき，

10.2 シューベルト多項式の導入　213

$$\mathfrak{S}_{w_0} = z^{\delta(n)}. \tag{10.9}$$

証明 $G_w = \mathfrak{S}_w - F_w$ とおきましょう．すべての w に対して $G_w = 0$ であることを w の長さに関する帰納法により示します．$F_e = \mathfrak{S}_e = 1$ なので長さが 0 のときは成立します．$\ell(w) \geq 1$ として，$\ell(v) < \ell(w)$ である v に対しては $G_v = 0$ と仮定します．命題 10.12 と命題 10.17 から，

$$\partial_i G_w = \begin{cases} G_{wr_i} & (\ell(wr_i) = \ell(w) - 1) \\ 0 & (\ell(wr_i) = \ell(w) + 1) \end{cases}$$

が成り立ちます．帰納法の仮定より $G_{wr_i} = 0$ です．よって $\partial_i G_w = 0$ がすべての $i \geq 1$ に対して成り立つわけです．これは G_w が S_∞ の作用に関する不変元であることを意味します．しかし $\mathbb{Z}[z]$ には S_∞ で不変な元は定数しかありません．$w \neq e$ なので $G_w = 0$ であることがわかりました．□

＊　＊　＊

♪：$w = 1432 \in S_4$ に対して $\mathfrak{S}_w$ を計算してみてください．

B太：$w_0 = w_0^{(4)} = 4321$ でしょ．これに，長さが 1 ずつ減るように右から r_i を掛けていって，w を作るんですね．

C郎：$w_0 r_3 = 4312 \mapsto w_0 r_3 r_2 = 4132 \mapsto w_0 r_3 r_2 r_1 = 1432$ でいいよね．

A子：すると，

$$\mathfrak{S}_{w_0} = z_1^3 z_2^2 z_3 \stackrel{\partial_3}{\mapsto} z_1^3 z_2^2 \stackrel{\partial_2}{\mapsto} z_1^3 z_2 + z_1^3 z_3$$

となるから，あとは ∂_1 を作用させて，

$$\mathfrak{S}_w = z_1^2 z_2 + z_1 z_2^2 + (z_1^2 + z_1 z_2 + z_2^2) z_3 \tag{10.10}$$

ですね．

B太：係数は負にならないのかな？

♪：実は $\mathfrak{S}_w$ の係数は非負整数であることが知られています．

A子：へぇ～，不思議ですね．

$z^{\delta(n)} \in \mathscr{M}_n$ と問 10.1 から $\mathfrak{S}_w = F_w \in \mathscr{M}_n$ がわかります.

命題 10.19 $\mathfrak{S}_w \ (w \in S_n)$ は $\mathscr{M}_n$ の $\mathbb{Z}$ 上の基底をなす.

証明 まず $\mathfrak{S}_w \ (w \in S_n)$ が $\mathbb{Z}$ 上 1 次独立であることを示します. $\sum_{w \in S_n} a_w \mathfrak{S}_w = 0 \ (a_w \in \mathbb{Z})$ とすると $\sum_{w \in S_n} a_w \hat{\sigma}_w = 0$ ですが,$A^*(\mathscr{F}\!\ell(n))$ に射影して $\sum_{w \in S_n} a_w \sigma_w^{(n)} = 0$ が得られますので,シューベルト類の 1 次独立性から $a_w = 0 \ (w \in S_n)$ です.

f を $\mathscr{M}_n$ に属す多項式とします.$\mathscr{R}_n = A^*(\mathscr{F}\!\ell(n))$ において $f \mod I_n = \sum_{w \in S_n} a_w \sigma_w^{(n)} \ (a_w \in \mathbb{Z})$ と書きます.$\sigma_w^{(n)} = \mathfrak{S}_w \mod I_n$ なので $f - \sum_{w \in S_n} a_w \mathfrak{S}_w \in I_n$ です.$f \in \mathscr{M}_n$ かつ $\mathfrak{S}_w \in \mathscr{M}_n$ なので $I_n \cap \mathscr{M}_n = \{0\}$ より,多項式の等式 $f = \sum_{w \in S_n} a_w \mathfrak{S}_w$ が得られます.したがって $\mathscr{M}_n$ は $\mathfrak{S}_w \ (w \in S_n)$ により $\mathbb{Z}$ 上生成されることがわかりました. □

系 10.20 $\mathfrak{S}_w \ (w \in S_\infty)$ は $\mathbb{Z}[z]$ の $\mathbb{Z}$ 上の基底をなす.

証明 $f = \sum_\alpha c_\alpha z^\alpha \in \mathbb{Z}[z]$ とします. 十分大きな n をとれば,$c_\alpha \neq 0$ であるようなすべての α に対して $z^\alpha \in \mathscr{M}_n$ が成り立ちます. 命題 10.19 により,f は $\mathfrak{S}_w \ (w \in S_n)$ の $\mathbb{Z}$ 上の線型結合として一意的に表せます. □

系 10.21 $\mathrm{Im}(\Psi) \subset A^*(\mathscr{F}\!\ell(\infty))$ が成り立つ.

証明 任意の元 $f \in \mathbb{Z}[z]$ を,系 10.20 を用いて $f = \sum_{w \in S_\infty} a_w \mathfrak{S}_w (a_w \in \mathbb{Z})$ と書きます. すると $\Psi(f) = \sum_{w \in S_\infty} a_w \Psi(\mathfrak{S}_w) = \sum_{w \in S_\infty} a_w \hat{\sigma}_w \in A^*(\mathscr{F}\!\ell(\infty))$ です. □

定理 10.5 の証明

証明 $A^*(\mathscr{F}\!\ell(\infty))$ が Ψ の像に含まれることは補題 10.10 からしたがいます. 系 10.21 と合わせて $\mathrm{Im}(\Psi) = A^*(\mathscr{F}\!\ell(\infty))$ です. 補題 10.6 より Ψ は単射ですから,定理が示せました. □

10.3 シューベルト多項式の性質

定理 10.22 次数付き環の全射準同型 $\pi_n : \mathbb{Z}[z] \longrightarrow A^*(\mathscr{Fl}(n))$ を,
$$\pi_n(\mathfrak{S}_w) = \begin{cases} \sigma_w & (w \in S_n) \\ 0 & (w \notin S_n) \end{cases}$$
により定めることができる.

証明 自然な射影を $p_n : \varprojlim A^*(\mathscr{Fl}(n)) \to A^*(\mathscr{Fl}(n))$ とすると $\hat{\sigma}_w$ は,
$$p_n(\hat{\sigma}_w) = \begin{cases} \sigma_w^{(n)} & (w \in S_n) \\ 0 & (w \notin S_n) \end{cases}$$
をみたします. $\pi_n = p_n \circ \Psi$ なので定理が成立します. □

問 10.3 $w, v \in S_n$ が同じ長さを持つとする. $\partial_w \mathfrak{S}_v = \delta_{wv}$ を示せ. また, これを用いてシューベルト多項式の 1 次独立性を導け.

問 10.4 1 次多項式 $f \in \mathbb{Z}[z]$ であって,
$$\partial_i(f) = \delta_{ik} \quad (i \geq 1)$$
をみたすものは, $f = z_1 + \cdots + z_k$ の定数倍に限ることを示せ. また $e \in S_\infty$ を単位元とするとき $\mathfrak{S}_e = 1$ であることを用いて,
$$\mathfrak{S}_{r_k} = z_1 + \cdots + z_k$$
を導け.

定理 10.23 $\lambda \in \mathscr{Y}_d(n)$ とするとき次が成り立つ:
$$\mathfrak{S}_{w_\lambda^{(d)}} = s_\lambda(z_1, \ldots, z_d).$$

定理を示すために次を用います.

問 10.5 $w(1) > \cdots > w(d)$, $w(d+1) < w(d+2) < \cdots$ ならば $\mathfrak{S}_w = z_1^{w(1)-1} z_2^{w(2)-1} \cdots z_d^{w(d)-1}$ であることを示せ.

∂_{w_0} は交代化作用素を用いて書くことができます.

命題 10.24 $w_0 \in S_n$ を最長元とする. 次が成り立つ:

$$\partial_{w_0} = \frac{1}{A_{\delta(n)}} \sum_{w \in S_n} \operatorname{sgn}(w) w.$$

証明 差分商作用素の定義により, ∂_{w_0} は有理関数 c_w を係数とする和

$$\partial_{w_0} = \sum_{w \in S_n} c_w w$$

の形になることがわかります. 問 10.2 を用いると, 任意の $v \in S_n$ に対して $v\partial_{w_0} = \partial_{w_0}$ が成り立つことがわかります. したがって,

$$\sum_{w \in S_n} v(c_w) vw = \sum_{w \in S_n} c_w w$$

となるので $v(c_w) = c_{vw}$ が得られます. よってたとえば c_{w_0} が決まればよいことになります. 最短表示

$$w_0 = (r_1 r_2 \cdots r_{n-1}) \cdot (r_1 r_2 \cdots r_{n-2}) \cdots (r_1 r_2) \cdot r_1$$

を使って計算すると,

$$c_{w_0} = (-1)^{n(n-1)/2} A_{\delta(n)}^{-1}$$

がわかります. これより,

$$c_w = w w_0(c_{w_0}) = (-1)^{n(n-1)/2} w w_0(A_{\delta(n)}^{-1}) = \operatorname{sgn}(w) A_{\delta(n)}^{-1}$$

が得られます. □

定理 10.23 の証明 $w = w_\lambda^{(d)} w_0^{(d)}$ とおくとき, 問 10.5 の条件が成り立つので,

$$\mathfrak{S}_w = z_1^{w(1)-1} \cdots z_d^{w(d)-1}$$

となります. $w_\lambda^{(d)}$ の定義からこれは $z_1^{\lambda_d+d-1} z_2^{\lambda_d+d-2} \cdots z_d^{\lambda_1} = z^{\lambda+\delta(d)}$ と書けます. $\ell(w) = \ell(ww_0^{(d)}) + \ell(w_0^{(d)})$ が成り立つので $\mathfrak{S}_{ww_0^{(d)}} = \partial_{w_0^{(d)}} \mathfrak{S}_w$ であることと命題 10.24 により,

$$\mathfrak{S}_{w_\lambda^{(d)}} = \mathfrak{S}_{ww_0^{(d)}} = \partial_{w_0^{(d)}}(z^{\lambda+\delta(d)}) = \frac{A_{\lambda+\delta(d)}}{A_{\delta(d)}} = s_\lambda(z_1,\ldots,z_d)$$

が得られます. □

9.3 節で論じたグラスマン多様体への射影 $\rho_d : \mathscr{F}\!\ell(E) \to \mathscr{G}_d(E)$ を思い出しましょう. 次の可換図式ができあがりました（定理 5.9, 定理 9.13, 定理 10.22, 定理 10.23）:

$$\begin{array}{ccc} \mathbb{Z}[z_1,\ldots,z_d]^{S_d} & \hookrightarrow & \mathbb{Z}[z] \\ \pi_n \downarrow & & \downarrow \pi_n \\ A^*(\mathscr{G}_d(E)) & \xrightarrow{\rho_d^*} & A^*(\mathscr{F}\!\ell(E)) \end{array}$$

シューア多項式, シューベルト多項式, そしてグラスマン多様体および旗多様体のシューベルト類がこの図式の中にきれいに収まりました.

次の結果は定理 9.6 からしたがうのですが, 組合せ論的証明を与えておきます.

定理 10.25（モンクの公式） 任意の $w \in S_\infty$ と $i \geq 1$ に対して,

$$\mathfrak{S}_w \mathfrak{S}_{r_i} = \sum_{a \leq i < b,\ \ell(wt_{ab})=\ell(w)+1} \mathfrak{S}_{wt_{ab}}$$

が成り立つ.

証明 右辺に現れる置換 $v \in S_\infty$ は $\ell(v) = \ell(w)+1$ をみたします. そこで $v = r_{i_1} \cdots r_{i_l}$ と簡約表示を選びます. $\mathfrak{S}_{r_i}$ が 1 次式であることを用いてライプニッツ則を繰り返し使うと,

$$\partial_v (\mathfrak{S}_w \mathfrak{S}_{r_i}) = \sum_{p=0}^{l} (\partial_{i_1} \cdots \partial_{i_{p-1}} \partial_{i_{p+1}} \cdots \partial_{i_l} \mathfrak{S}_w) \cdot \partial_{i_p} (r_{i_{p+1}} \cdots r_{i_l} \mathfrak{S}_{r_i})$$

が得られます．$\ell(w) = l-1$ であることに注意すると，$\partial_{i_1} \cdots \partial_{i_{p-1}} \partial_{i_{p+1}} \cdots \partial_{i_l} \mathfrak{S}_w$ は $r_{i_1} \cdots r_{i_{p-1}} r_{i_{p+1}} \cdots r_{i_l} = w$ であるときに 1 であり，そうでないときは 0 であることがわかります．$r_{i_1} \cdots r_{i_{p-1}} r_{i_{p+1}} \cdots r_{i_l} = w$ が成り立つとき，命題 8.25 により $w \leq v$ であり，長さの関係から $w < v$ が得られます．命題 8.15 により $v = w t_{ab}$ かつ $\{a, b\} = r_{i_1} \cdots r_{i_{p+1}} \{i_p, i_{p+1}\}$ です．一方，このとき，

$$\partial_{i_p} (r_{i_{p+1}} \cdots r_{i_l} \mathfrak{S}_{r_i}) = \partial_{i_p} \left(\sum_{j=1}^{i} z_{r_{i_{p+1}} \cdots r_{i_l}(j)} \right)$$

を調べましょう．明らかに，z_{i_p}, z_{i_p+1} のいずれか一方が括弧の中の和に現れない限りこれは零です． □

＊　＊　＊

♪：シューベルト多項式 (Polynômes des Schubert) はラスクーとシュッツェンベルジェによって発見されました．

C 郎：ボレルの表示においてシューベルト類を代表する多項式は無数にあるわけですが，シューベルト多項式が特別に重要なのですか？

♪：はい．特別で "一番良い" 代表だと考えられます．

A 子：積構造定数を求めたいとき，剰余環ではなく多項式環で計算できる利点はわかります．展開

$$\mathfrak{S}_w \mathfrak{S}_u = \sum_{v \in S_\infty} c_{wu}^v \mathfrak{S}_v \quad (c_{wu}^v \in \mathbb{Z})$$

は多項式としての等式なのでイデアルによる剰余を考えなくていいから楽．

♪：そう．有限の n に対する $A^*(\mathscr{F}\ell(n))$ の構造定数がほしければ c_{wu}^v において $w, v, u \in S_n$ となるものを拾い出すだけで良いのです．$\mathscr{R}_n$ において計算するよりもはるかに簡明です．多項式そのものについては，次にみるように，係数がすべて非負整数であることも "良さ" の現れです．

あみだくじとシューベルト多項式

最後にシューベルト多項式の組合せ論的公式を紹介します．次（図 10.1）のような「あみだくじ」を考えます．

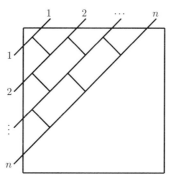

図 10.1

正方形の上の辺から左の辺に向かって進みます．この場合は置換として最長元 w_0 が得られます．一般に，その他の任意の置換 w はあみだくじの横棒（この場合は斜めですが）をいくつかとり除くことで必ず作れます．たとえば $w = 1432$ とすると次の 5 通りがあります（図 10.2）．

置換 w の長さ $\ell(w)$ は，w をあみだくじとして実現するときの横棒の長さの最小値であることが知られています（[17, 補題 1.11] 参照）．横棒の個数が $\ell(w)$ であるようなあみだくじを「簡約なあみだくじ」と呼ぶことにします．図 10.1 のあみだくじを $D_\circ$ と表しましょう．より正確には，あみだくじを横棒の集合だと考え $D_\circ = \{(i,j) \in [n]^2 \mid i + j < n\}$ とします．$D_\circ$ から横棒をいくつかとり除いてできるあみだくじで，置換 w が得られるようなもののうちで簡約なものの集合を $\mathcal{R}(w)$ で表しましょう．$\mathcal{R}(w)$ の元は $\ell(w)$ 個の元からなる $D_\circ$ の部分集合です．$D \subset D_\circ$ に対して，D に含まれる元の列の添え字を数えて単項式

$$z^D = \prod_{(i,j) \in D} z_j$$

を作ります．

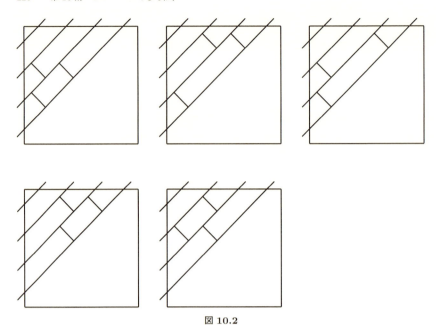

図 10.2

定理 10.26 置換 $w \in S_n$ に対して，シューベルト多項式は簡約なあみだくじにわたる和として，

$$\mathfrak{S}_w = \sum_{D \in \mathcal{R}(w)} z^D$$

と表される．

例 10.27 図 10.2 の 5 つの簡約あみだくじに対応して，

$$\mathfrak{S}_{1432} = z_1^2 z_2 + z_1 z_2 z_3 + z_1^2 z_3 + z_2^2 z_3 + z_1 z_2^2$$

です．(10.10) と同じであることを確認してください．

* * *

♪：あみだくじ公式の幾何的な証明が知られています ([43])．残念ながら，くわしく説明する時間がないんだけど．

A子：あらすじだけでも教えてください.

♪：8.3節のように $M_n(\mathbb{C}) \cong \mathbb{C}^{n^2}$ の座標環 $\mathbb{C}[x_{ij} \mid 1 \leq i,j \leq n]$ の中でイデアル I_w を考えます. I_w は素イデアルであり, アフィン多様体 $\tilde{\Omega}_w \subset M_n(\mathbb{C})$ を定めます. これは**行列シューベルト多様体**と呼ばれています. $\tilde{\Omega}_w$ は既約なんだけど, グレブナー基底の理論 ([19] 参照) を使ってうまく変形すると, 簡単な既約多様体の和になって, 各あみだくじには既約成分が対応するようにできます.

B太：既約成分はどんなものですか？

♪：それは簡単でね. 横棒には x_{ij} が対応していると思えるでしょう？ それが零になるという条件で定まる座標部分空間です.

C郎：それがどのようにシューベルト多項式に関係するのですか？

♪：$D \in \mathcal{R}(w)$ に対応する座標部分空間が単項式 z^D に対応するんですけどね, ええとヒルベルト多項式について補講で少し話しましたね (B.4節). 次数付き環の斉次部分の次元と関係している. 多変数版のヒルベルト多項式を作るとそれがちょうどシューベルト多項式になるのです.

A子：多変数版ってことは……. ひょっとして x_{ij} を $e_j \in \mathbb{N}^n$ 次とするのではないですか？ だって列の j の文字だけ数える公式だったから.

♪：その通りです. 行列に右からトーラス $T = (\mathbb{C}^\times)^n$ が作用しているので, そのウェイトをみていることにあたります. ちなみに左からのトーラス作用も考えると **2重シューベルト多項式**というものが出てきます. これはトーラス同変コホモロジーと関係して面白い話題があります. また次の機会にね.

＊ ＊ ＊

♪：最後に, 構造定数, つまり,

$$\mathfrak{S}_w \mathfrak{S}_v = \sum_{u \in S_\infty} c^u_{wv} \mathfrak{S}_u$$

により定まる c^u_{wv} についてですが, リトルウッド-リチャードソン規則のような組合せ論的な規則があることが期待され研究が行われています. しかし, まだ解決には至っていません.

A子：未完成なんですね（笑）．

♪：そう．構造定数を求めるという問題は難しいのですが，最近2ステップ旗多様体に関しては重要な進展（[28]）がありました．これは量子コホモロジーにも関連していてとても興味深い結果です．もちろん，構造定数を求める以外にも重要な基本問題はありますよ．

B太：たとえばどんなことですか？

♪：多様体を拡張する方向と，交叉を記述する環を拡張する方向が自然な問題としてあります．多様体の方はリー群（あるいは線型代数群）の等質空間として一般化することはとても自然です．ブリオンの講義録 [25] などが参考になるでしょう．

C郎：シューア多項式やシューベルト多項式のようなものも現れるのですか？

♪：はい，そういう研究は膨大にあります．とくに，シンプレクティック群や直交群などのいわゆる古典群の旗多様体に対する「安定」なシューベルト多項式はビリーとハイマン [23] によって発見されました（トーラス同変版については [37] 参照）．コホモロジー環から K 理論に拡張することに関してはブックの結果 [27] が基本的です．量子コホモロジー環も興味深い対象です．[17] などを手掛かりにしてください．

B太：無限次元のカッツ–ムーディー–リー環というものがあると聞いたのですが，そういうものも関連がありますか？

♪：はい，カッツ–ムーディー–リー環に対する旗多様体は [41] や [45] によって構成されています．これらを基礎としてアフィン・グラスマン多様体のシューベルト・カルキュラス [46] が近年活発に研究されています．私もとても興味を持っています．戸田格子という可積分系とも深く関わっています．ただ，話すと長くなるので，このくらいにして，続きはまた別の機会に．

学生一同：どうもありがとうございました．

♪：こちらこそありがとう．またいつでも質問に来てください．

補講 A
線型代数について

B太：シューベルト・カルキュラスって線型代数なんですね．
♪：気が付きましたか？　復習したくなったでしょう？
A子：なりました！　ほんとに．
♪：入門的な教科書では説明されないかもしれない事柄をいくつか採り上げて説明しておきます．難しい本ですが [8] を参考書とします．

A.1　商ベクトル空間

♪：商ベクトル空間のことを簡単に説明します．整数の合同については学んだかと思いますが，ベクトルに対してもたとえば，

$$\begin{pmatrix}x\\y\\z\end{pmatrix} \equiv \begin{pmatrix}x'\\y'\\z'\end{pmatrix} \iff x=x',\, y=y'$$

というような「合同」を考えることは自然です．この場合，要するに z 座標を無視するということです．$V = \mathbb{C}^3$, $W = \mathbb{C}e_3$ とするとき V をモジュロ W でみる．つまり W に属す差を忘れるということです．$V/W \cong \mathbb{C}^2$ の意味はつかめますか？

B太：xy 座標だけをみていると考えれば納得はいきます．
♪：うん，そうですね．ただね，いまは xy 平面というわかりやすい代表系が

とれるので商空間と $\mathbb{C}^2$ (xy平面) を同一視できますが，一般にはあらかじめ決まった代表系はない．商の難しさはつねにそこにあります．

一般には V をベクトル空間，W をその部分空間とするときに，

$$\bm{v} \equiv \bm{v}' \mod W \iff \bm{v} - \bm{v}' \in W \tag{A.1}$$

という「合同」を考えます．合同類どうしを足すことと，合同類をスカラー倍することが自然にできます．

証明は書きませんけど，こういう図を眺めればわかると思います（図 A.1）．

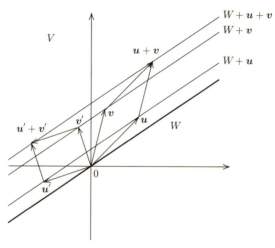

図 A.1

B太：みえました！

♪：結構です．こうして V/W がベクトル空間の構造を持ちます．

命題 A.1 V を有限次元ベクトル空間，W をその部分空間とするとき，V/W は有限次元のベクトル空間であって，

$$\dim(V/W) = \dim(V) - \dim(W) \tag{A.2}$$

が成り立つ．

証明 W の基底 $\{w_1, \ldots, w_m\}$ を選び，さらに $v_1, \ldots, v_l \in V$ を追加して $\{w_1, \ldots, w_m, v_1, \ldots, v_l\}$ が V の基底になるようにできます．このとき v_i mod W $(1 \leq i \leq l)$ が V/W の基底になることがわかります． □

次は加群としての準同型定理です．

定理 A.2 $\phi: V \to W$ を線型写像とすると，自然な線型同型

$$V/\mathrm{Ker}(\phi) \cong \mathrm{Im}(\phi) \quad (v \bmod \mathrm{Ker}(\phi) \mapsto \phi(v)) \tag{A.3}$$

がある．

線型写像 ϕ の階数は $\mathrm{rank}(\phi) = \dim(\mathrm{Im}(\phi))$ と定義されます．同型 (A.3) に命題 A.1 を適用すれば次の等式が得られます．

系 A.3（次元公式） $\dim V - \dim \mathrm{Ker}(\phi) = \mathrm{rank}(\phi)$.

次もよく使う結果です．

定理 A.4 $\dim V = \dim W$ とする．線型写像 $\phi: V \to W$ が全射であることと単射であることは同値である．

証明 次元定理を用いて，

$$\mathrm{Im}(\phi) = W \ (\phi \text{ が全射}) \iff \mathrm{rank}(\phi) = \dim W$$
$$\iff \dim \mathrm{Ker}(\phi) = 0$$
$$\iff \mathrm{Ker}(\phi) = \{\mathbf{0}\} \ (\phi \text{ が単射})$$

が成り立ちます． □

A.2 行列の基本変形について

行列の列基本変形とは，

- 2つの列を交換する．
- ある列の定数倍を他の列に加える．

- ある列に零でないスカラーを掛ける.

ことでした. 変形するのが d 列の行列ならば右から $d \times d$ の可逆行列，つまり $GL_d(\mathbb{C})$ の元を掛けることで実現されるのでした.

♪：$A \to B$ という列基本変形を α と名付けるとき $B = AE_\alpha$ となるような $E_\alpha \in GL_d(\mathbb{C})$ を具体的に書き表すにはどうしたらいいですか？

B太：あ，それ覚えられないんです. 列か行かごっちゃになって.

♪：そうでしょ. でもね，こうすればいい. E を単位行列として E に列変形 α を施して得られる行列を E_α とすればいいんですよ.

A子：それだけ？？　ですか？

♪：そうです. やってみればわかるよ.

定理 A.5 列基本変形 α を単位行列 E に施して得られる行列を E_α とするとき，行列 AE_α は行列 A に変形 α を施して得られる行列である.

大切なのは 3 種類の基本変形で $GL_d(\mathbb{C})$ が群として生成されることです. ベクトル空間の基底変換に関する基礎事項を改めて述べておきます.

命題 A.6 V を $\mathbb{C}^n$ の d 次元部分空間とし，$\{\boldsymbol{v}_1, \ldots, \boldsymbol{v}_d\}$ を V の 1 つの基底とする. $\mathbb{C}^n$ の d 個のベクトルからなる集合 $\{\boldsymbol{u}_1, \ldots, \boldsymbol{u}_d\}$ が V の基底になることと，$(\boldsymbol{u}_1, \ldots, \boldsymbol{u}_d) = (\boldsymbol{v}_1, \ldots, \boldsymbol{v}_d)P$ なる $P \in GL_d(\mathbb{C})$ が存在することとは同値である.

A.3 双対空間

$V^* = \mathrm{Hom}_{\mathbb{C}}(V, \mathbb{C})$ を V の**双対空間**といいます. V が n 次元ならば，基底 $\boldsymbol{v}_1, \ldots, \boldsymbol{v}_n$ を選ぶとき，V の元を $\boldsymbol{v} = \sum_i a_i \boldsymbol{v}_i$ ($a_i \in \mathbb{C}$) と書いて $\boldsymbol{v}$ を縦ベクトル ${}^t(a_1, \ldots, a_n) \in \mathbb{C}^n$ と同一視するのは標準的ですね. V^* の元は 1 行 n 列の行列, つまり横ベクトルで表現できます.

B太：$\mathbb{C}$の方の基底は選ばないのですか？

♪：$\mathbb{C}$の基底は1でいいでしょう．標準的ですよね．でも0以外ならなんでもいい．たとえば$\sqrt{3}$でも基底だけど？

B太：うぅ，そうですね．1でいいです．

♪：$M_{m,n}(\mathbb{C})$の標準的な基底として$\{E_{i,j} \mid 1 \leq i \leq m, \ 1 \leq j \leq n\}$をとれたのと同様に$M_{1,n}(\mathbb{C}^n)$の基底$\{E_{1,j} \mid 1 \leq j \leq n\}$は標準的ですね．同型$V^* \cong M_{1,n}(\mathbb{C})$において行列単位$E_{1,j}$ $(1 \leq j \leq n)$に対応するベクトルf_j $(1 \leq j \leq n)$はV^*の基底をなします．これを$\boldsymbol{v}_1, \ldots, \boldsymbol{v}_n$に対する**双対基底**と呼びます．ちっとも難しいものではなくて，

$$f_j(\boldsymbol{v}_i) = \delta_{ij} \quad (1 \leq i \leq n) \tag{A.4}$$

で決まるものです．つまり座標関数です．そういうわけで結局V^*もn次元ですからVと同型なベクトル空間です．だからといって「同じ」ではないのです．同型のなかでもカノニカルな同型とそうでないものがあります．この視点はとても重要です．

A子：どういうことですか？ カノニカルな同型ってなんですか？

♪：カノニカルな同型の典型は準同型定理における同型です．誰かが決めたわけじゃなくて，自然な選択肢としてこれ以外ないという場合に使います．でてきたらまた言います．

例 A.7 $\mathbb{C}^n$の標準基底$\boldsymbol{e}_1, \ldots, \boldsymbol{e}_n$の双対基底を$x_1, \ldots, x_n \in (\mathbb{C}^n)^*$で表しましょう．いわゆる普通の座標です．

A子：座標というのは「文字」という意識が強いです．あるいは座標「軸」っていうイメージも．

♪：そう．それはそれでいい．でも双対空間の元だという認識もあった方がより豊かですね．

定理 A.8 Vを有限次元ベクトル空間とすると，$V^{**} \cong V$が成り立つ．

証明 v に対して $(V^* \ni \phi \mapsto \phi(v) \in \mathbb{C})$ とすることで $\iota: V \to V^{**}$ が定義されます. $v_1, \ldots, v_n$ を V の基底とし $f_1, \ldots, f_n$ を双対基底としましょう.

$$(\iota(v_i))(f_j) = f_j(v_i) = \delta_{ij} \tag{A.5}$$

ですから, $\iota(v_1), \ldots, \iota(v_n) \in V^{**}$ は1次独立であることがわかります. $\dim V^{**} = \dim V^* = n$ ですから, $\iota(v_1), \ldots, \iota(v_n)$ は V^{**} の基底です. とくに ι は同型です. □

♪：これがカノニカルな同型の例です．証明では基底を持ち出しましたが, ι という写像は基底がなくても定義できます．この後, カノニカルな同型がたくさん出てきます.

A子：あ, ちょっとわかった気がします.

＊　＊　＊

$f: V \to W$ を線型写像とするとき $\phi \in W^*$ に対して $\phi \circ f$ は V^* の元ですね．こうして得られる線型写像

$${}^t f: W^* \to V^* \tag{A.6}$$

を f の**双対写像**あるいは**転置写像**と呼びます.

問 A.1 f の表現行列を A とするとき, ${}^t f$ の表現行列が ${}^t A$ になることを示せ. ただし V, W の基底を選んで, V^*, W^* に対してはそれらの双対基底をとる.

命題 A.9 V を有限次元ベクトル空間, W をその部分空間とする. $W^\perp = \{f \in V^* \mid f|_W = \mathbf{0}\}$ と定めるとき短完全系列

$$0 \longrightarrow W^\perp \longrightarrow V^* \longrightarrow W^* \longrightarrow 0 \tag{A.7}$$

が存在する. したがって, カノニカルな同型

$$V^*/W^\perp \cong W^* \tag{A.8}$$

が存在する．また，次が成り立つ．

$$\dim W^{\perp} = \dim V - \dim W. \tag{A.9}$$

証明 W への制限 $f \mapsto f|_W$ という線型写像 $V^* \longrightarrow W^*$ の核空間は定義から $W^{\perp}$ です． □

♪：次の問はカノニカルな思考のよい練習になります．基底を使わずに証明してみてください．

問 A.2 V を有限次元ベクトル空間，W を V の部分空間とするとき，次を示せ．(1) $\mathrm{Im}({}^t f) = \mathrm{Ker}(f)^{\perp}$, (2) $\mathrm{Ker}({}^t f) = \mathrm{Im}(f)^{\perp}$, (3) $W^{\perp\perp} = W$, (4) $W^{\perp} \cong (V/W)^*$, (5) $\mathrm{rank}(f) = \mathrm{rank}({}^t f)$.

A.4 テンソル積

V, W をベクトル空間とします．U をベクトル空間として $V \times W$ から U への写像 f が，

$$f(\boldsymbol{v} + \boldsymbol{v}', \boldsymbol{w}) = f(\boldsymbol{v}, \boldsymbol{w}) + f(\boldsymbol{v}', \boldsymbol{w}),$$
$$f(\boldsymbol{v}, \boldsymbol{w} + \boldsymbol{w}') = f(\boldsymbol{v}, \boldsymbol{w}) + f(\boldsymbol{v}, \boldsymbol{w}'),$$
$$f(c\boldsymbol{v}, \boldsymbol{w}) = f(\boldsymbol{v}, c\boldsymbol{w}) = cf(\boldsymbol{v}, \boldsymbol{w}) \quad (\boldsymbol{v}, \boldsymbol{v}' \in V, \boldsymbol{w}, \boldsymbol{w}' \in W)$$

をみたすとき，$V \times W$ から U への**双線型写像**であるといいます．$V \times W$ から U への双線型写像の集合を $\mathscr{L}_{\mathbb{C}}(V, W; U)$ で表します．

定理 A.10 次の性質を持つベクトル空間 $V \otimes_{\mathbb{C}} W$ が存在する．

- $V \times W$ から $V \otimes_{\mathbb{C}} W$ への双線型写像 τ が存在する．
- U を任意のベクトル空間として $f \in \mathscr{L}_{\mathbb{C}}(V, W; U)$ が与えられたとき，$f = \tilde{f} \circ \tau$ をみたす線型写像 $\tilde{f} : V \otimes_{\mathbb{C}} W \to U$ が一意的に存在する．

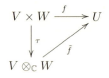

証明 $V \times W$ を基底に持つベクトル空間を $\mathbb{C}\langle V \times W \rangle$ として，元の集まり

$$(\boldsymbol{v}+\boldsymbol{v}', \boldsymbol{w}) - (\boldsymbol{v}, \boldsymbol{w}) - (\boldsymbol{v}', \boldsymbol{w}) \quad (\boldsymbol{v}, \boldsymbol{v}' \in W, \ \boldsymbol{w} \in W),$$

$$(\boldsymbol{v}, \boldsymbol{w}+\boldsymbol{w}') - (\boldsymbol{v}, \boldsymbol{w}) - (\boldsymbol{v}, \boldsymbol{w}') \quad (\boldsymbol{v} \in W, \ \boldsymbol{w}, \boldsymbol{w}' \in W),$$

$$(c\boldsymbol{v}, \boldsymbol{w}) - c(\boldsymbol{v}, \boldsymbol{w}), \ (\boldsymbol{v}, c\boldsymbol{w}) - c(\boldsymbol{v}, \boldsymbol{w}) \quad (\boldsymbol{v} \in V, \ \boldsymbol{w} \in W, \ c \in \mathbb{C})$$

で生成される部分空間 $\mathcal{N}$ による商ベクトル空間を $V \otimes_{\mathbb{C}} W$ と定義します．$(\boldsymbol{v}, \boldsymbol{w})$ の同値類を $\boldsymbol{v} \otimes \boldsymbol{w}$ で表します．$\tau : V \times W \to V \otimes_{\mathbb{C}} W$ を $\tau(\boldsymbol{v}, \boldsymbol{w}) = \boldsymbol{v} \otimes \boldsymbol{w}$ と定めます．τ が双線型写像であることは容易に確かめられます．$f : V \times W \to U$ を任意の双線型写像とします．線型写像 $\mathbb{C}\langle V \times W \rangle \longrightarrow U$ が，

$$(\boldsymbol{v}, \boldsymbol{w}) \mapsto f(\boldsymbol{v}, \boldsymbol{w}) \quad (\boldsymbol{v} \in V, \ \boldsymbol{w} \in W)$$

によって定義できます（$V \times W$ が1次独立だから）．f の双線型性より，この写像は $\mathcal{N}$ の上で消えています．したがって線型写像 $\tilde{f} : V \otimes_{\mathbb{C}} W \to U$ が誘導されます．定義の仕方から $f = \tilde{f} \circ \tau$ が成り立ちます．実際，$(\tilde{f} \circ \tau)(\boldsymbol{u}, \boldsymbol{w}) = \tilde{f}(\boldsymbol{v} \otimes \boldsymbol{w}) = \tilde{f}((\boldsymbol{v}, \boldsymbol{w}) \bmod \mathcal{N}) = f(\boldsymbol{v}, \boldsymbol{w})$ です．この等式から $\tilde{f}$ が一意的であることもわかります．$V \otimes_{\mathbb{C}} W$ は $\boldsymbol{v} \otimes \boldsymbol{w}$ で生成されるからです． □

この結果を，U を変数とみなして，2つの関数[*1]の間にカノニカルな同一視

$$\mathscr{L}_{\mathbb{C}}(V, W; \bullet) = \mathrm{Hom}_{\mathbb{C}}(V \otimes_{\mathbb{C}} W, \bullet)$$

ができるという形で理解できます．

定理 A.11 定理 A.10 の $(V \otimes_{\mathbb{C}} W, \tau)$ と同じ性質をみたす $(\mathscr{T}, \phi)$ があるとする．このとき，$\phi = \tilde{\tau} \circ \phi$ をみたす同型 $\tilde{\tau} : \mathscr{T} \to V \otimes_{\mathbb{C}} W$ が一意的に存在する．

[*1] 圏論の言葉では関手といいます．

証明 $U = \mathscr{T}$ として $\phi \in \mathscr{L}_{\mathbb{C}}(V, W; \mathscr{T})$ に対応する $\tilde{\phi} \in \mathrm{Hom}_{\mathbb{C}}(V \otimes_{\mathbb{C}} W, \mathscr{T})$ をとります．このとき $\phi = \tilde{\phi} \circ \tau$ です．$V \otimes_{\mathbb{C}} W$ と $\mathscr{T}$ の立場を変えれば，$\tilde{\tau} \in \mathrm{Hom}_{\mathbb{C}}(\mathscr{T}, V \otimes_{\mathbb{C}} W)$ が存在して，$\tau = \tilde{\tau} \circ \phi$ をみたします．このとき，

$$\tilde{\tau} \circ \tilde{\phi} \circ \tau = \tilde{\tau} \circ \phi = \tau = \mathrm{id}_{V \otimes W} \circ \tau$$

となるから $\tilde{\tau} \circ \tilde{\phi} = \mathrm{id}_{V \otimes_{\mathbb{C}} W}$ がしたがいます．

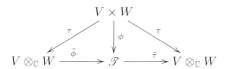

同様に $\tilde{\phi} \circ \tilde{\tau} = \mathrm{id}_{\mathscr{T}}$ がしたがいます．このことは $\tilde{\phi}$ も $\tilde{\tau}$ も同型写像であって互いに逆写像であることを意味します． □

命題 A.12 V, W をベクトル空間，$\dim V = n, \dim W = m$ として，$\boldsymbol{v}_1, \ldots, \boldsymbol{v}_n$, および $\boldsymbol{w}_1, \ldots, \boldsymbol{w}_m$ をそれぞれ V, W の基底とする．このとき $\boldsymbol{v}_i \otimes \boldsymbol{w}_j$ ($1 \leq i \leq n$, $1 \leq j \leq m$) は $V \otimes_{\mathbb{C}} W$ の基底をなす．とくに $\dim(V \otimes_{\mathbb{C}} W) = nm$ が成り立つ．

証明 $\boldsymbol{t}_{ij}$ ($1 \leq i \leq n$, $1 \leq j \leq m$) を基底に持つベクトル空間 $\mathscr{T}$ を考えましょう．$\boldsymbol{v} = \sum_i a_i \boldsymbol{v}_i \in V$, $\boldsymbol{w} = \sum_j b_j \boldsymbol{w}_j \in W$ に対して，

$$\phi(\boldsymbol{v}, \boldsymbol{w}) = \sum_{i,j} a_i b_j \boldsymbol{t}_{ij}$$

とおけば，双線型写像 $\phi : V \times W \to \mathscr{T}$ が定義されます．U を任意のベクトル空間として $f \in \mathscr{L}(V, W; U)$ とするとき，

$$\tilde{f}(\boldsymbol{t}_{ij}) = f(\boldsymbol{v}_i, \boldsymbol{w}_j) \quad (1 \leq i \leq n, \ 1 \leq j \leq m)$$

により $\tilde{f} \in \mathrm{Hom}(\mathscr{T}, U)$ が定義できます．$\boldsymbol{v} = \sum_i a_i \boldsymbol{v}_i$, $\boldsymbol{w} = \sum_j b_j \boldsymbol{w}_j$ とするとき，

$$(\tilde{f} \circ \phi)(\boldsymbol{v}, \boldsymbol{w}) = \tilde{f}(\sum_{i,j} a_i b_j \boldsymbol{t}_{ij}) = \sum_{i,j} a_i b_j f(\boldsymbol{v}_i, \boldsymbol{w}_j) = f(\boldsymbol{v}, \boldsymbol{w})$$

なので, $\tilde{f}$ は $\tilde{f} \circ \phi = f$ をみたし, そのようなものとして一意的であることがわかります. 定理 A.11 からカノニカルな同型 $\mathscr{T} \to V \otimes_{\mathbb{C}} W$ が存在しますので, $(\boldsymbol{t}_{ij})_{i,j}$ の像として $(\boldsymbol{v}_i \otimes \boldsymbol{w}_j)_{i,j}$ が $V \otimes_{\mathbb{C}} W$ の基底をなすことがわかります. □

ベクトル空間 $V_1, V_2, \ldots, V_r$ のテンソル積 $V_1 \otimes_{\mathbb{C}} \cdots \otimes_{\mathbb{C}} V_r$ も同様に定義できます. $V_1 \times \cdots \times V_r$ からベクトル空間 U への r 重線型写像の空間 $\mathscr{L}_{\mathbb{C}}(V_1, V_2, \ldots, V_r; U)$ を考えると, 同一視

$$\mathscr{L}_{\mathbb{C}}(V_1, V_2, \ldots, V_r; \bullet) = \mathrm{Hom}_{\mathbb{C}}(V_1 \otimes_{\mathbb{C}} \cdots \otimes_{\mathbb{C}} V_r, \bullet) \tag{A.10}$$

ができます.

A.5 対称代数と外積代数

V をベクトル空間とする. k を自然数とするとき, $V \otimes \cdots \otimes V$ (k 個) を $V^{\otimes k}$ と表します. また $k = 0$ のときは $\mathbb{C}$ を表すとします. $k, l \geq 0$ に対して $V^{\otimes k} \times V^{\otimes l} \to V^{\otimes (k+l)}$ が自然に定まりますので,

$$T^*(V) := \bigoplus_{k=0}^{\infty} V^{\otimes k}$$

は結合的な次数付き $\mathbb{C}$-代数[*2]になります. これを**テンソル代数**といいます. テンソル代数の剰余として, さまざまな環を構成することができます.

テンソル積の普遍性 (定理 A.11) およびその多重版 (A.10) を用いて次を示すことができます.

定理 A.13 (テンソル代数の普遍性) $A = \bigoplus_{k \geq 0} A_k$ を結合的な次数付き $\mathbb{C}$-代数とする. 任意の線型写像 $\phi : V \to A_1$ に対して, 結合的な次数付き $\mathbb{C}$-代数の準同型 $\tilde{\phi} : T^*(V) \to A$ であって $V \hookrightarrow T^*(V) \to A$ が ϕ と一致するものが一意的に存在する.

[*2] *の記号は次数付きであることを示しています. 双対空間の記号と混合しないように気を付けてください.

対称代数

任意の $u, v \in V$ に対して,
$$u \otimes v - v \otimes u \in V^{\otimes 2} \subset T^*(V)$$
を考え, これらが生成する両側イデアルを I とします. I は斉次イデアルなので I により $T^*(V)$ を割って次数付き環 $\mathrm{Sym}^* V = \bigoplus_{k=0}^\infty \mathrm{Sym}^k V$ が得られます. これを V の**対称代数**と呼びます. $\dim V = n$ ならば $\mathrm{Sym}^k V$ は $\binom{n+k-1}{k}$ 次元です.

命題 A.14 ($\mathrm{Sym}^* V$ の普遍性) V をベクトル空間とし, $A = \bigoplus_{k \geq 0} A_k$ を次数付き可換 $\mathbb{C}$-代数とする. 線型写像 $\phi: V \to A_1$ が与えられると, 次数付き可換 $\mathbb{C}$-代数の準同型 $\tilde{\phi}: \mathrm{Sym}^* V \to A$ であって, $V \hookrightarrow \mathrm{Sym}^* V \to A$ が $\tilde{\phi}$ と一致するものが一意的に存在する.

証明 定理 A.13 により与えられる $\tilde{\phi}: T^*(V) \to A$ を考えます. A が可換なので $\tilde{\phi}$ は $\mathrm{Sym}^* V$ から A への準同型を誘導します. これが求めるものです. 一意性は $\mathrm{Sym}^* V$ が V の像により生成されることからしたがいます. □

この性質によって $\mathrm{Sym}^* V$ が一意的に定まることは定理 A.11 と同様です. 一意性の応用として以下が示せます.

系 A.15 $E = \mathbb{C}^n$ とし, 標準基底 $e_1, \ldots, e_n$ の双対基底を $x_1, \ldots, x_n$ とする. このとき $\mathrm{Sym}^* E^*$ は多項式環 $\mathbb{C}[x_1, \ldots, x_n]$ と次数付き環として同型になる.

外積代数

任意の $v \in V$ に対して, 今度は,
$$v \otimes v \in V^{\otimes 2} \subset T^*(V)$$
を考え, これらが生成する両側イデアルを J とします. J は斉次イデアルなので, J により $T^*(V)$ を割って次数付き環 $\bigwedge^* V = \bigoplus_{k=0}^{\dim V} \bigwedge^k V$ が得られます. これを V の**外積代数**と呼びます. **グラスマン代数**とも呼ばれます. 積を

∧ の記号を用いて $u \wedge v = u \otimes v \mod J$ $(u, v \in V)$ などと書きます. 定義の仕方から,

$$v \wedge v = 0 \quad (v \in V) \tag{A.11}$$

が成り立ちます. また,

$$(u+v) \otimes (u+v) = u \otimes u + u \otimes v + v \otimes u + v \otimes v$$

により,

$$u \wedge v + v \wedge u = 0 \quad (u, v \in V) \tag{A.12}$$

が成り立ちます. d 個の直積空間 $V \times \cdots \times V$ を V^d と書くことにします.

命題 A.16 ($\bigwedge^d V$ の普遍性) U を任意のベクトル空間とし, $\mathscr{A}_d(V, U)$ を d 重線型写像 $\phi : V^d \to U$ であって交代的なもの, すなわち 2 つの成分を交換すると符合が変わるもののなす空間とする. 任意の $\phi \in \mathscr{A}_d(V, U)$ に対して, $\tilde{\phi} \in \mathrm{Hom}_{\mathbb{C}}(\bigwedge^d V, U)$ であって, $\phi = \tilde{\phi} \circ \pi$ となるものが一意的に存在する. ここで $\pi : V^d \xrightarrow{\tau} V^{\otimes d} \to \bigwedge^d V$ は自然な射影である. したがって, 同一視

$$\mathscr{A}_d(V, \bullet) = \mathrm{Hom}_{\mathbb{C}}\left(\bigwedge^d V, \bullet\right)$$

ができる.

証明 $\mathscr{A}_d(V, U)$ は d 重線型写像の空間 $\mathscr{L}_{\mathbb{C}}(V, \ldots, V; U))$ の部分空間なので, 定理 A.10 により $\psi : V^{\otimes d} \to U$ であって $\psi = \tau \circ \phi$ となるものが, 一意的に存在します. ϕ の交代性から $V^{\otimes d} \cap J$ の上で ψ は消えているので, $\tilde{\phi} : \bigwedge^d V = V^{\otimes d}/(V^{\otimes d} \cap J) \to U$ が誘導されます. 一意性は明らかです. □

定理 A.17 $v_1, \ldots, v_n$ を V の基底とするとき,

$$v_{i_1} \wedge \cdots \wedge v_{i_d} \quad (i_1, \ldots, i_d) \in \binom{[n]}{d} \tag{A.13}$$

は $\bigwedge^d V$ の基底をなす. とくに $\dim \bigwedge^d V = \binom{n}{d}$ である.

証明 $f_1, \ldots, f_n$ を $\boldsymbol{v}_1, \ldots, \boldsymbol{v}_d$ の双対基底とします. $J = (j_1 < \cdots < j_d) \in \binom{[n]}{d}$ に対して $(\bigwedge^d V)^*$ の元 F_J を,

$$F_J(\boldsymbol{u}_1 \wedge \cdots \wedge \boldsymbol{u}_d) = \det(f_{j_a}(\boldsymbol{u}_b))_{1 \le a,b \le d} \quad (\boldsymbol{u}_1, \ldots, \boldsymbol{u}_d \in V)$$

が成り立つように定義できます. 実際, 命題 A.16 において, $U = \mathbb{C}$ として, $\phi(\boldsymbol{u}_1, \ldots, \boldsymbol{u}_d) = \det(f_{j_a}(\boldsymbol{u}_b))_{1 \le a,b \le d}$ とするとき, 対応する $\tilde{\phi}$ が F_J です. $I = (i_1, \ldots, i_d) \in \binom{[n]}{d}$ として (A.13) によって定まるベクトルを $\boldsymbol{v}_I$ とするとき,

$$F_J(v_I) = \delta_{IJ}$$

が成り立ちます. このことから $\{\boldsymbol{v}_I\}_{I \in \binom{[n]}{d}}$ が 1 次独立であることがしたがいます. これらのベクトルが $\bigwedge^d V$ を張ることは (A.11), (A.12) を使って示せます. □

補講 B
代数幾何学から

ここでは，代数多様体の定義といくつかの基本的な性質を説明します．くわしいことは [2], [36], [50] などの教科書を参照してください．

B.1　アフィン代数多様体

n を自然数とし，n 変数の多項式環

$$S := \mathbb{C}[x_1, \ldots, x_n]$$

を考えます．$a = (a_1, \ldots, a_n) \in \mathbb{C}^n$ とするとき，$f = f(x_1, \ldots, x_n) \in S$ に a を代入して得られる値 $f(a_1, \ldots, a_n)$ を，$f(a) \in \mathbb{C}$ と書きます．$f_1(x), \ldots, f_r(x) \in S$ が与えられたとき，連立代数方程式

$$f_1(x) = \cdots = f_r(x) = 0 \tag{B.1}$$

の $\mathbb{C}^n$ における解全体の集合

$$\mathbb{V}(f_1, \ldots, f_r) = \{a \in \mathbb{C}^n \mid f_1(a) = \cdots = f_r(a) = 0\}$$

を考えます．連立方程式 (B.1) から派生する方程式

$$g_1(x)f_1(x) + \cdots + g_r(x)f_r(x) = 0 \quad (g_1, \ldots, g_r \in S)$$

をすべて考えることは自然です．すなわち $f_1(x), \ldots, f_r(x) \in S$ が生成するイ

デアルを $\mathfrak{a} \subset S$ を考えるのです．このとき，

$$\mathbb{V}(\mathfrak{a}) = \{a \in \mathbb{C}^n \mid \text{すべての } f \in \mathfrak{a} \text{ に対して } f(a) = 0\} \tag{B.2}$$

とすれば $\mathbb{V}(\mathfrak{a}) = \mathbb{V}(f_1, \ldots, f_r)$ が成り立ちます．なお，ヒルベルトの基底定理（[13, 定理 25.4]）により，S のイデアルはすべて有限生成ですから，一般のイデアル $\mathfrak{a}$ から出発しても考える対象が広がるわけではありません．$\mathbb{V}(\mathfrak{a})$ を $\mathfrak{a}$ が定める**アフィン代数的集合**と呼びます．次が成り立ちます：

(i) $\mathbb{V}(0) = \mathbb{C}^n$，$\mathbb{V}(1) = \emptyset$．
(ii) $\mathfrak{a}_i \ (i \in I)$ を S のイデアルの族とするとき，$\bigcap_i \mathbb{V}(\mathfrak{a}_i) = \mathbb{V}(\sum_i \mathfrak{a}_i)$．
(iii) イデアル $\mathfrak{a}, \mathfrak{b}$ に対して $\mathbb{V}(\mathfrak{a}) \cup \mathbb{V}(\mathfrak{b}) = \mathbb{V}(\mathfrak{a} \cap \mathfrak{b})$．

したがって $\mathbb{C}^n$ 内のアフィン代数的集合を"閉集合"であると定めることによって $\mathbb{C}^n$ の位相（topology）が定まります．これを $\mathbb{C}^n$ の**ザリスキー位相**と呼びます．

問 B.1 上記の (i), (ii), (iii) を示せ．

$X = \mathbb{V}(\mathfrak{a})$ をアフィン代数的集合とし，X 上の $\mathbb{C}$ 値関数のなす可換環を $F_{\mathbb{C}}(X)$ で表すことにします．$f \in S$ に対して X の各点 a で値 $f(a) \in \mathbb{C}$ をとることで，$F_{\mathbb{C}}(X)$ の元が得られます．こうして得られる環準同型写像を $\phi_X : S \to F_{\mathbb{C}}(X)$ と書くことにします．$F_{\mathbb{C}}(X)$ の部分環 $\mathrm{Im}(\phi_X)$ は環準同型定理から剰余環

$$\mathbb{C}[X] := S/\mathrm{Ker}(\phi_X)$$

と同一視されますが，これを X の**座標環**（affine coordinate ring）と呼び，$I_X := \mathrm{Ker}(\phi_X)$ を X の**定義イデアル**と呼びます．

X の定義イデアル I_X と，$X = \mathbb{V}(\mathfrak{a})$ の「定義に使ったイデアル」$\mathfrak{a}$ を比較するとき $\mathfrak{a} \subset I_X$ が成り立つことは定義から明らかですが，一般には $\mathfrak{a}$ の方が真に小さいこともあります．たとえば $n = 1$ として $S = \mathbb{C}[x]$ とするとき，$X = \mathbb{V}(x^2) = \{0\} \subset \mathbb{C}$ に対しては $I_X = (x)$ です．イデアル $\mathfrak{a}$ に対して，

$$\sqrt{\mathfrak{a}} = \{f \in \mathbb{C}[x] \mid f^N \in \mathfrak{a} \text{ となる } N \geq 1 \text{ がある}\}$$

と定義し，$\mathfrak{a}$ の**根基**（radical）と呼びます．$\sqrt{\mathfrak{a}}$ が $\mathfrak{a}$ を含むイデアルであること，$\sqrt{\mathfrak{a}}$ の根基は $\sqrt{\mathfrak{a}}$ と一致すること，さらに $\mathbb{V}(\sqrt{\mathfrak{a}}) = \mathbb{V}(\mathfrak{a})$ が成り立つことが容易に確かめられます．

定理 B.1（ヒルベルトの零点定理[*1]）　$\mathfrak{a} \subset S$ をイデアルとするとき，次が成り立つ：

$$I_{\mathbb{V}(\mathfrak{a})} = \sqrt{\mathfrak{a}}.$$

この定理においては，$\mathbb{C}$ が代数閉体であることが本質的です（$\mathbb{C}$ の代わりに任意の代数閉体 k を考えても同様の結果が成り立ちます）．$\sqrt{\mathfrak{a}} = \mathfrak{a}$ をみたすときにイデアル $\mathfrak{a}$ は**根基イデアル**であるといいます．イデアル $\mathfrak{a}$ が根基イデアルであることと $S/\mathfrak{a}$ が被約であること，すなわち 0 以外のべき零元がないこととは同値です．X がアフィン代数的集合のとき，座標環 $\mathbb{C}[X]$ は $F_{\mathbb{C}}(X)$ の部分環とみなせることからわかるように被約です．よって I_X は根基イデアルです．

系 B.2　次が成り立つ：
(i) S の根基イデアル全体の集合と $\mathbb{C}^n$ 内のアフィン代数的集合全体の集合との間に自然な全単射がある．
(ii) 根基イデアルの間の包含関係 $\mathfrak{a} \subset \mathfrak{b}$ と，アフィン代数的集合 $X = \mathbb{V}(\mathfrak{a})$ と，$Y = \mathbb{V}(\mathfrak{b})$ の逆向きの包含関係 $X \supset Y$ は同値である．

証明　アフィン代数的集合 X に対して I_X を対応させ，根基イデアル $\mathfrak{a}$ に対して $\mathbb{V}(\mathfrak{a})$ を対応させます．$X = \mathbb{V}(I_X)$ が成り立つことは容易にわかります（零点定理は必要ない）．一方，根基イデアル $\mathfrak{a}$ に対して，零点定理から，$I_{\mathbb{V}(\mathfrak{a})} = \sqrt{\mathfrak{a}} = \mathfrak{a}$ が成り立ちます．したがって上記の対応は全単射です．(ii)

[*1] 順序が逆になりますが，以下に述べる弱い零点定理を認めるとラビノヴィッチのトリックという方法で計算的に定理を証明できます（[15, 演習問題 4.4] 参照）．

は (i) が示されれば明らかです. □

X をアフィン代数的集合とし，座標環 $\mathbb{C}[X]$ の極大イデアル全体の集合を $\mathrm{Max}(\mathbb{C}[X])$ で表します. $a \in X$ とするとき，

$$\mathfrak{m}_a := \{f \in \mathbb{C}[X] \mid f(a) = 0\}$$

は $\mathrm{Max}(\mathbb{C}[X])$ の元です.

定理 B.3 （弱い零点定理）　対応 $a \mapsto \mathfrak{m}_a$ により全単射 $X \cong \mathrm{Max}(\mathbb{C}[X])$ が得られる.

証明　対応 $a \mapsto \mathfrak{m}_a$ が単射であることは明らかですから全射性を示します. まず $X = \mathbb{C}^n$ の場合を考えます. $\mathfrak{n} \in \mathrm{Max}(S)$ を任意にとるとき，$\mathfrak{n}$ が根基イデアルであることと $\mathfrak{n} \subsetneq (1) = S$ から，系 B.2 により $\mathbb{V}(\mathfrak{n}) \neq \emptyset$ です. $a \in \mathbb{V}(\mathfrak{n})$ をひとつ選ぶとき $\mathbb{V}(\mathfrak{n})$ の極小性（系 B.2 (ii) 参照）から $\mathbb{V}(\mathfrak{n}) = \{a\}$ がしたがいます. 一方，明らかに $\mathbb{V}(\mathfrak{m}_a) = \{a\}$ ですから系 B.2 から $\mathfrak{n} = \mathfrak{m}_a$ が得られます.

一般の X については，I_X を含む S の極大イデアル全体の集合と $\mathrm{Max}(\mathbb{C}[X])$ の間に包含関係を保つ自然な全単射があることを用います. $\mathfrak{n} \in \mathrm{Max}(\mathbb{C}[X])$ を任意にとるとき，$\tilde{\mathfrak{n}} \in \mathrm{Max}(S)$ ($\tilde{\mathfrak{n}} \supset I_X$) が対応します. 前半の議論から $\tilde{\mathfrak{n}}$ に対応する点 $a \in \mathbb{C}^n$ が存在するのですが，$\tilde{\mathfrak{n}} \supset I_X$ は $a \in X$ を意味します. このとき $\mathfrak{m}_a = \mathfrak{n}$ が成り立ちます. □

注意 B.4　弱い零点定理は，一般の体 k に対して成り立つ命題「k 代数として有限生成である体 L は k の代数拡大である」からしたがいます. いかにも成り立ちそうで，意外に証明が難しいこの命題の証明としてはネーターの正規化定理を用いるものがよく知られています ([14, 補題 4.10] 参照). なお，1 ページにみたない初等的な証明が [40, Lemma 1.1] にあります.

一般に，位相空間 X は空でない 2 つの閉集合の和集合になり得ないとき**既約**であるといいます. アフィン代数多様体 X が既約であることと座標環 $\mathbb{C}[X]$ が整域であることは同値です. 既約なアフィン代数的集合のことを**アフ**

ィン代数多様体[*2]といいます．一般に，アフィン代数的集合 X は有限個の既約な閉集合 $Z_1, \ldots, Z_r$ の和集合として，

$$X = Z_1 \cup \cdots \cup Z_r \tag{B.3}$$

と表せます．この表示において $i \neq j$ のとき $Z_i \not\subset Z_j$ であるとすると，集合 $\{Z_1, \ldots, Z_r\}$ は X に対して一意的に定まり，これらを X の**既約成分**と呼びます[*3]．X の既約成分の集合 $\{Z_1, \ldots, Z_r\}$ は X の極大な既約閉集合全体と一致します．

アフィン代数多様体（あるいは後述の射影代数多様体でも同様に）X に対して，既約な閉集合の列 $\emptyset \neq X_0 \subsetneq X_1 \subsetneq \cdots \subsetneq X_k$ の長さを k と定めるとき，X が含む既約な閉集合の列の長さの最大値を X の**次元**と定義し，$\dim X$ で表します．

X をアフィン代数多様体とするとき，整域 $\mathbb{C}[X]$ の商体を X の**関数体**と呼び $R(X)$ で表します．$R(X)$ の $\mathbb{C}$ 上の超越次数は $\dim X$ と一致することが知られています（[15, 定理 7.23]）．

X をアフィン代数多様体とし a をその点とするとき $\mathfrak{m}_a/\mathfrak{m}_a^2$ は a における**ザリスキー余接空間**と呼ばれ，その $\mathbb{C}$ 上のベクトル空間としての次元は $\dim X$ 以上であること（[15, 系 7.13] 参照）が知られています．等号 $\dim X = \dim_{\mathbb{C}}(\mathfrak{m}_a/\mathfrak{m}_a^2)$ が成立するとき，a は X の**非特異点**であるといい，そうでないとき**特異点**であるといいます．ザリスキー余接空間の双対空間を**ザリスキー接空間**と呼び，

$$T_a X = \mathrm{Hom}_{\mathbb{C}}(\mathfrak{m}_a/\mathfrak{m}_a^2, \mathbb{C}) \tag{B.4}$$

と書きます．空でないアフィン代数多様体 X の非特異点全体の集合は空でないザリスキー開集合をなすことが知られています．すべての点が非特異である

[*2] 文献によっては，既約であることを仮定しないでアフィン代数的集合のことをアフィン代数多様体という場合もあります．本書では念のため，既約な（アフィン）代数多様体という言い方をすることもあります．

[*3] 射影多様体の既約成分も同様に定義されます．

とき X は**非特異**であるといいます.

B.2　正則関数と正則写像

$X \subset \mathbb{C}^n$ をアフィン代数的集合とします. $\mathbb{C}^n$ の相対位相を X 上に与えます. U を開集合として ϕ を U 上の $\mathbb{C}$ 値関数とします. $a \in U$ とするとき, a を含む開集合 $W \subset U$ および $f(x) \in \mathbb{C}[X]$ と, W 上で値が零にならない $g(x) \in \mathbb{C}[X]$ とが存在して,

$$\phi(b) = \frac{f(b)}{g(b)} \quad (b \in W)$$

が成り立つとき ϕ は a において**正則**な関数であるといいます. U の任意の点で正則な関数全体は可換環をなします. これを $\mathscr{O}_X(U)$ で表します, X 全体で正則な関数の全体は座標環と一致します. つまり $\mathscr{O}_X(X) = \mathbb{C}[X]$ が成り立ちます.

$f : X \to Y$ をアフィン代数的集合の間の連続写像とします. f が**正則写像**(あるいは, 射)であるとは, 任意の開集合 $U \subset X$ および任意の $\phi \in \mathscr{O}_Y(U)$ に対して,

$$f^{-1}(U) \to \mathbb{C}, \quad b \mapsto \phi(f(b))$$

が $f^{-1}(U)$ 上の正則関数であることをいいます. $f_*\mathscr{O}_X(U) = \mathscr{O}_X(f^{-1}(U))$ という記号[*4]を用いるとき,

$$\mathscr{O}_Y(U) \to f_*\mathscr{O}_X(U) \quad (\phi \mapsto \phi \circ f)$$

という環準同型が得られます. とくに,

$$\mathbb{C}[Y] = \mathscr{O}_Y(Y) \to f_*\mathscr{O}_X(Y) = \mathscr{O}_X(X) = \mathbb{C}[X]$$

です. X から Y への正則写像全体の集合を $\mathrm{Hom}(X, Y)$ と書くとき, 自然な全単射

[*4] 層の直像 (direct image) の記号です.

$$\mathrm{Hom}(X,Y) \cong \mathrm{Hom}_{\mathbb{C}\text{-代数}}(\mathbb{C}[Y],\mathbb{C}[X]) \tag{B.5}$$

が存在します．

B.3　射影代数多様体の関数体と次元

$X \subset \mathbb{P}(E)$ を射影代数多様体とするとき，開集合 $\mathscr{U}_i$ との交わり $X \cap \mathscr{U}_i$ はアフィン代数的集合の構造を持ちます．局所的にアフィン代数的集合の構造を持つもの[*5]として，より一般の代数多様体が定義されます．この講義ではほとんどの具体例は射影多様体およびその局所閉集合である代数多様体（**準射影的代数多様体**と呼びます）です．既約成分や次元の定義はアフィン多様体について説明したことと同様です．

$X \subset \mathbb{P}(E)$ を既約な射影代数多様体であるとします．このとき各 $X \cap \mathscr{U}_i$ は既約であり，関数体 $R(X \cap \mathscr{U}_i)$ が定義できます．これらは自然に同一視されて X の**関数体**と呼ばれ，$R(X)$ と書かれます．

B.4　ヒルベルト関数について

♪：ヒルベルト関数の話をすると約束していましたね．
B太：はい，お願いします．
♪：$X \subset \mathbb{P}(E)$ を射影代数多様体とするとき，$S = \mathbb{C}[x_1,\ldots,x_n]$ の斉次イデアルが定まるっていうのはわかるかな？　アフィン多様体のときとだいたい同じだけど．
C郎：S の元は X 上の関数というわけではないですが，斉次元ならば X 上で消えるということに意味があるんでしたね．

* * *

$S = \bigoplus_{k=0}^{\infty} S_k$ と次数に関して分解して次数付き環と考えます．S_k の元 f で

[*5]　さらに，ハウスドルフ性に相当する条件分離性（separatedness）を仮定します．

X 上で消えるもの全体を $J_{X,k}$ とすると $J_X = \bigoplus_{k=0}^{\infty} J_{X,k}$ は S の斉次イデアルです．これを X の（斉次）**定義イデアル**と呼びます．剰余環 S/J_X を X の**斉次座標環**と呼びます．この k 次部分 $S_k/J_{X,k}$ は有限次元のベクトル空間ですから，関数

$$\varphi_X(k) = \dim_{\mathbb{C}}(S_k/J_{X,k}) \quad (k \in \mathbb{Z})$$

が定まります．これを $X \subset \mathbb{P}(E)$ の**ヒルベルト関数**と呼びます．

定理 B.5 有理係数の多項式 $P_X(t) \in \mathbb{Q}[t]$ が一意的に存在して，十分大きいすべての k に対して $\varphi_X(k) = P_X(k)$ が成り立つ．

$P_X(t)$ を X の**ヒルベルト多項式**と呼びます．

定理 B.6 X のヒルベルト多項式 $P_X(t)$ の次数は X の次元 $\dim(X)$ と一致する．また，

$$P_X(t) = \frac{e}{d!} \cdot t^d + 低次の項, \quad d = \dim X$$

とするとき，e は正の整数であって X の次数 $\deg(X)$ と一致する．

証明 [36, 第 1 章, §7] 参照．代数的な背景については [13, §27] をみてください． □

B 太：超平面で切って残った点を数えるっていうのが次数でしたよね．こんなふうにも計算できるのはとても面白いですね．

例 B.7 $X = \mathbb{P}^n(\mathbb{C})$ の場合は $\varphi_X(k) = \dim_{\mathbb{C}} S_k$ なので，

$$\varphi_X(k) = \binom{k+n-1}{n-1} = \frac{k^{n-1}}{(n-1)!} + 低次の項$$

ですから，$P_X(t) = \binom{t+n-1}{n-1}$ です．$\dim(X) = n-1$, $\deg(X) = 1$ が確認できます．

例 B.8 射影多様体 $X \subset \mathbb{P}^n(\mathbb{C})$ の定義イデアル J_X が m 次の斉次多項式 $f \in S$ で生成される単項イデアルであるとき（X は m 次超曲面という），X の余次元が 1 で，次数が m であることを定理 B.6 を用いて示しましょう．

実際，$J_X = \langle f \rangle = Sf$ なので $J_{X,k} \cong S_{k-m}$ が成り立ちます．したがって，

$$\varphi_X(k) = \dim_{\mathbb{C}} S_k - \dim_{\mathbb{C}} S_{k-s}$$
$$= \binom{k+n-1}{n-1} - \binom{k-m+n-1}{n-1}$$
$$= \frac{m}{(n-2)!} k^{n-2} + \cdots.$$

よって $\dim X = n - 2 = \dim \mathbb{P}^n(\mathbb{C}) - 1$, $\deg(X) = m$ が成り立ちます．

例 B.9 X をセグレ埋め込み $\mathbb{P}^r \times \mathbb{P}^s \to \mathbb{P}^{rs+r+s}$ の像（例 1.16 の $X \subset \mathbb{P}^5$ 参照）としましょう．次のことが示せます．
(1) $P_X(t) = P_{\mathbb{P}^r}(t) P_{\mathbb{P}^s}(t)$.
(2) $\deg(X) = \binom{r+s}{r}$.

$\mathbb{P}^r$ の斉次座標を $x_1, \ldots, x_{r+1}$, $\mathbb{P}^s$ の斉次座標を $y_1, \ldots, y_{s+1}$ とします．$\mathbb{P}^{rs+r+s}$ の斉次座標を z_{ij} $(1 \leq i \leq r+1, 1 \leq j \leq s+1)$ とします．$\mathbb{P}^{rs+r+s}$ の斉次座標環 $A = \mathbb{C}[z_{ij}]$ から $\mathbb{C}[x_1, \ldots, x_{r+1}, y_1, \ldots, y_{s+1}]$ への環準同型 ϕ を，z_{ij} を $x_i y_j$ に写すことで定めるとき，セグレ埋め込みは $\mathrm{Ker}(\phi)$ によって定義されます．つまり X の斉次座標環は $A/\mathrm{Ker}(\phi) \cong \mathbb{C}[x_i y_j]$ です．A の k 次斉次多項式を X に制限すると x_i に関しても y_j に関しても k 次斉次多項式です．そのことから (1) がしたがいます．(2) については，

$$P_X(t) = P_{\mathbb{P}^r}(t) P_{\mathbb{P}^s}(t) = \binom{t+r}{r}\binom{t+s}{s} = \frac{1}{r! s!} + 低次の項$$

なので，$\deg(X) = \frac{(r+s)!}{r! s!} = \binom{r+s}{s}$ が得られます．

B.5 スキームについて

♪：現代的な代数幾何学の議論はグロタンディークが導入したスキーム

(scheme) の概念を基礎として展開されることが多いです．代数多様体にある程度慣れたらスキームの理論（[2], [36], [50]）を学ぶのがよいでしょう．

A子：何が違うのですか？

♪：アフィン代数多様体の座標環は体上有限生成で被約な可換代数です．このような制限を付けずに任意の可換環 A から出発するのがスキーム理論です．

B太：被約というのはなんでしたっけ？

♪：可換環は 0 以外の冪零元を持たないとき被約であると言います．$S/\mathfrak{a}$ が被約であることと $\mathfrak{a}$ が根基イデアルであることは同値です．

C郎：どうして任意の可換環まで一般化をするのですか？

♪：たとえば $y = x^2$ という方程式で放物線が決まりますね．それと $y = 0$ で決まる直線との交わりを考えましょう．y を消去すると $x^2 = 0$ という方程式が得られます．この方程式は $x = 0$ と同値ですが，被約でない環 $\mathbb{C}[x]/(x^2)$ を"座標環"に持つ"多様体"，すなわちスキームがあると考えるほうが自然なのです．

B太：放物線と x 軸が原点で 2 重に交わっているという雰囲気が出ていますね．

♪：そうでしょう．それで，実際にどうやって一般の可換環 A も幾何学的に取り扱うかというと，極大イデアルだけではなくて集合

$$\mathrm{Spec}(A) = \{\mathfrak{p} \mid \mathfrak{p} \text{ は } A \text{ の素イデアル}\}$$

を考えるのです．グロタンディークの非凡な着想です．

C郎：X がアフィン代数多様体だとして，零点定理で X を極大イデアルの集合と同一視できるということでした．極大ではない素イデアルも考えるということは，$\mathrm{Spec}(\mathbb{C}[X])$ は X よりも点が多いですよね．

♪：はい．$Y \subset X$ を既約な閉部分多様体とするとき，$\mathbb{C}[X]$ の素イデアル $\mathfrak{p}$ が対応して，Y の座標環は，

$$\mathbb{C}[Y] \cong \mathbb{C}[X]/\mathfrak{p}$$

と表されます．$\mathfrak{p}$ は $\mathrm{Spec}(\mathbb{C}[X])$ の"点"です．$\mathfrak{p}$ が極大イデアルでないと

きは X の古典的な意味の点ではないですが，その点の閉包が Y と一致するような新しい種類の点です．これを Y の生成点（generic point）と呼びます．

B太：すべての素イデアルを考えることはどうすれば自然に思えますか？

♪：いろいろあるのですが，その点を納得するためには正則写像の概念について考えるのがよいでしょう．$\phi: A \to B$ を環準同型として $\mathfrak{p} \in \mathrm{Spec}(B)$ とするとき，自然な単射

$$A/\phi^{-1}(\mathfrak{p}) \hookrightarrow B/\mathfrak{p}$$

を考えれば $\phi^{-1}(\mathfrak{p})$ が素イデアルであることがわかります．整域の部分環は整域ですから，こうして写像 $\mathrm{Spec}(B) \to \mathrm{Spec}(A)$ が定まります．アフィン代数多様体の場合 (B.5) と比較してください．一般の可換環では，もしも $\mathfrak{m}$ が A の極大イデアルであるとしても $\phi^{-1}(\mathfrak{m})$ が B の極大イデアルであるとは限らない[*6]から，極大イデアルだけ考えるのではうまくいかないのです．

B太：基礎の体がないと正則関数をどうやって定義すればいいかわかりません．

♪：「正則関数」の概念も定義できますが，一般にはそれは一定の体に値をとる関数ではありません．$f \in A$ のとき $D(f) = \{\mathfrak{p} \in \mathrm{Spec}(A) \mid f \notin \mathfrak{p}\}$ を基本的な開集合（開基）であると考えます．g/f^n ($n \geq 1, g \in A$) という「分数」は可換環 $A[f^{-1}]$ をなし，その元を「$D(f)$ 上で正則な関数」だと考えるのです．このような可換環を貼り合わせて可換環の「層」$\mathcal{O}_{\mathrm{Spec}(A)}$ を構成できます．これによって射の概念を定義できますので，各点ごとに「数」が定まるという意味の「関数」にこだわらなくても基礎理論を展開できるのです．

[*6] A, B が体 k 上の代数であり，B が有限生成ならば $\phi^{-1}(\mathfrak{m})$ は極大イデアルです．この事実は本質的には，弱い零点定理と同じ内容です．

補講 C
交叉環

　この補講では交叉環の構成の概略を述べます．交叉環のくわしい構成や性質についてはフルトンの教科書 [30] をみてください．ハーツホーンの本の付録 [36, Appendix A] にある要約も役に立つでしょう．

C.1　代数的サイクル

　X を既約な代数多様体とし，X の r 次元の既約部分多様体 V 全体の集合が生成する自由加群を $Z_r(X)$ で表します．つまり $Z_r(X)$ の元は r 次元の既約部分多様体 $V_1, \ldots, V_s$ によって，

$$m_1[V_1] + \cdots + m_s[V_s] \quad (m_1, \ldots, m_s \in \mathbb{Z})$$

と書かれる形式和です．$Z_r(X)$ の元を X 上の r 次元の**代数的サイクル**といいます．

C.2　位数写像の定義

　X を既約な代数多様体とし，V を X の余次元 1 の既約な閉部分多様体とします．1 変数の複素関数論において，有理型関数の零点や極の位数という概念を学んだと思います．関数体 $R(X)$ において，それの類似である「V に沿った位数」を定めることができます．それは，関数体の乗法群 $R(X)^\times$ から $\mathbb{Z}$

への準同型 ord_V として定式化できます．$f \in R(X)^\times$ に対して $\mathrm{ord}_V(f) = m$ とするとき，$m \geq 0$ ならば V に沿って m 位の**零点**，$m < 0$ ならば V に沿って $(-m)$ 位の**極**であるといいます．

$\mathscr{O}_{V,X}$ を V における局所環[*1]とします．X がアフィン代数多様体であるとき，$\mathscr{O}_{V,X}$ は座標環 $\mathbb{C}[X]$ を V に対応する素イデアル $\mathfrak{p}$ で局所化して得られる環

$$\mathbb{C}[X]_\mathfrak{p} = \{a/b \mid a \in \mathbb{C}[X],\ b \notin \mathfrak{p}\} \subset R(X)$$

と一致します．たとえば X が x_1, x_2 を座標とするアフィン平面で，$V = \mathbb{V}(x_1)$ とするとき，$\frac{x_1^2 + x_2}{(x_1 + x_2) x_2}$ のようなものは $\mathscr{O}_{V,X}$ に属します．この関数は $(0,0) \in V$ において分母が 0 になりますが，V から $(0,0)$ を除いた開集合上で正則です．一方 $\frac{x_1^2 + x_2}{x_1}$ のようなものは $\mathscr{O}_{V,X}$ に属さないのです．

一般に $\mathscr{O}_{V,X}$ の商体は $R(X)$ と一致します．そこで，$\mathscr{O}_{V,X}$ の零でない元 a に対して ord_V を定義し，$f \in R(X)^\times$ に対しては $f = a/b\ (a,b \in \mathscr{O}_{X,V})$ と書いて $\mathrm{ord}_V(f) = \mathrm{ord}_V(a) - \mathrm{ord}_V(b) \in \mathbb{Z}$ と定めます．$\mathscr{O}_{V,X}$ が整閉[*2]であるときは ord_V の定義は簡明です．このとき $\mathscr{O}_{V,X}$ の（唯一の）極大イデアルは単項イデアルであり，その生成元を t とするとき $\mathscr{O}_{V,X}$ の零でない元 a は $a = ut^m,\ m \in \mathbb{Z}_{\geq 0},\ u \in \mathscr{O}_{V,X}^\times$ と一意的に書けます（[15, 命題 5.4] 参照．このような環を<ruby>離散付値環<rt>りさんふちかん</rt></ruby>と呼びます）．そこで $\mathrm{ord}_V(f) = m$ と定義します．一般の場合には，零でない元 $a \in \mathscr{O}_{V,X}$ に対して，

$$\mathrm{ord}_V(a) = \mathrm{length}(\mathscr{O}_{V,X}/(a))$$

[*1] X の開集合 U であって，$U \cap V \neq \varnothing$ をみたすものと U 上の正則関数 f の組 $\langle U, f \rangle$ 全体のなす集合を考え，$\langle U_1, f_1 \rangle \sim \langle U_1, f_2 \rangle$ を f_1 と f_2 が $U_1 \cap U_2$ 上で一致することと定めます．これは同値関係であり，商集合 $\mathscr{O}_{V,X}$ は可換環になります．これを V における局所環と呼びます．

[*2] 整域 R に対して，その商体 $\mathrm{Frac}(R)$ の元 r が方程式 $r^n + c_1 r^{n-1} + \cdots + c_n = 0\ (c_i \in R)$ をみたすとき，r は R 上「整」であるといいます．R 上整である $r \in \mathrm{Frac}(R)$ の全体を S とするとき S は $\mathrm{Frac}(R)$ の部分環をなします．$S = R$ が成り立つとき R は整閉な整域であるといいます（正規な整域ともいいます）．たとえば一意分解整域は整閉整域です．

と定めます．ここで length は $\mathscr{O}_{V,X}$ 加群としての**長さ**を表しています．実際にこれが定義されて準同型を与えることが示されます（[30, §A.3]）．

C.3　有理同値

W を X の $(r+1)$ 次元の既約部分多様体とするとき，$f \in R(W)^\times$ に対して，

$$[\mathrm{div}(f)] = \sum_V \mathrm{ord}_V(f) \cdot [V] \in Z_r(X)$$

と定義します．V は W の余次元 1 の既約な閉部分多様体全体を動きます．なお，$V \subset W$ は X の r 次元の既約部分多様体なので $Z_r(X)$ の元 $[V]$ を定めます．有限個の V を除いて $\mathrm{ord}_V(f) = 0$ であることが示せて，右辺は代数的サイクルとして意味を持ちます．X の有限個の $(r+1)$ 次元既約部分多様体 W_i と $f_i \in R(W_i)^\times$ によって $\sum_i [\mathrm{div}(f_i)]$ と表されるもの全体からなる $Z_r(X)$ の部分加法群を $Z_r^{\mathrm{rat}}(X)$ と書きます．$Z_r(X)$ 上に部分群 $Z_r^{\mathrm{rat}}(X)$ に関する合同として定まる同値関係を**有理同値**と呼びます．有理同値類のなす剰余群

$$A_r(X) = Z_r(X)/Z_r^{\mathrm{rat}}(X)$$

を r 次元の**チャウ群**と呼びます．

C.4　固有押し出し

$f : X \to Y$ を代数多様体の**固有射**[*3](proper morphism) とします．たとえば，閉埋め込みや，射影空間からの射 $\mathbb{P}(E) \to \{\mathrm{pt}\}$ は固有射の代表例です．このとき加法群の準同型 $f_* : Z_k(X) \to Z_k(Y)$ を，

[*3] スキームの射 $f : X \to Y$ が固有射であるとは，有限型の分離射であって，任意の射 $Y' \to Y$ に対して $p_2 : X \times_Y Y' \to Y'$ が閉写像（閉集合の像が閉集合）であることです．

$$f_*([V]) = \begin{cases} d \cdot [f(V)], \ d = [R(V) : R(f(V))] & (\dim(f(V)) = \dim V) \\ 0 & (\dim(f(V)) < \dim V) \end{cases}$$

によって定めます．ここで V は X の k 次元の既約部分多様体です．$f(V)$ も既約ですが，もしも $\dim V = \dim(f(V))$ ならば $R(V)$ は $R(f(V))$ の有限次代数拡大です．$[R(V) : R(f(V))]$ は拡大次数を表します．f_* が $Z_k^{\mathrm{rat}}(X)$ を $Z_k^{\mathrm{rat}}(Y)$ の中に写すことが示せて，チャウ群の上の**押し出し射** $f_* : A_k(X) \to A_k(Y)$ が定義されます．f_* は**共変的** (covariant) です．つまり，$g : Y \to Z$ を固有射とするとき，$(g \circ f)_* = g_* \circ f_*$ が成り立ちます．

C.5 交叉積

X が n 次元の非特異な代数多様体であるとき，$A^k(X) = A_{n-k}(X)$ ($0 \leq k \leq n$) とおき $A^*(X) = \bigoplus_{k=0}^{n} A^k(X)$ とします．このとき $A^*(X)$ は自然な次数付き可換環の構造を持ち，X の**交叉環**あるいは**チャウ環**と呼ばれます．

X の既約部分多様体 Y, Z に対して，$Y \cap Z = W_1 \cup \cdots \cup W_m$ を既約成分への分解とするとき，すべての j に対して，

$$\mathrm{codim}_X(W_j) = \mathrm{codim}_X(Y) + \mathrm{codim}_X(Z)$$

が成り立つことを仮定しましょう．$\mathrm{codim}_X(Y)$ などは $\dim X - \dim Y$ を表します．このとき，**局所交叉重複度**と呼ばれる正の整数 $i(Y, Z; W_j)$ が定まって，

$$[Y] \cdot [Z] = \sum_{j=1}^{m} i(Y, Z; W_j)[W_j]$$

が成り立ちます．さらに，W_j のあるザリスキー開集合 U があり，

$$T_x W_j = T_x Y \cap T_x Z \ (\subset T_x X) \quad (x \in U)$$

が成り立つならば，Y, W は W_j において**横断的に交わる**といい，このとき $i(Y, Z; W_j) = 1$ が成り立ちます（[32, Appendix B]）．すべての W_j におい

て横断的に交わるとき Y と Z は横断的に交わるといいます.

とくに, $Y \cap Z$ が既約であって, Y と Z が $Y \cap Z$ において,

$$[Y] \cdot [Z] = [Y \cap Z]$$

が成り立ちます. さらに, もしも Y, Z の次元が相補的, つまり $\dim Y + \dim Z = \dim X$ であると仮定するとき, 交わりが横断的ならば $Y \cap Z$ は有限個の被約な点です. $[Y \cap Z] \in A^{\dim X}(X) = A_0(X) = \mathbb{Z}$ はそのとき, その点の個数と一致します.

A子：シューベルトの時代にはこういう理論がなかったのですよね. いつ頃, このような理論が作られたのですか？

♪：このような理論を厳密に構築することは簡単なことではありませんでした. 20世紀になってセヴィリ, ファン・デル・ヴェルデン, シュヴァレー, チャウ, サミュエル, ヴェイユなど, 多くの数学者が取り組みました. 初期の理論では, 交叉積の定義にチャウの "moving lemma" と呼ばれるものが使われたのですが, フルトンの教科書 [30] の初版が1984年に出版されて, 任意の体の上で有効で moving lemma によらない定式化が確立しました. それによって多くの人にとって近づきやすい理論になったのだと思います.

例 C.1 射影空間の交叉環 $A^*(\mathbb{P}^{n-1})$ は剰余環 $\mathbb{Z}[z]/(z^n)$ と同型です. $X \subset \mathbb{P}^{n-1}$ を余次元 i の閉部分多様体とするとき X の類 $[X] \in A^i(\mathbb{P}^{n-1}) \cong \mathbb{Z}$ は,

$$[X] = \deg(X) \cdot z^i$$

と表されます. このようにして定まる正の整数 $\deg(X)$ を X の次数と呼んだのでした. 環同型 $A^*(\mathbb{P}^{n-1}) \cong \mathbb{Z}[z]/(z^n)$ はベズーの定理とほぼ同じ内容を持っていたことを思い出してください.

C.6 引き戻し

$f: X \to Y$ を非特異代数多様体の射とするとき，交叉環の間の**引き戻し** (pullback) と呼ばれる次数付き環の準同型写像 $f^*: A^*(X) \to A^*(Y)$ が定義できます（[30, Chap.8] 参照）．コホモロジーと同様に共変的です．

C.7 クライマンの横断性定理

チャウの moving lemma は，積を定めたい 2 つのサイクルのうちの一方を有理同値なものに取り替えて，つまり動かして，交わりが横断的になるようにするという内容です．直観的にはわかりやすいですが，厳密に証明して，さまざまな基本的な性質を証明するのは難しいので，[30] においては法錐への変形 (deformation to normal cone) という手法を用いて一般論を構築しています．ただし，多様体が群の推移的な作用を持つときは，群の作用を用いて moving lemma に相当することが比較的簡単に証明できます．

群 G が代数多様体の構造を持ち，積 $G \times G \to G$ $((g, h) \mapsto gh)$ と逆元をとる操作 $G \to G$ $(g \mapsto g^{-1})$ が正則写像であるとき，**代数群**であるといいます．たとえば $GL_n(\mathbb{C})$ は代数群です．

定理 C.2（クライマンの横断性定理[*4]**）** 代数群 G が代数多様体 X に正則かつ推移的に作用しているとするならば，任意の既約部分多様体 Y, Z に対して G の稠密な開集合 U が存在して，$g \in U$ のとき交わり，$Y \cap gZ$ は横断的であるかもしくは空である．

証明 [25, Lemma 1.3.1] あるいは [36, III, Theorem 10.8] を参照してください． □

グラスマン多様体，旗多様体は $GL_n(\mathbb{C})$ が推移的に作用していますので，クライマンの定理が適用できます．

[*4] 体 k 上の代数多様体を考えるときは k の標数が 0 であるという仮定が必要です．

C.8 サイクル写像に関する覚え書き

X を非特異代数多様体とするとき，**サイクル写像**と呼ばれる（次数を 2 倍にする）環準同型 $cl : A^*(X) \to H^*(X)$ が存在します．したがって，非特異とは限らない既約部分多様体 $Y \subset X$ に対して，$[Y] \in A^*(X)$ の像としてコホモロジー環 $H^*(X)$ の元が定まります．これを Y の**基本類**と呼びます．この講義で扱ってきたグラスマン多様体や旗多様体に対しては，サイクル写像が同型になることが示せます．そういうわけで交叉環とコホモロジー環を都合よく混同してきたのです．たとえば，シューベルト類をコホモロジー類として定めるにはサイクル写像を用いればよいのです．

サイクル写像の構成にはボレル–ムーア・ホモロジー群 (Borel–Moore homology group) $H_*^{\mathrm{BM}}(X)$ というものを用います．ここでは "覚え書き" としてサイクル写像について述べます．

ボレル–ムーア・ホモロジー群

局所コンパクトな位相空間 X に対して**ボレル–ムーア・ホモロジー群**と呼ばれる加法群 $H_i^{\mathrm{BM}}(X)$ ($i \geq 0$) が定義されます．ここでは主に X が複素数体上の代数多様体の場合を考えます．構成方法は [32, Appendix B] をみていただくことにして，基本的な性質を列挙します．

代数多様体の間の固有射 $f : Y \to X$ に対して**押し出し** (pushforward) と呼ばれる加法群の準同型

$$f_* : H_i^{\mathrm{BM}}(Y) \to H_i^{\mathrm{BM}}(X)$$

が存在します．また U を X の開集合とし，$j : U \hookrightarrow X$ を包含写像とするとき，**制限** (restriction) と呼ばれる加法群の準同型

$$j^* : H_i^{\mathrm{BM}}(X) \to H_i^{\mathrm{BM}}(U)$$

が定義されます．さらに $Y = X - U$ として，閉埋め込み $i : Y \to X$ を考えるとき（閉埋め込みは固有射です）長い完全列

$$\cdots \to H_{i+1}^{\mathrm{BM}}(U) \to H_i^{\mathrm{BM}}(Y) \xrightarrow{i_*} H_i^{\mathrm{BM}}(X) \xrightarrow{j^*} H_i^{\mathrm{BM}}(U) \to H_{i-1}^{\mathrm{BM}}(Y) \to \cdots$$
(C.1)

が存在します.

命題 C.3 X を n 次元の非特異代数多様体とするとき,$H_i^{\mathrm{BM}}(X)$ は特異コホモロジー群 $H^{2n-i}(X)$ と同一視できる.さらに,X が射影的ならば,$H_i^{\mathrm{BM}}(X)$ は $H_i(X)$ と同一視できる.

証明 M が向き付け可能な実 m 次元多様体であるとき,$H_i^{\mathrm{BM}}(M)$ は特異コホモロジー $H^{m-i}(M)$ と同一視できます([32, Appendix B (26)]).さらに M がコンパクトならばポアンカレ双対により $H^{m-i}(M) \cong H_i(M)$ です.X は向き付けられた実 $2n$ 次元多様体ですから前半がしたがいます.X が射影的ならば古典位相でコンパクトなので,後半の主張がしたがいます. □

系 C.4 次が成り立つ:
$$H_i^{\mathrm{BM}}(\mathbb{C}^n) = \begin{cases} \mathbb{Z} & (i = 2n) \\ 0 & (i \neq 2n) \end{cases}.$$

証明 まず,命題 C.3 から $H_i^{\mathrm{BM}}(\mathbb{C}^n) \cong H^{2n-i}(\mathbb{C}^n)$ です.$\mathbb{C}^n$ は可縮なので $H_i(\mathbb{C}^n) = 0$ $(i \neq 0)$, $H_0(\mathbb{C}^n) = \mathbb{Z}$ です.普遍係数定理([10, §1.5.A] 参照)より $H^{2n-i}(\mathbb{C}^n) \cong \mathrm{Hom}_{\mathbb{Z}}(H_{2n-i}(\mathbb{C}^n), \mathbb{Z})$ が成り立つので系がしたがいます. □

この事実からわかるように,ボレル–ムーア・ホモロジー群は,ホモトピー不変性をもたないことに注意しておきます.

閉部分多様体の基本類,サイクル写像

代数多様体(既約とも非特異とも限らない)のボレル–ムーア・ホモロジー群の次の結果がサイクル写像の構成において基本的です.

命題 C.5 Y を(既約とは限らない)代数多様体とし,既約成分の最大次元が k であるとする.このとき,$i > 2k$ ならば $H_i^{\mathrm{BM}}(Y) = 0$ であり,$H_{2k}^{\mathrm{BM}}(Y)$

は Y の k 次元の既約成分に対応する元で生成される自由 $\mathbb{Z}$ 加群である.

証明 まず,はじめに Y が非特異であると仮定し,さらに**等次元的**,すなわち既約成分がすべて同じ次元である場合を考えます.この場合, Y の既約成分は Y の連結成分と一致します(既約な代数多様体は連結であり,2つ以上の既約成分の交わりに含まれる点は特異点です). V を Y の既約成分とすると V は非特異ですから,命題 C.3 より $H_i^{\mathrm{BM}}(V) \cong H^{2k-i}(V)$ です.したがって $i > 2k$ ならば $H_i^{\mathrm{BM}}(V) = 0$ であり,$H_{2k}^{\mathrm{BM}}(V) \cong H^0(V) = \mathbb{Z} \cdot [V]$ がわかります. $H_i^{\mathrm{BM}}(Y)$ は $H_i^{\mathrm{BM}}(V)$ たちの直和なので命題の主張が成り立ちます.

次に k に関する帰納法を用いて一般の場合を示します. Y の既約成分のうちで次元が k よりも小さいものすべてと Y の特異部分(Y よりも次元の低い閉集合になる)の和集合を Z とすると, $Y - Z$ は非特異かつ等次元的です.したがって, $i > 2k$ に対して $H_i^{\mathrm{BM}}(Y - Z) = 0$ です.また,帰納法の仮定より $i > 2k - 2$ に対して $H_i^{\mathrm{BM}}(Z) = 0$ です.よって短完全系列 (C.1)

$$0 = H_{2k}^{\mathrm{BM}}(Z) \to H_{2k}^{\mathrm{BM}}(Y) \to H_{2k}^{\mathrm{BM}}(Y - Z) \to H_{2k-1}^{\mathrm{BM}}(Z) = 0$$

より制限による同型 $H_{2k}^{\mathrm{BM}}(Y) \cong H_{2k}^{\mathrm{BM}}(Y - Z)$ は同型です. $H_{2k}^{\mathrm{BM}}(Y - Z) \cong H^0(Y - Z)$ は $Y - Z$ の連結成分(すべて k 次元で,既約成分と一致する)に対応する元で生成される自由加群です. Y の k 次元の既約成分と $Y - Z$ の連結成分は一対一に対応するので命題が成立します. □

この命題において,とくに Y が既約だとすると $H_{2k}^{\mathrm{BM}}(Y)$ は Y に対応する元で生成されて $\mathbb{Z}$ と同型です.この生成元を $cl(Y)$ で表します.

X を代数多様体とするとき加法群の写像を,

$$cl : Z_k(X) \to H_{2k}^{\mathrm{BM}}(X) \quad \left(\sum_i m_i [V_i] \mapsto \sum_i m_i \cdot cl(V_i) \right)$$

と定めます.ここで V_i などは X の k 次元の既約部分多様体ですが,閉埋め込み $i : V_i \to X$ に関する押し出し $H_{2k}^{\mathrm{BM}}(V_i) \xrightarrow{i_*} H_{2k}^{\mathrm{BM}}(X)$ による $cl(V_i)$ の像を(同じ記号で)$cl(V_i) \in H_{2k}^{\mathrm{BM}}(X)$ と書きました.

定理 C.6(サイクル写像,[30, Prop. 19.1.1]) $cl(Z_k^{\text{rat}}(X)) = 0$ が成り立つ. したがって "サイクル写像" $cl : A_k(X) = Z_k(X)/Z_k^{\text{rat}}(X) \to H_{2k}^{\text{BM}}(X)$ が誘導される.

固有押し出し,開集合への制限は $A_k(X)$ にも定義できて,サイクル写像はそれらの構造と整合的であることが示されます.とくに次が成り立ちます.

命題 C.7([32, Appendix B (8)]) $f : X \to Y$ を非特異代数多様体の間の滑らかな[*5]正則写像とする.$V \subset Y$ を既約な部分多様体とするとき $f^{-1}(V)$ は既約な部分多様体であって,

$$f^* cl(V) = cl(f^{-1}(V))$$

が成り立つ.

定理 C.8([30, Corollary 19.2]) X を n 次元の非特異代数多様体であるとする.このとき,

$$A^i(X) := A_{n-i}(X) \xrightarrow{cl} H_{2n-2i}^{\text{BM}}(X) \cong H^{2i}(X)$$

によって定まる写像 $A^*(X) \to H^*(X)$ は次数を 2 倍にする環準同型である.

定理の対応を用いるとき,余次元 i の既約部分多様体 $Y \subset X$ に対して,$[Y] \in A^i(X)$ に対応する $H^{2i}(X)$ の元を Y の**基本類**と呼び,同じ記号 $[Y]$ で表します.

サイクル写像が同型になるための十分条件として次があります.

命題 C.9 X が胞体分割されるとする.すなわち,閉部分多様体の列 $X = X_s \supset \cdots \supset X_1 \supset X_0 = \varnothing$ が存在して,$X_p - X_{p-1}$ がアフィン空間と同型な

[*5] 代数多様体の正則写像 $f : X \to Y$ が**滑らか**であるという概念の定義は [36, III, §10] を参照してください.X, Y がともに非特異であるときは,各点 $x \in X$ において接空間に誘導される写像 $T_x X \to T_{f(x)} Y$ が全射であることと同値です([36, III, Prop. 10.4]).

多様体 $U_{p,j}$ ($1 \leq j \leq m_p$) の交わらない和であるとする．このとき，$H_*^{\mathrm{BM}}(X)$ は $\{cl(\overline{U_{p,j}}) \mid 1 \leq p \leq s, 1 \leq j \leq m_p\}$ を基底に持つ自由加群であり，サイクル写像 $cl: A_*(X) \to H_*^{\mathrm{BM}}(X)$ は（次数を2倍にする）同型である．とくに X の奇数次のボレル-ムーア・ホモロジー群は消える．

証明 $H_*^{\mathrm{BM}}(U_{p,j})$ は系 C.4 によりわかっています．とくに奇数次は消えています．そこで，p に関する帰納法を用いて，$i \leq p$ をみたす $[\overline{U}_{i,j}]$ が $H_*^{\mathrm{BM}}(X_p)$ の基底を与えることを示しましょう．この命題が X_{p-1} に対して成立すると仮定すると，$H_j^{\mathrm{BM}}(X_{p-1})$ および $H_j^{\mathrm{BM}}(U_{i,j})$ が奇数 j に対して消えることから，完全列 (C.1) によって $H_j^{\mathrm{BM}}(X_p) = 0$ がすべての奇数 j に対して成り立ち，短完全系列

$$0 \to H_{2i}^{\mathrm{BM}}(X_{p-1}) \to H_{2i}^{\mathrm{BM}}(X_p) \to \oplus_j H_{2i}^{\mathrm{BM}}(U_{p,j}) \to 0$$

が得られます．$H_*^{\mathrm{BM}}(X_p)$ の類 $[\overline{U}_{p,j}]$ ($1 \leq j \leq m_p$) たちは制限により $\oplus_j H_*^{\mathrm{BM}}(U_{p,j})$ の自然な基底に写されます．このことから $H_*^{\mathrm{BM}}(X_p)$ は $i \leq p$ に対する $[\overline{U}_{p,j}]$ を基底とする自由加群であることがしたがいます． □

系 C.10 射影空間 $\mathbb{P}(E)$，グラスマン多様体 $\mathscr{G}_d(E)$ および旗多様体 $\mathscr{F}\!l(E)$ に対してはサイクル写像は同型である．また，それぞれのシューベルト類がチャウ環（およびコホモロジー環）の基底をなす．

証明 いずれも p 次元以下のシューベルト多様体の和集合を X_p とします．このとき $X_p - X_{p-1}$ は p 次元のシューベルト胞体の交わらない和になります．シューベルト胞体の閉包の基本類はシューベルト類に他なりません． □

問題の解答例

問の解答例

解答 1.1　$x_1 = 0$ で決まる平面 $H_1 \cong \mathbb{C}^2$ に含まれる $\ell \in \mathbb{P}^2$ がスクリーンに映らないものの全体です．そのような点の全体は $\mathbb{P}(H_1) \cong \mathbb{P}^1$ です．

解答 1.2　C_4 は $[1:0:0]$ にカスプ (cusp) と呼ばれる特異点を持っています．ℓ_3 と X_2 はこの点 $[1:0:0]$ のみにおいて交わり，局所交叉重複度は 3 です．実際，$x = x_2/x_1$, $y = x_3/x_1$ とおくと $\dim \mathbb{C}[[x,y]]/(y, y^2 - x^3) = 3$ です．X_3 は $[1:0:0]$ に通常 2 重点 (node) と呼ばれる特異点を持ちます．ℓ_3 と X_3 はこの点 $[1:0:0]$，および $[1:-1:0]$ において交わります．$[1:0:0]$ における局所交叉重複度は $x = x_2/x_1$, $y = x_3/x_1$ とおいて $\dim \mathbb{C}[[x,y]]/(y, y^2 - x^2(x+1)) = 2$ と計算できます．$x+1$ は可逆であることに注意しましょう．$[1:-1:0]$ については $x' = x+1$ とおきます．$\mathbb{C}[[x',y]]/(y, y^2 - (x'-1)^2 x') \cong \mathbb{C}[[x']]/((x'-1)^2 x') = \mathbb{C}[[x']]/(x')$ なので局所交叉重複度は 1 です．よって交点数は合計 $2+1$ です．

解答 2.1　$\mathbb{P}(\mathbb{C}^4/F_1)$ の点は $F_1 \subset V \subset \mathbb{C}^4$ をみたす $V \in \mathscr{G}_2(\mathbb{C}^4)$ に対応します．$\mathbb{C}^4/F_1 \cong \mathbb{C}^3$ ですから $\mathbb{P}(\mathbb{C}^4/F_1) \cong \mathbb{P}^2$ です．$\mathbb{P}^*(F_3)$ の点は $V \subset F_3$ をみたす $V \in \mathscr{G}_2(\mathbb{C}^4)$ に対応します．シンボル g_s は $V_1 \subset V \subset F_3$ をみたす $V \in \mathscr{G}_2(\mathbb{C}^4)$ に対応します．そのような V は $\mathbb{P}(F_3/F_1) \cong \mathbb{P}^1$ と一対一に対応します．

解答 3.1　$V = gU \in g\Omega_\lambda(F^\bullet)$ とすると，$\dim(F^{\lambda_i + d - i} \cap U) \geq i$ $(1 \leq i \leq d)$ です．このとき $\dim(gF^{\lambda_i + d - i} \cap gU) \geq i$ $(1 \leq i \leq d)$ なので $gU \in \Omega_\lambda(gF^\bullet)$ が成り立ちます．逆に $V \in \Omega_\lambda(gF^\bullet)$ とすると，$U := g^{-1} V$ とおくとき $U \in \Omega_\lambda(F^\bullet)$ がわかります．よって $V = gU \in g\Omega_\lambda(F^\bullet)$ です．

解答 3.2　$I \in \binom{[n]}{d}$ に対して $J = [n] - I \in \binom{[n]}{n-d}$ が対応します．

解答 3.3　$\dim({}^t\phi_V) = n - d$ を確認しましょう．${}^t\phi_V$ は全射なので $\mathrm{rank}({}^t\phi_V) = d$ です．よって $\dim({}^t\phi_V) = \dim E^* - \dim V^* = n - d$ です．問 A.2 の結果から $\dim({}^t\phi_V) = \mathrm{Im}(\phi_V)^\perp$ となることからもわかります．

解答 3.4　ヒント：行列の等式

$$\begin{pmatrix} -\alpha & 1 & 0 & 0 & 0 \\ -\beta & 0 & 1 & 0 & 0 \\ -\gamma & 0 & 0 & -\delta & 1 \end{pmatrix} \begin{pmatrix} 1 & 0 \\ \alpha & 0 \\ \beta & 0 \\ 0 & 1 \\ \gamma & \delta \end{pmatrix} = \begin{pmatrix} 0 & 0 \\ 0 & 0 \\ 0 & 0 \end{pmatrix}$$

を眺めているとわかります.

解答 3.5 Ω_1, Ω_2 はそれぞれ $\ell \cap e_0 \neq \emptyset, \ell \cap \ell_1 \neq \emptyset$ で定義されているとします. σ_3 の双対類は自分自身ですので $p_2 \in \ell$ という条件を加えます. p_2 と ℓ_1 により張られる平面 $\langle p_2, \ell_1 \rangle$ を e とするとき, ℓ は $p_2 \in \ell \subset e$ をみたします. e と e_0 は 1 点 $p \in e$ で交わります. $p \subset e$ で $\ell \cap e_0 \neq \emptyset$ なので ℓ は p を通ります. よって ℓ は p と p_2 を通る直線です.

解答 4.1 $\mathscr{G}_2(\mathbb{C}_6)$ の問題です. $\mathbb{P}^5$ 内の直線 ℓ が平面と交わる条件は $\dim(F^3 \cap V) \geq 1$ と言い換えられるので, 対応するシンボルは □□ です. 枠になる長方形は ┼┼┼┼ で, このなかで □□^{4} を計算すると $3 \cdot$ ┼┼┼┼ となります. したがって答えは 3 本です.

解答 4.2 双対による同型 $\mathscr{G}_d(E) \to \mathscr{G}_{n-d}(E^*)$ により環の同型 $A^*(\mathscr{G}_d(E)) \cong A^*(\mathscr{G}_{n-d}(E^*))$ が引き起こされます. 問 3.4 から $\sigma_\lambda \in A^*(\mathscr{G}_d(E))$ が $\sigma_{\bar{\lambda}} \in A^*(\mathscr{G}_{n-d}(E^*))$ に対応することがわかりますのでピエリの規則から双対ピエリの規則がしたがいます.

解答 5.1 答えは $h_k = \det(e_{1+j-i})_{k \times k}$ です. k に関する帰納法で証明できます. $\det(e_{1+j-i})_{k \times k}$ を第 1 行で余因子展開してみてください.

解答 6.1 U_1 上の正則関数 $\eta_1 = a_0 + a_1(x_2/x_1) + \cdots + a_m(x_2/x_1)^m \in \mathbb{C}[x_2/x_1]$ と, U_2 上の正則関数 $\eta_2 = b_0 + b_1(x_1/x_2) + \cdots + b_m(x_1/x_2)^m \in \mathbb{C}[x_1/x_2]$ に対して,

$$a_0 + a_1 \frac{x_2}{x_1} + \cdots + a_m \left(\frac{x_2}{x_1}\right)^m = \left(\frac{x_2}{x_1}\right) \cdot \left(b_0 + b_1 \frac{x_1}{x_2} + \cdots + b_m \left(\frac{x_1}{x_2}\right)^m\right)$$

から $a_0 = b_1, a_1 = b_0, a_2 = b_2 = \cdots = 0$ が得られます. $f = a_0 x_1 + a_1 x_2$ とすると $\varphi_1(f) = \eta_1, \varphi_2(f) = \eta_2$ となっていることがわかります.

解答 6.2 $\mathbb{C}\boldsymbol{v} \in \mathscr{U}_a$ のとき $\boldsymbol{v}/v_a \in \mathbb{C}\boldsymbol{v}$ を $1 \in \mathbb{C}$ と同一視することで同型 $\psi_a : \mathbb{C} \cong \mathbb{C}\boldsymbol{v}$ を定める. $\psi_a(\eta_a) = \psi_b(\eta_b)$ となるのは, $\eta_a(\boldsymbol{v}/v_a) = \eta_b(\boldsymbol{v}/v_b)$ が成り立つときだから, $\eta_a = (v_a/v_b)\eta_b$ が得られます.

解答 6.3 $s \in \Gamma(\mathscr{O}_{\mathbb{P}^1}(-1), \mathbb{P}^1)$ とします. $\ell \in \mathscr{U}_1 \cap \mathscr{U}_2$ として $\mathscr{U}_1$ の上で (ℓ, η_1) であって $\mathscr{U}_2$ の上で (ℓ, η_2) とします. 正則性から $\eta_1 \in \mathbb{C}[v_2/v_1]$, $\eta_2 \in \mathbb{C}[v_1/v_2]$ でないといけません. $\eta_1 = (v_2/v_1)^{-1}\eta_2$ を使うと $\eta_1 = \eta_2 = 0$ がしたがいます. もうすこしくわしくいうと, $t = v_2/v_1$ とおいて多項式 f, g を使って $\eta_1 = f(t)$, $\eta_2 = g(t^{-1})$ と書きます. $f(t) = t^{-1}g(t^{-1})$ は $f = g = 0$ でないとみたされません.

解答 7.1 変換関数系 $\{{}^t g_{ab}^{-1}\}$ がなぜ自然であるかを考えます．$\mathscr{E}$ が貼り合わせの規則 $\eta_a = g_{ab}\eta_b$ で定まっているとし，$\mathscr{E}^\vee$ の方は $\zeta_a \in \mathscr{O}(U_a)^r$ などが変換関数系 $\{h_{ab}\}$ によって $\zeta_a = h_{ab}\zeta_b$ で定まるとします．ペアリング $\langle \zeta_a, \eta_a \rangle = {}^t\zeta_a \cdot \eta_a$ が保たれるためには h_{ab} がどうなっていればよいか考えましょう．$\langle \zeta_a, \eta_a \rangle = \langle h_{ab}\zeta_b, g_{ab}\eta_b \rangle = {}^t(h_{ab}\zeta_b)g_{ab}\eta_b = {}^t\zeta_b {}^t h_{ab} g_{ab} \eta_b$ となるので，$h_{ab} = {}^t g_{ij}^{-1}$ のときこれは $\langle \zeta_b, \eta_b \rangle$ に一致します．

解答 7.2 $\mathscr{G}_2(\mathbb{C}^n)$ の次元 $2(n-2)$ と $\mathrm{Sym}^m \mathscr{S}^\vee$ の階数 $m+1$ が一致することによります．

解答 7.3 $c_i(\mathscr{E})$ と $\pi_*(\xi^{r-1+k})$ との関係式は e_i と $-h_k$ の関係式と同じですから，問 5.1 と同様に $\pi_*(\xi^{r-1+k}) = (-1)^k \det(c_{1+j-i}(\mathscr{E}))_{k \times k}$ がしたがいます．

解答 8.1 (i,j) の左下にある ● の個数を数えるという $d_w(i,j)$ の意味からわかります．

解答 8.2 $w = 629857143$.

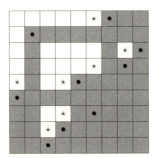

解答 9.1 定義から容易にしたがいます．

解答 9.2 $n=1$ のときは自明なので $n \geq 2$ とします．$V_\bullet$ が T 固定点であるとします．V_1 の基底 $\boldsymbol{v}_1$ をとります．$V_\bullet$ が T で固定されることから，$\boldsymbol{v}_1$ は任意の $t \in T$ の固有ベクトルです．T の元 $t = \mathrm{diag}(t_1,\ldots,t_n) \in T$ で，$i \neq j$ のとき $t_i \neq t_j$ となるものをとるとき，$\mathbb{C}^n = \bigoplus_{i=1}^n \mathbb{C}e_i$ は t の固有空間分解に他なりません．よって $\boldsymbol{v}_1 \in \mathbb{C}^n$ が t の固有ベクトルであるのは $\boldsymbol{v}_1 = c_i e_i$ $(c_i \neq 0)$ と書けるときだけです．$V_2 = \langle e_i, \boldsymbol{v}_2 \rangle$, $\boldsymbol{v}_2 \in \bigoplus_{j \neq i} \mathbb{C}e_j$ となるように $\boldsymbol{v}_2$ を選びます．$\mathbb{C}^n/V_1 \cong \bigoplus_{j \neq i} \mathbb{C}e_j$ は t の作用に関する固有空間分解です．$\boldsymbol{v}_2 \bmod V_1$ は t の固有ベクトルなので $\boldsymbol{v}_2 = c_j e_j$ $(c_j \neq 0, j \neq i)$ と書けます．このようにして $V_i = \langle \boldsymbol{e}_{w(1)},\ldots,\boldsymbol{e}_{w(i)} \rangle$, $w \in S_n$ という形の $V_\bullet$ の基底が選べます．すなわち $V_\bullet = e_w$ です．

$\Omega_w = \bigsqcup_{v \geq w} \Omega_v^\circ$ と $e_v \in \Omega_v^\circ$ から Ω_w に対する主張はしたがいます．X_w については系 9.3 からしたがいます．

解答 9.3 $D(r_i)$ は (i,i) だけからなります．これが唯一の星箱であり，ランク関数の値は $i-1$ ですから，$\mathrm{rank}(V_i \to \mathbb{C}^n/F^i) \leq i-1$ が $\Omega_{r_i}(F^\bullet)$ を定める条件です．これ

は $\dim(F^i \cap V_j) \geq 1$ と同値です.

解答 9.4 補題 9.10 の証明と対応しています.

解答 9.5 $\mu \in \mathscr{Y}_{d'}(n)$ $(d' = n - d)$ に (9.9) を当てはめると，$\mu_{d'-i+1} + i = w_\mu^{(d')}(i)$ $(1 \leq i \leq d')$ です. ヤング図形の共役（転置）と命題 2.4 の証明を参考にすれば $w_\mu^{(d')}(i) = w_\lambda^{(d)}(d+i)$ がわかります.

解答 9.6 ■の形のところの上の箱□が i 行にあるならば i がギャップです．その行の d 列のところに $\star$ があります.

解答 9.7 d_w の定義と (9.9) から，任意の $k \in [n]$ に対して，
$$\begin{aligned} d_w(k,d) &= \#\{j \leq d \mid w(j) > k\} \\ &= \#\{j \leq d \mid \lambda_{d-j+1} + j > k\} \\ &= \#\{j \leq d \mid \lambda_j + (d-j+1) > k\} \end{aligned}$$
となるので，$k = \lambda_i + d - i$ とすると不等式は $\lambda_j - j \geq \lambda_i - i$ と書き換えられます.

解答 9.8 直接計算することによって求められます.

解答 10.1 容易に示せる等式
$$\partial_i(z_i^a z_{i+1}^b) = \begin{cases} z_i^{a-1} z_{i+1}^b + z_i^{a-2} z_{i+1}^{b+1} + \cdots + z_i^b z_{i+1}^{a-1} & (a > b) \\ 0 & (a = b) \\ -z_i^a z_{i+1}^{b-1} - z_i^{a+1} z_{i+1}^{b-2} - \cdots - z_i^{b-1} z_{i+1}^a & (a < b) \end{cases}$$
からわかります.

解答 10.2 $r_i \partial_w = \partial_w \iff (1 - r_i)\partial_w = 0 \iff \partial_i \partial_w = 0$ なので補題 10.15 からしたがいます.

解答 10.3 (10.5) から，一般に $\partial_v \mathfrak{S}_w = \begin{cases} \mathfrak{S}_{wv^{-1}} & (\ell(wv^{-1}) = \ell(w) - \ell(v)) \\ 0 & (その他) \end{cases}$ が成り立つことがわかります．前半の主張はその特別な場合です．$\sum_{w \in S_n, \ell(w) = k} c_w \mathfrak{S}_w = 0$ $(c_w \in \mathbb{Z})$ とすると，∂_v を施して $c_v = 0$ が得られます.

解答 10.4 未定係数法を用いて計算してください.

解答 10.5 $w \in S_n$ として考えます．$\ell(w)$ に関する逆向きの帰納法を用います．最長元については (10.9) により OK です．さて $w(d) = 1$ であるはずですが，$w(d-k) = k+1$ である最大の $k \geq 0$ をとります．もしも $k = d-1$ ならば w は S_d の最長元であることになりますので，(10.9) により OK です．$k < d-1$ の場合を考えます．$w(d+1) = k+2$ であることに注意して，

$$v(i) = \begin{cases} w(i) & (1 \leq i < d-k) \\ d+2-i & (d-k \leq i \leq d) \\ 1 & (i = d+1) \\ w(i) & (i > d+1) \end{cases}$$

とおきます．このとき $v = wr_d \cdots r_{d-k}$ で $\ell(v) = \ell(w) + k - 1$ です．帰納法の仮定より，

$$\mathfrak{S}_v = z_1^{w(1)-1} \cdots z_{d-k-1}^{w(d-k-1)-1} z_{d-k}^{k+1} \cdots z_{d-1}^{2} z_d$$

が成り立つので，これから，

$$\mathfrak{S}_w = \partial_d \cdots \partial_{d-k} \mathfrak{S}_v = z_1^{w(1)-1} \cdots z_{d-k-1}^{w(d-k-1)-1} z_{d-k}^{k} \cdots z_{d-1}$$

が得られます．

解答 A.1 省略.

解答 A.2 (1) $\phi \in \mathrm{Im}({}^t f)$ とすると，ある $\psi \in W^*$ によって $\phi = {}^t f(\psi)$ と書けています．$\boldsymbol{v} \in \mathrm{Ker}(f)$ とすると $\phi(\boldsymbol{v}) = \phi = {}^t f(\psi)(\boldsymbol{v}) = \psi(f(\boldsymbol{v})) = 0$．したがって $\phi \in \mathrm{Ker}(f)^\perp$．逆に $\phi \in \mathrm{Ker}(f)^\perp$ とすると $\phi|_{\mathrm{Ker}(f)} = 0$ なので，$\overline{\phi} : V/\mathrm{Ker}(f) \to \mathbb{C}$ が定義できます．$\psi : W \cong V/\mathrm{Ker}(f) \xrightarrow{\overline{\phi}} \mathbb{C}$ という W^* の元ができます．このとき，任意の $\boldsymbol{v} \in V$ に対して，${}^t f(\psi)(\boldsymbol{v}) = \psi(f(\boldsymbol{v})) = \overline{\phi}(f(\boldsymbol{v})) = \phi(v)$．(2) $\phi \in \mathrm{Ker}({}^t f)$ とすると，任意の $\boldsymbol{v} \in V$ に対して，$0 = ({}^t f)(\phi)(\boldsymbol{v}) = \phi(f(\boldsymbol{v}))$，つまり $\phi|_{\mathrm{Im}(f)} = 0$．すなわち $\phi \in \mathrm{Im}(f)^\perp$．逆に $\phi \in \mathrm{Im}(f)^\perp$ とすると等式を逆にたどって ${}^t f(\phi) = 0$．つまり $\phi \in \mathrm{Ker}({}^t f)$ です．(3) 単射 $W \hookrightarrow W^{\perp\perp}$ があることは明らかです．(A.9) より，$\dim W^{\perp\perp} = \dim W$ がわかるので，定理 A.4 より $W = W^{\perp\perp}$ がしたがいます．(4) $\phi \in W^\perp$ とすれば，ϕ は線型関数 $\overline{\phi} : V/W \to \mathbb{C}$ を与えます．つまり $\overline{\phi} \in (V/W)^*$ です．$\phi \mapsto \overline{\phi}$ は明らかに単射なので，次元を比較して $W^\perp \cong (V/W)^*$ が示せます．(5) $\mathrm{rank}({}^t f) = \dim(\mathrm{Im}({}^t f)) = \dim(\mathrm{Ker}(f)^\perp) = \dim V - \dim(\mathrm{Ker}(f)) = \mathrm{rank}(f)$．

解答 B.1 (i), (ii) は省略．(iii) $\mathbb{V}(\mathfrak{a}) \cup \mathbb{V}(\mathfrak{b}) \subset \mathbb{V}(\mathfrak{a} \cap \mathfrak{b})$ は明らかですので，逆向きの包含関係を示しましょう．$\mathfrak{ab} \subset \mathfrak{a} \cap \mathfrak{b}$ なので $\mathbb{V}(\mathfrak{ab}) \supset \mathbb{V}(\mathfrak{a} \cap \mathfrak{b})$ が成り立ちますから，$\mathbb{V}(\mathfrak{a}) \cup \mathbb{V}(\mathfrak{b}) \supset \mathbb{V}(\mathfrak{ab})$ を示せば十分です．$a \in \mathbb{V}(\mathfrak{ab})$ が $a \notin \mathbb{V}(\mathfrak{a})$ をみたすとします．このとき，ある $f \in \mathfrak{a}$ があって $f(a) \neq 0$ です．$g \in \mathfrak{b}$ を任意にとるとき $(fg)(a) = f(a)g(a) = 0$ ですので，$g(a) = 0$ がしたがいます．つまり $a \in \mathbb{V}(\mathfrak{b})$ です．

研究課題の解答例

研究課題 1.1 X の余次元は ab なので $a+b$ 個の超平面との交わりを調べます．$A^*(\mathbb{P}^a \times \mathbb{P}^b) = \mathbb{Z}[s,t]/(s^{a+1}, t^{b+1})$ において $(s+t)^{a+b}$ の $s^a t^b$ の係数 $\binom{a+b}{a}$ が交点の個数．よって $\deg X = \binom{a+b}{a}$ です．

研究課題 2.1　図 2.4 の立体図を見てください．

研究課題 2.2　各シューベルト胞体の上でプリュッカー座標 x_J が消えるための条件を調べればわかります．

研究課題 4.1　(1) U は $\dim(W \cap L) \geq 2$ で定まるシューベルト多様体 $\Omega_{1,1}(W)$ の補集合なので開集合です．(2) U から $\mathbb{P}(W)$ の写像を $p: U \ni L \mapsto W \cap L = [\boldsymbol{v}] \in \mathbb{P}(W)$ により定めます．$\mathbb{P}(W)$ の閉集合 $\bigcup_{i=1}^{d} \mathbb{P}(\bigoplus_{j \neq i} W_j)$ の補集合の p による逆像が U' なので U' は U の開集合です．

研究課題 5.1　(1), (2) は定義式の分子の形をみればわかります．(3) は因数定理からしたがいます．

研究課題 7.1　$\mathscr{E}$ が直線束の直和 $\bigoplus_{i=1}^{r} \mathscr{L}_i$ であるとし，$c_1(\mathscr{L}_i) = a_i$, $c_1(\mathscr{L}) = b$ とおくと，$\mathscr{E} \otimes \mathscr{L} = \bigoplus_{i=1}^{r} \mathscr{L}_i \otimes \mathscr{L}$ から，

$$c(\mathscr{E} \otimes \mathscr{L}) = \prod_{i=1}^{r}(1 + a_i + b)$$

が得られるので，

$$c_i(\mathscr{E} \otimes \mathscr{L}) = e_i(a_1 + b, \ldots, a_r + b) = \sum_{k=0}^{i} \binom{r-i+k}{k} e_{i-k}(a_1, \ldots, a_r) b^k$$

となり (7.3) より結果がしたがいます．

研究課題 7.2　(1) ある大域切断 s に対して，写像 $X \times \Gamma(X, \mathscr{E}) \to \mathscr{E}$, $(p, s) \mapsto s(p)$ が全射であるとき，$\mathscr{E}$ は大域切断により生成されるといいます．セールの定理 ([36, II, Theorem 5.17]) によると，X が射影多様体の場合，埋め込み $X \subset \mathbb{P}^{n-1}$ によって $\mathscr{O}_{\mathbb{P}}(1)$ を引き戻して得られる X 上の直線束を $\mathscr{O}_X(1)$ とするとき，k が十分大きいならば $\mathscr{E} \otimes \mathscr{O}_X(1)^{\otimes k}$ は大域切断により生成されます．そこで $\mathscr{L} = \mathscr{O}_X(1)^{\otimes k}$ と選びます．あとの議論は [30, Example 14.4.3] を参照してください．(2) (7.6) を $c_i(\mathscr{E})$ に関して解くと，

$$c_i(\mathscr{E}) = \sum_{k=0}^{i}(-1)^{i-k}\binom{r-k}{i-k} c_1(\mathscr{L})^{i-k} c_i(\mathscr{E} \otimes \mathscr{L})$$

が得られます．

研究課題 7.3　ホイットニーの関係式を適用すると，

$$1 = (1 - c_1(\mathscr{Q}) + c_2(\mathscr{Q}) - c_3(\mathscr{Q}) + \cdots)(1 + c_1(\mathscr{S}^\vee) + \cdots + c_d(\mathscr{S}^\vee))$$

が得られます．ここで $c_i(\mathscr{Q}^\vee) = (-1)^i c_i(\mathscr{Q})$ を使っています．$\mathscr{Q}$ の方は無限和にしました．$i > n - d$ ならば $c_i(\mathscr{Q}) = 0$ ですが 0 をわざと $c_{n-d+1}(\mathscr{Q}), c_{n-d+2}(\mathscr{Q}), \ldots$ と書いても間違いではありませんし矛盾は起きません．そのほうが計算の見通しがいいの

です．$c_i(\mathscr{Q})$ について次々に解いて $c_i(\mathscr{S}^\vee)$ を用いて書くことができます．たとえば，
$$c_1(\mathscr{Q}) = c_1(\mathscr{S}^\vee), \quad c_2(\mathscr{Q}) = c_1(\mathscr{S}^\vee)^2 - c_2(\mathscr{S}^\vee), \ldots$$
などのように計算できます．後の計算は問 5.1 と同様です．

研究課題 7.4 (1) $x_1, \ldots, x_5$ の置換によって方程式が保たれます．(2) 明らかです．(3) $p = (u_1, u_2, u_3, u_4, u_5)$, $\bar{p} = (\bar{u}_1, \bar{u}_2, \bar{u}_3, \bar{u}_4, \bar{u}_5)$ として $(s,t) \in \mathbb{C}^2 - \{\mathbf{0}\}$ に対して $sp + t\bar{p}$ が X 上にあることを確かめてください．$u_1 + u_2 + u_3 + u_4 + u_5 = 0$ という関係と $u_1^3, u_2^3, u_3^3, u_4^3, u_5^3$ が u_1, u_2, u_3, u_4, u_5 の置換であることに注意してください．(4) は省略．

　注：カバーの図において，(2) の 15 本の直線は白色で，(3), (4) の 12 本の直線は黄色で表示されています．

研究課題 7.5 例 7.12 と同様です．$\mathscr{G}_2(\mathbb{C}^5)$ において $c_4(\mathrm{Sym}^5(\mathscr{S}^\vee))$ を求めると，
$$c_6(\mathrm{Sym}^5(\mathscr{S}^\vee)) = \prod_{a+b=5, a\geq 0, b\geq 0} (az_1 + bz_2)$$
$$= 600\sigma_1^4 \sigma_{1^2} + 1450\sigma_1^2 \sigma_{1^2}^2 + 225\sigma_{1^2}^3$$
が得られ，ピエリ規則からわかる，
$$\int_\mathscr{G} \sigma_1^4 \sigma_{1^2} = 2, \quad \int_\mathscr{G} \sigma_1^2 \sigma_{1^2}^2 = \int_\mathscr{G} \sigma_{1^2}^3 = 1$$
から $600 \cdot 2 + 1450 + 225 = 2875$ 本が答えだとわかります．

文献案内

　シューベルト・カルキュラスの教科書としては Fulton による [32] と Manivel による [49] があります．どちらも幾何学だけではなく表現論と組合せ論との関連や類似性にも重点をおいています．そして本書も，その基本的なスタンスにおいて，この二著と同じです．国内外を問わず [32] を読んでいるという声を非常によく聞くと同時に，その前半の組合せ論の部分に比べて後半の幾何学のところを読むのがとても難しいという話を聞きます．もう少し近づきやすい本があればよいと思ったことが本書の執筆動機のひとつです．

　シューベルト多項式の代数的，組合せ論的側面を取り上げた本としては，Macdonald の講義録 [47] と，最近出版された前野 [17] とを挙げておきます．前者は手に入り難いかもしれないけれど，シューベルト多項式の詳細な性質をあまり予備知識を仮定せずに解説する貴重な文献です．後者は量子シューベルト多項式に関する解説も含んでいます．本書の後に，最初に挙げた 2 冊を読んで，さらにその先ということであれば，専門的な研究のレヴェルの本ですが Fulton と Pragacz の本 [33] や Billey と Lakshmibai [24] を挙げておきます．

　一般的な基礎知識として，位相については内田 [3] を，代数学については堀田 [13] を挙げておきます．他にも多くの良書があるので自分が読みやすいものをみつけてほしいです．

　トポロジーについては，特異（コ）ホモロジーを主体に解説している中岡 [10] を第一に挙げます．服部 [11]，枡田 [18] も併せて読むとよいでしょう．

　代数幾何学の教科書としては Hartshorne の [36] が定番ですが，日本語訳 [12] もあって便利です．Mumford の「赤本[*1]」[50] は [36] では扱われない内容に関する著者一流の解説が含まれています．こちらも日本語訳 [20] されています．上野 [2] では比較的早い段階からスキーム理論の考え方に慣れることができます．内容は高度ですがとても読みやすい稀有な本です．私が学生の頃にこの本があったならばと，若い学生を羨みたくなります．

　グラスマン多様体や旗多様体は線型代数群の等質空間です．線型代数群に関連する和書として堀田 [14]，太田・西山 [4] が最近出版されました．洋書としては Springer [53] を挙げておきます．

　表現論に関しては [32] にも解説がありますが，新旧の和書，岡田 [5]，岩堀 [1] を挙げておきます．後者は現在書店で買うことはできないので，古書店や大学の図書館を利

[*1] 元々は表紙の赤い本だったが Springer から再版されて，いわゆる Springer Yellow の本になりました．

用してください．シューア多項式などの表現の指標として現れる対称関数の理論を扱った Macdonald [48] もとてもユニークな本です．この本の後半のテーマであるマクドナルド多項式は，最近でもますます面白い応用が見出されています．

交叉理論（交叉環の理論）については Fulton [30] が依然としてバイブル的な存在です．斎藤・佐藤 [7] の前半においても交叉理論が解説されています．チャーン類については Griffiths と Harris の本 [35] は参考になるでしょう．ただし初学者が教科書として読むのは難しいかもしれません．

[1] 岩堀長慶，『対称群と一般線型群の表現論』，岩波講座基礎数学 3，岩波書店，1978．
[2] 上野健爾，『代数幾何』，岩波書店，2005．
[3] 内田伏一，『集合と位相』（数学シリーズ），裳華房，1986．
[4] 太田琢也・西山享，『代数群と軌道』，数学の杜，数学書房，2015．
[5] 岡田聡一，『古典群の表現論と組合せ論（上）（下）』，培風館，2006．
[6] 小林昭七，『接続の微分幾何学とゲージ理論』，裳華房，1989．
[7] 斎藤秀司・佐藤周友，『代数的サイクルとエタールコホモロジー』（シュプリンガー現代数学シリーズ），丸善出版，2012．
[8] 佐武一郎，『線型代数学（新装版）』，裳華房，2015．
[9] チャーン, S.S., 藤木明（訳），『複素多様体講義』（シュプリンガー数学クラシックス），丸善出版，2012．
[10] 中岡稔，『(復刊) 位相幾何学——ホモロジー論』，共立出版，1999．
[11] 服部晶夫，『位相幾何学』岩波数学基礎選書，岩波書店，2002．
[12] ハーツホーン, R., 高橋宣能（訳），『代数幾何学 1,2,3』，丸善出版，2012．
[13] 堀田良之，『代数入門——群と加群』（数学シリーズ）裳華房，1987．
[14] 堀田良之，『線型代数群の基礎』，朝倉数学体系 **12**，朝倉書店，2016．
[15] 堀田良之，『可換環と体』，岩波書店，2006．
[16] 堀田良之，『加群十話——代数学入門』（すうがくぶっくす 3），朝倉書店，1988．
[17] 前野俊昭，『Schubert 多項式とその仲間たち』，数学書房，2016．
[18] 枡田幹也，『代数的トポロジー』（講座 数学の考え方 **15**），朝倉書店，2002．
[19] 丸山正樹，『グレブナー基底とその応用』（共立叢書・現代数学の潮流），共立出版 2002．
[20] マンフォード, D., 前田博信（訳）『代数幾何学講義』（シュプリンガー数学クラシックス），丸善出版，2006．
[21] ミルナー, J. S., スタシェフ, J. D., 佐伯修・佐久間一浩（訳）『特性類講義』（シュプリンガー数学クラシックス），丸善出版，2017．
[22] 雪江明彦，『代数学 2 環と体とガロア理論』，日本評論社，2010．
[23] Billey, S. and Haiman, M., Schubert Polynomials for the classical Groups, *J. Amer. Math. Soc.*, **8**, No. 2 (1995), 443-482.

[24] Billey, S. and Lakshmibai, V., *Singular loci of Schubert varieties*, Progr. Math., Vol. 182, Birkhäuser, Boston, 2000.
[25] Brion, M., Lectures on the geometry of flag varieties, trends in mathematics, *Topics in Cohomologucal Studies of Algebraic Vatieties*, Birkhäuser Verlag Bassel/Switzerland, 2005, pp. 33-85.
[26] Brion, M. and Lakshmibai, V., A geometric approach to standard monomial theory, *Represent Theory*, **7** (2003), 651-680.
[27] Buch, A., A Littlewood-Richardson rule for the K-theory of Grassmannians, *Acta. Math.*, **189**, No. 1 (2002), 37-78.
[28] Buch, A. S., Kresch, A., Purbhoo, K., and Tamvakis, H., The puzzle conjecture for the cohomology of two-step flag manifolds, *J. Algebraic Combin*, **44** (2016), 973-1007.
[29] Cox, D. Little, J., and O'Shea, D., *Ideals, varieties, and algorithms : An introduction to computational algebraic geometry and commutative algebra*, 3rd edition, Springer, 2007.
[30] Fulton, W., *Intersection theory*, Ergebnisse der Mathematik und ihrer Grenzgebiete. 3. Folge. A Series of Modern Surveys in Mathematics, Vol. **2**, Second edition, Springer-Verlag, Berlin, 1998.
[31] Fulton, W., Flags, Schubert polynomials, degeneracy loci, and determinantal formulas, *Duke Math. J.*, **65**, No. 3(1992), 381-420.
[32] Fulton, W., *Young Tableaux, with applications to representation theory and geometry*, London Mathematical Society, Student Texts, Vol. 35, Cambridge University Press, Cambridge, 1997.
[33] Fulton, W. and Pragacz, P., *Schubert varieties and degeneracy loci*, Springer, Lecture Notes in Math., Vol. 1689, 1998.
[34] Goresky, M., Kottwitz, R., and MacPerson, R., Equivariant cohomology, Koszul duality, and the localization theorem, *Invent. Math.*, **131** (1998), 25-83.
[35] Griffiths, P. and Harris, J., *Principles of algebraic geometry* (Wiley Classics Library), John Wiley & Sons, Inc., 1978.
[36] Hartshorne, R., *Algebraic geometry*, Graduate Texts in Mathematics, Vol. 52, Springer-Verlag, New York-Heidelberg, 1977.
[37] Ikeda, T., Mihalcea, L. and Naruse, H., Double Schubert polynomials for the classical groups, *Adv. Math.*, **226** (2011), 840-886.
[38] Ikeda, T. and Naruse, H., Excited Young diagrams and equivariant Schubert calculus, *Trans. Amer. Math. Soc.*, **361**, No. 10 (2009), 5193-5221.
[39] Hiep, D., Rational curves on Calabi-Yau threefolds: Verifying mirror symmetry predictions, *Journal of Symbolic Computation*, **76** (2015), 65-83.
[40] Kemper, G., *A course in commutative algebra*, Graduate Texts in Mathemat-

ics, Vol. 256, Springer, 2010.
[41] Kashiwara, M., The flag manifold of Kac-Moody Lie algebra, Proceedings of the JAMI Inaugural Conference, supplement to Am. Journ. of Math., the Johns Hopkins University Press, 1989, pp. 161-190.
[42] Kirwan, F. C., *Complex algebraic curves*, Cambridge University Press, Cambridge, 1992.
[43] Knutson, A. and Miller, E ., Grobner geometry of Schubert polynomials, *Ann. Math.*, **161**, issue 3 (2005), 1245-1318.
[44] Knutson, A. and Tao, T., Puzzles and (equivariant) cohomology of Grassmannians, *Duke Math. J.*, **119**, No. 2 (2003), 221-260.
[45] Kumar, S., *Kac-Moody groups, their flag varieties and representation theory*, Progress in Mathematics, Birkhäuser, 2002.
[46] Lam, T., Lapointe, L., Morse, J., Schilling, A., Shimozono, M. and Zabrocki, M., *k-Schur functions and affine schubet calculus*, Springer, Fields Institute Monographs, 2014.
[47] Macdonald, I. G., *Notes on Schubert Polynomials*, Université du Québec à Montréal, 1991.
[48] Macdonald, I. G. *Symmetric Functions and Hall-polynomials*, 2nd edition, Oxford Univ. Press, Oxford, 1995.
[49] Manivel, L., *Symmetric functions, Schubert polynomials and degeneracy loci*, SMF/AMS Texts and Monographs, Vol. 6, Translated from the 1998 French original by Swallow, J. R., Cours Spécialisés [Specialized Courses], 3, American Mathematical Society, Providence, RI; Société Mathématique de France, Paris, 2001.
[50] Mumford, D., *The red book of varieties and schemes*, Lecture Notes in Mathematics, Vol. 1358, expanded, Includes the Michigan lectures (1974) on curves and their Jacobians, With contributions by Enrico Arbarello, Springer-Verlag, Berlin, 1999.
[51] Pandharipande, R., Rational curves on hypersurfaces, Sém Bourbaki, 1997-1998, exp. $n°$ 848, 307-340.
[52] Serre, J. P., Faisceaux Algébriques Cohérents, *Ann. Math.* **61**, No. 2, (1955), 197-278.
[53] Springer, T. A., *Linear algebraic groups*, Modern Birkhäuser Classics, 2008, reprint of the 1998 second edition, Birkhäuser.
[54] J. R. Stembridge, A concise proof of the Littlewood-Richardson rule, *Electron. J. Combin.* **9** (2002), #N5, 1-4.

記号索引

A

$\mathscr{A}$ 195
$\sqrt{\mathfrak{a}}$ 238
$A^*(\mathscr{F}\!\ell(\infty))$ 206
$A^*(X)$ 250
$\langle \alpha, \beta \rangle$ 185
A_α 88
A_i 62
$A^k(\mathscr{G}_d(E))$ 66
Alt_d 89
$A_r(X)$ 249

B

B 54
B_- 54
B_i 62

C

$\mathbb{C}[X]$ 237
C_f 24
$c_i(\mathscr{E})$ 137
cl 120, 253
$c^\nu_{\lambda\mu}$ 68, 94
c^u_{wv} 185
$\mathrm{codim}_X(Y)$ 250

D

$\mathscr{D}(V)$ 51
$\mathscr{D}_d$ 89
$\mathscr{D}_d^+$ 89
$\deg(X)$ 31
Δ 196
$\delta = (d-1, d-2, \ldots, 1, 0)$ 88

d_I 55
∂_i 199
$\mathrm{div}(f)$ 249
d_V 51
$d_{V_\bullet}$ 166
$D(w)$ 177
d_w 168

E

$\boldsymbol{e}_1, \ldots, \boldsymbol{e}_n$ 23
e_I 54
e_{id} 160
e_k 86
e_λ 56
e_w 162
E_w 163

F

f_* 149, 253
$F^\bullet$ 25
$\mathscr{F}\!\ell(E)$ 159
$\mathscr{F}\!\ell^{(i)}(E)$ 194
$\mathscr{F}\!\ell(n)$ 160
$F^\bullet_{\mathrm{op}}$ 61
$F^\bullet_w$ 162

G

$\Gamma(U, \mathscr{L})$ 129
$\mathscr{G}_d(\mathbb{C}^\infty)$ 155
$\mathscr{G}_d(E)$ 39
$GL_n(\mathbb{C})$ ix

H
$H_*^{\mathrm{BM}}(X)$ 253
h_k 86
$\mathrm{Hom}_\mathbb{C}(V,W)$ ix
$H_T^*(\mathscr{G}_d(\mathbb{C}^n))$ 113

I
i^* 62
Im ix
I_n 189
$i(X,Y;Z_j)$ 33, 250
I_w 178
I_X 237

J
j^* 253
J_w 178

K
Ker ix

L
$\ell(w)$ 166
$|\lambda|$ 48
$\tilde{\lambda}$ 65
$\lambda^\vee$ 63
$\mathscr{L}_\mathbb{C}(V,W;U)$ 229
$\mathscr{L}_i$ 187
$\varprojlim_n A^*(\mathscr{F}\ell(n))$ 205

M
$\mathfrak{m}_a$ 239
$\mathscr{M}_n$ 189

N
$[n]$ 41
$\binom{[n]}{d}$ 41
$n_{\lambda\mu}^\nu$ 94

O
$\mathscr{O}_{\mathbb{P}(E)}(-1)$ 123
$\omega(T)$ 96
Ω_I° 48
Ω_λ 50
Ω_λ° 50
$\Omega_w^{(n)}$ 204
Ω_w° 166
$\mathscr{O}_{\mathbb{P}(E)}(1)$ 124
$\mathscr{O}_\mathbb{P}(k)$ 127
ord_V 248

P
$\mathbb{P}(C)$ 22
$\mathbb{P}(E)$ 17
$\mathbb{P}^*(V)$ 47
$P_X(t)$ 243

Q
$\mathscr{Q}$ 134

R
rank ix
$R_{f,g}$ 30
ρ_d 191
r_i 98
$\mathscr{R}_n$ 187
r_w 175

S
S 236
$\mathscr{S}$ 133
$\hat{\sigma}$ 205
σ_λ 66
$\sigma_w^{(n)}$ 204
S_∞ 204
s_λ 91
$s_\lambda(z_1,\ldots,z_d)$ 91
$S_n^{(d)}$ 191

$\mathrm{Spec}(A)$　245
$\mathrm{SST}(\lambda)$　95
Sym　233
$\mathrm{Sym}^k E^*$　23

T
$T_a X$　240
${}^t f$　228
T_λ　96

U
U_i　23
$\mathscr{U}_i$　23
U_I　41
$\mathscr{U}_I$　42
U_I^+　47
U_I^-　47
$U_\varnothing$　40
$\mathscr{U}_\varnothing$　40
U_w　163
$\mathscr{U}_w$　162

V
$\mathbb{V}(\mathfrak{a})$　237
$\mathbb{V}(f_1,\ldots,f_r)$　236
$\varphi_X(k)$　243
$\mathscr{V}_d(E)$　39

$\mathscr{V}_i$　187
$V_\bullet^w$　162

W
$w_0^{(n)}$　181
$w_\lambda^{(d)}$　191
$w_{\leq j}$　102
$W^\perp$　228

X
$[X]$　67
ξ_I　42
X_w　181
$X_w^{(n)}$　204

Y
$\mathscr{Y}_d(n)$　48

Z
$Z(f)$　24
$Z(f_1,\ldots,f_r)$　24
$Z(s)$　129
$\mathbb{Z}[z]$　207
$\mathscr{Z}_i$　194
$Z_r(X)$　247
$Z_r^{\mathrm{rat}}(X)$　249

事項索引

あ 行
アフィン代数多様体　239
アフィン代数的集合　237
一般線型群　ix
一般の位置関係にある旗　60
ウェイト　96
横断的に交わる　250
押し出し（射）
　——（コホモロジーの）　119
　——（チャウ群の）　250
　——（ボレル-ムーア・ホモロジーの）
　　253

か 行
階数　136
外積代数　233
鉤　57
カップ積　119
関数体　240, 242
完全対称式　86
簡約表示　175
ギシン写像　149
軌道　21
基本対称式　86
基本類　120, 253, 256
既約
　——（多様体の）　30, 239
　——（表現の）　110
既約成分　240
キャップ積　119
共変的　250
行列シューベルト多様体　221
局所交叉重複度　28, 33, 250

局所自明化　136
クライマンの横断性定理　252
グラスマン代数　233
グラスマン多様体　39
グラスマン置換　191
交叉環　34, 120, 250
交叉形式　185
交代化作用素　89
交代多項式　89
固有射　249
根基　238
　——イデアル　238

さ 行
サイクル写像　120, 253
斉次座標環　243
最長元　181
座標環　237
差分商作用素　194, 199
ザリスキー位相　24, 237
ザリスキー（余）接空間　240
GKM グラフ　58
次元（代数多様体の）　30, 240
次数（射影多様体の）　31
指標　111
射影（直線束の）　123
射影化　22
射影極限　205
射影空間　17
射影系　205
射影公式　149
射影代数多様体　24
シューア多項式　90, 91

終結式　29
シューベルト多項式　210
シューベルト多様体
　——（グラスマン多様体の）　50, 60
　——（旗多様体の）　170
シューベルト胞体
　——（グラスマン多様体の）　48
　——（旗多様体の）　166
シューベルト類　68
準射影的代数多様体　242
シンボル　34, 67
錐　22
水平帯　73
制限（ボレル-ムーア・ホモロジーの）
　253
正則（関数）　241
正則写像　241
正則な大域切断　127, 129
セグレ埋め込み　35
切断　124
線型部分多様体　24
線叢　9
全チャーン類　141
双線型写像　229
双対　63, 228
双対基底　23, 227
双対空間　23
双対射影空間　47
双対写像　228
双対シューベルト多様体　181
双有理的　150

た 行

大域切断　124
　——によって生成される　154
退化軌跡　137
対称群　ix
対称代数　233
対称多項式　87

対称テンソル空間　23
代数群　252
代数的サイクル　247
大胞体　40
短完全系列　ix
段差集合　51
置換　ix
置換行列　163
置換ダイアグラム　167
チャーン類　130
チャウ環　34, 250
チャウ群　249
超平面　22, 24
対合　98
定義イデアル　237, 243
テンソル代数　232
転置
　——（線形写像の）　228
　——（ヤング図形の）　65
転置写像　228
転倒（数）　166
等次元的　255
同変コホモロジー環　113
特異点　240
トートロジカル (tautological) な直線束
　123

な 行

長さ
　——（加群の）　249
　——（置換の）　175
滑らか（正則写像）　256
2 重シューベルト多項式　221
二重線織面　145

は 行

旗　10, 25, 50
旗 $V_\bullet$ の基底　159
半標準（タブロー）　95

ピエリの規則　73
引き戻し　119, 148, 149, 252
非特異　241
　——点　240
被約　238
表現　110
標準的な旗　25
ヒルベルト関数　242, 243
ヒルベルト多項式　243
ファイバー　21
符号（置換の）　ix
普遍商束　134
普遍部分束　133, 187
ブリュア順序　170
プリュッカー関係式　43
プリュッカー座標　43
分類空間　155
分類写像　155
分裂原理　141, 142
ベクトル束　133, 136
　——の射　137
変換関数系　128, 136
ポアンカレ双対写像　120
ホイットニーの関係式　141
胞体　40
星箱　177

ボレル–ムーア・ホモロジー群　253
ボレル部分群　54

ま　行

モンクの公式　185

や　行

ヤング・タブロー　94
ヤング図形　48
有理同値　249
余次元
　——（ベクトル空間の）　25
　——（多様体の）　31
余不変式環　189

ら　行

ランク関数　175
離散付値環　248
リトルウッド–リチャードソン規則　94
リトルウッド–リチャードソン係数　94
零軌跡　129
零切断　124
零点　248
ロズ・ダイアグラム　177

著者略歴

池田　岳（いけだ・たけし）
1996 年　東北大学大学院理学研究科数学専攻博士課程修了
現　在　岡山理科大学理学部応用数学科教授
　　　　博士（理学）

数え上げ幾何学講義　　シューベルト・カルキュラス入門
2018 年 8 月 23 日　初　版

［検印廃止］

著　者　池田　岳

発行所　一般財団法人　東京大学出版会
　　　　代表者　吉見俊哉
　　　　153-0041 東京都目黒区駒場 4-5-29
　　　　電話 03-6407-1069　Fax 03-6407-1991
　　　　振替 00160-6-59964
　　　　URL http://www.utp.or.jp/

印刷所　大日本法令印刷株式会社
製本所　誠製本株式会社

Ⓒ2018 Takeshi Ikeda
ISBN 978-4-13-061312-5　Printed in Japan

JCOPY〈(社)出版者著作権管理機構 委託出版物〉
本書の無断複写は著作権法上での例外を除き禁じられています．複写される場合は，そのつど事前に，(社)出版者著作権管理機構（電話 03-3513-6969，FAX 03-3513-6979, e-mail: info@jcopy.or.jp) の許諾を得てください．

大学数学の入門 1
代数学 I　群と環　　　　　　桂　利行　　A5/1600 円

大学数学の入門 2
代数学 II　環上の加群　　　　桂　利行　　A5/2400 円

大学数学の入門 3
代数学 III　体とガロア理論　　桂　利行　　A5/2400 円

大学数学の入門 4
幾何学 I　多様体入門　　　　　坪井　俊　　A5/2600 円

大学数学の入門 5
幾何学 II　ホモロジー入門　　坪井　俊　　A5/3500 円

大学数学の入門 6
幾何学 III　微分形式　　　　　坪井　俊　　A5/2600 円

大学数学の入門 7
線形代数の世界　　　　　　　　斎藤　毅　　A5/2800 円

大学数学の入門 8
集合と位相　　　　　　　　　　斎藤　毅　　A5/2800 円

大学数学の入門 9
数値解析入門　　　　　　　　　齊藤宣一　　A5/3000 円

大学数学の入門 10
常微分方程式　　　　　　　　　坂井秀隆　　A5/3400 円

ここに表示された価格は本体価格です．御購入の
際には消費税が加算されますので御了承下さい．